似水无痕 / 编著

平衡掌控者
游戏数值战斗设计

电子工业出版社
Publishing House of Electronics Industry
北京·BEIJING

内 容 简 介

本书由真正从事国内游戏行业的一线人员所编著，全部由真实游戏设计案例作为实例讲解。全书一共分为 6 章，每章的主要内容分别为：第 1 章介绍游戏数值策划在团队中的定位和岗位需求，以及需要提升哪些能力；第 2 章讲述游戏数值策划在设计层的基础知识，包括游戏类型分类、玩家分类等；第 3 章讲述实现层的基础知识、Excel 相关知识点；第 4 章讲述公式、技能、装备和随机在实际工作中的设计理念；第 5 章介绍游戏中战斗的数据结构并对第 4 章的内容加以实现；第 6 章讲述 VBA 相关知识并对之前设计的战斗进行模拟。

本书适合以下这些人群阅读：没做过游戏但热爱游戏，想往数值策划发展的人；做过游戏但没有机会做数值策划，又向往做数值策划的人；想通过本书了解数值策划及其工作内容和工作方法的人。

图书在版编目（CIP）数据

平衡掌控者：游戏数值战斗设计 / 似水无痕编著. —北京：电子工业出版社，2017.5
ISBN 978-7-121-31239-7

Ⅰ．①平… Ⅱ．①似… Ⅲ．①游戏程序—程序设计 Ⅳ．①TP317.6

中国版本图书馆CIP数据核字（2017）第066420号

责任编辑：付　睿
印　　刷：北京天宇星印刷厂
装　　订：北京天宇星印刷厂
出版发行：电子工业出版社
　　　　　北京市海淀区万寿路173信箱　邮编：100036
开　　本：787×980　1/16　印张：16.75　字数：345千字
版　　次：2017 年 5 月第 1 版
印　　次：2024 年 11 月第 22 次印刷
定　　价：65.00元

推 荐 序 一

很多初入游戏行业、立志从事游戏策划的同学经常会问一个问题，我的数学很好是不是就可以去做数值策划？

很多人都会把数学好和成为一名优秀的数值策划画上等号，实际上并非如此。

如果再遇到这类问题，我会建议他们来读一读本书。本书比较全面地介绍了游戏数值策划领域的方方面面，可以算得上是一本数值策划的工具书。如果细读本书，可以发现游戏的数值设计并不在于解答一个个数学问题，更多的是需要读者以游戏策划的角度去学习工具，从而更有效率地解决游戏制作环节的设计机制问题。

这应该是传统意义上的数学好和游戏设计里做数值策划的最大区别。

如果说游戏的剧情和关卡策划是以感性思维为主，以宏观的角度去构建游戏世界的方方面面，那么游戏数值策划则是以理性的思考为准绳，为游戏世界制定平衡的法则。

数学问题的解决只是一个"术"的问题，游戏的数值策划更需要从源头去考虑该怎么样达成游戏世界的整体顺畅和平衡。

游戏的各类系统，大到经济系统的循环构建，小到某一个活动任务的奖励投放，都需要在一个完善的数值规则下运行。这是考验一名数值策划的关键问题。

或许你读完本书，知道如何写出战斗公式、填写各种表格，但是并不代表着游戏的数值设计就仅仅如此了。这仅是游戏数值设计的第一步，还有更多的深层次内容需要数值策划在自己的设计中挖掘，不断地体验和打磨。配合游戏的各类任务和关卡设计，把"术"和"道"结合起来，这样才能让游戏世界臻于至善。

本书是一本基础工具书，通读本书可以帮助你勾勒出游戏数值设计的初貌，但是更多的感悟和验证，仍然需要自己投入游戏之中才能总结和验证，所以希望所有读者不要放弃自己的思考，这样才能形成自己的数值设计思维。

陈默　墨麟游戏首席产品官

推 荐 序 二

怎样才能做好数值策划这份工作？相信这是很多数值策划尤其是新手数值策划非常关心的问题。现在，我可以很荣幸地告诉大家如何解答这个问题，那就是认真学习似水无痕老兄的这本沥血之作。

在仔细阅读完本书之后，我深叹作者深厚的数值功底和良苦的诲人之心，不禁拍案叫绝，本书是一本极其难得的数值策划基础书籍。纵观整个行业，在广度和深度上也鲜见能与之媲美的作品，非常适合广大数值策划新手潜心学习。本书内容涵盖行业展望、岗位介绍、工具学习、数值设计等全方面的内容，包容并蓄、弥合无间、深入浅出、发人深省。如果你是一名立志在数值策划这一岗位上有所建树的新人，那么本书一定能成为你攀上数值宫殿、寻觅无价宝藏的不可或缺的阶梯。

其实不仅是对新手数值策划而言本书值得学习，即便是对于数值老手而言，本书也值得一读，以拾遗补阙、温故知新。至少，我这个从业数年的数值策划在阅读本书的过程中也受益不少。

最后，我想代表那些即将从对本书的阅读学习中受益匪浅的读者们，对似水无痕老兄真诚地说一声感谢，谢谢他的无私奉献，为行业发展贡献上这么一份绚丽瑰宝。

——活着（笔名）业内传奇资深数值策划
著有文章《如何入数值策划的门》
从事游戏行业多年，参与过多款千万级产品研发

前　言

国内网络游戏产业产生于 20 世纪末，经过开始几年的发展，于 2005 年左右进入快速发展期，网络游戏市场规模快速增长。从 2007 年的 78.97 亿元的市场规模，经过 10 年的发展，到 2016 年，中国游戏市场实际销售收入达到 1655.7 亿元，同时中国游戏用户规模达到了 5.66 亿人，可以说每 10 个中国人中就有 4 个是游戏玩家。

伴随着中国游戏产业的不断发展和社会对游戏产业的理解与认同，越来越多年轻人希望跻身于这个行业。而在这些想投入游戏行业的人们中，又有一大部分想从事游戏策划，特别是游戏数值策划的人，但很多新人都有一种对数值非常感兴趣却又无从下手的感觉。他们都希望自己能从事游戏数值策划相关工作，可是很可惜，随着行业不断发展，从业人员素质不断提高，越来越多的公司不会将决定游戏命脉的数值工作交于毫无经验的新人。笔者希望能通过本书帮助到这些新人。

其实，早在几年前笔者就萌生过要写一本关于数值策划的书的念头。回首自己刚入行的那段岁月，颇为艰难，时常为了一个基础的 Excel 功能花费很长时间去学习、去查找资料。于是便产生了一个想法，将自己这些年的经验和积累记录下来，希望能帮助到那些对这个行业感兴趣的人。苦于当时的条件并不适合去做这样的事情，一直没有去做，但心中并没有放下这个念头，终于在 2016 年有机会可以完成这一心愿，甚是欣慰。

笔者刚入行时，并不是特别了解游戏行业，能获取到的学习资料非常少，仅凭着自己对游戏的热爱、对数值的热爱，便选择了数值策划这条路。刚开始的时候，根本不知道作为数值策划应该具备哪些素质，只是觉得数学能力好、游戏玩得好就可以做好数值策划。于是自己在找工作的过程中四处碰壁，待业将近 1 年，最后终于得到了命运女神的眷顾，有幸加入一家大公司参与一款 MMORPG 游戏的研发工作，从此走上数值策划这条路。

在笔者入行之后的几年中，只要有数值新人来咨询问题，笔者都会竭尽所能地帮助他们，希望他们能少走弯路。解决完一个又一个问题后，笔者发现总会有不同的人来咨询相同的问题，慢慢地也发现大家的问题是有规律和相似性的，于是更坚定了想要写书的念头。

笔者计划写两本书，本书为第一本，主要介绍一些基础知识，包括研发团队成员的工作内容和游戏设计的基础理念，然后介绍数值工作中涉及的常用 Excel 功能以及一些 VBA 的初步知识，此外还会讲述数值工作中涉及的基础设计和战斗部分的设计（以 RPG 为例）。

而第二本书笔者还在规划之中，目前准备讲述数值工作中经济部分的设计和更为复杂的数据模型。

写书之前笔者也给自己规划了几个小目标。首先要让大家了解研发团队的工作。只有充分了解团队成员各自的工作内容后，才能更好地开展自己的工作。目前在市面上几乎没有关于中国网络游戏研发团队的介绍，所以笔者觉得很有必要给大家介绍一下。

其次本书采用的案例全部是由真实游戏案例归纳而来，并不是以书本知识为例。之前笔者也看过很多关于游戏数值策划的书籍和资料，发现这些书的作者大部分都是根本没有做过游戏研发工作的。他们多半以一种数学书上的应用题似的案例来进行讲解，但这和实际工作中遇到的情况不太一样，所以笔者更希望能写一本基于真实游戏案例的游戏数值策划书籍。

最后笔者希望在书中强调出实战的重要性，数值策划工作绝不是纸上谈兵，所以请大家一定要实际操作。

—— 读者服务 ——

轻松注册成为博文视点社区用户（www.broadview.com.cn），扫码直达本书页面。

• 下载资源：本书如提供示例代码及资源文件，均可在下载资源处下载。

• 提交勘误：您对书中内容的修改意见可在提交勘误处提交，若被采纳，将获赠博文视点社区积分（在您购买电子书时，积分可用来抵扣相应金额）。

• 交流互动：在页面下方读者评论处留下您的疑问或观点，与我们和其他读者一同学习交流。

页面入口：http://www.broadview.com.cn/31239

目 录

第 4 章　设计层进阶之路　/ 57

第 6 章 VBA 知识及实战模拟 / 183

第 1 章　数值策划的定位

本章会介绍数值策划在工作中的职责以及所需的一些技能，还有在整个团队中的定位。

那首先我们来介绍一下数值策划，数值策划是策划的一个具体细分的工种，就好像足球运动员有前锋、中锋一样。在了解它之前，你需要了解团队的整体职能。

1.1　研发团队介绍

1. 程序

程序分为前端程序（客户端程序）和后端程序（服务端程序）。

前端程序的工作包括系统开发、图形显示、美术资源实现等。简单来说，你看到的游戏中所有图形化的东西都是前端程序的工作内容。

后端程序的工作包括系统开发、数据存储、数据验证、制作运营相关工具等。

由于项目类型不同，各个项目会在人员配比上有所不同。比如单机游戏一般是没有后端程序的（需要联网的会有所不同）。此外，程序所采用的语言和平台也会根据游戏所在平台和类型有所不同。

2. 美术

美术的分工主要有以下几种：原画设计师、界面设计师（UI）、特效设计师、建模设计师、动作设计师。

原画设计师主要负责游戏概念设计，也可以根据设计的东西不同分为场景原画和角色原画。比如你设计了一个怪物——牛头人，同样都是牛头人但它可能会有很多种设计方向，这时候就需要相关设计策划和原画设计师来仔细探讨。

界面设计师主要负责游戏内的界面设计。比如按钮采用哪种风格的设计，界面中你要显示哪些内容，界面元素如何排版等。在实际工作过程中我们更多的时候会称其为 UI。

特效设计师主要负责游戏中的特效设计。在这里可能很多新人分不清哪些是特效。简单来说，游戏中闪闪发光的、冒火冒烟冒气的、闪电雷鸣带残影的都是特效。

建模设计师主要负责把原画设计师设计出来的图进行 3D 建模。所以 3D 的游戏项目才会有这个岗位。

动作设计师主要负责设计角色的动作。比如你希望人砍怪是横着劈还是竖着砍，这些需要相关设计策划和动作设计师来沟通。

3. 策划

策划分工其实有几种分类方法。大家可以从图 1-1 中看出是随着时间变化而越来越细化的。笔者会根据现阶段的情况给大家介绍。

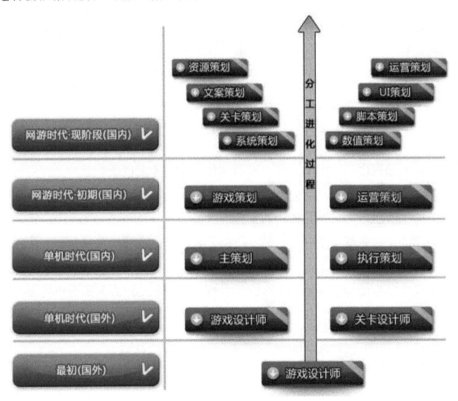

图 1-1　策划分工的演化

系统策划主要负责游戏内系统功能的设计，包括系统规则描述、界面设计、界面操作设计、逻辑流程图、数据结构设计等。

关卡策划主要负责游戏内关卡的设计和制作，包括场景元素、怪物设计、关卡脚本、关卡怪物 AI 设计等。

文案策划主要负责游戏内世界观构架及游戏内所有文字相关描述，以及需要宣传的一些文字素材等。

资源策划主要负责游戏资源的命名规则、验收资源完成情况、把资源整合到目前版本中、版本维护等。

运营策划主要负责游戏内和运营相关部分的工作，这个职位其实会根据项目具体情况来分是属于研发工作还是运营工作。

UI 策划主要负责游戏内 UI 以及 UE 的设计。

脚本策划主要负责游戏脚本的编写。

数值策划的主要职责是进行数值的平衡和制定、游戏中各种公式的设计，以及整个经济系统的搭建、整个战斗系统的设计等。本书我们主要是针对数值策划的相关设计进行介绍。

4. 测试（QA）

测试分为白盒测试和黑盒测试，而在国内公司中，大部分公司是没有白盒测试的。

白盒测试主要是针对程序代码的测试。比如语法规范、效率测试、边界测试等。

黑盒测试主要是针对游戏内部系统功能以及游戏体验进行测试，他们是策划的好帮手，可以帮助策划验证自己的设计。

5. 小结

研发团队总的来说就是由上述 4 个主要工种组成：程序、美术、策划、测试。每个工种为一组，每组会有一个主要负责人，他们承担管理该组的职责，在这之上一般会有游戏制作人来负责整体团队的管理，这是大部分标准团队的结构。不同的团队由于受到具体的项目规模、公司管理结构、人员组成等情况的影响，也会采用略有差别的团队结构，这里就不做过多说明了。

1.2　数值策划的工作职责

在之前的章节中我们介绍了研发团队的各个角色，本节我们会着重介绍数值策划。

首先来看看网上的招聘需求是怎么来定位数值策划的。笔者在这里随机找了 3 份招聘需求。

职位描述 1：

1. 根据策划内容，制定规则公式，建立数学模型。

2. 设计核心战斗模型、搭建游戏经济系统。

3. 细化模型，填写和维护相关数据表格。

4. 配合 QA 测试，反复修改调试数学模型。

职位描述 2：

1. 根据游戏系统规则，进行系统底层框架的数学模型搭建和公式设计。

2. 确保全局数值的平衡性和节奏感。

3. 配合程序制定出数据结构及相关数值公式编写规则，确保可用性和扩展性强。

4. 负责游戏中各种数值的调整，进行游戏的平衡性、持续可发展性等调整。

5. 游戏各系统实现的数值支持，游戏系统数值平衡的演算。

6. 分析游戏运营过程中的反馈数据，对游戏内的数值进行优化调整。

职位描述 3：

1. 完成游戏内数值系统框架的设计与架构。

2. 根据游戏系统进行数值结构创建、内容填写与相关数值管理。

3. 协调其他策划的各系统设计，从而把握整体游戏平衡。

4. 游戏完成后，不断完善数值系统，并做平衡性测试与调整。

在此我们不难看出这个职位描述的共性有以下几点。

1. 完成游戏战斗及经济两方面的数学模型。

2. 维护数据，通过后期的反馈进行修正。

3. 把握游戏的平衡。

结论：

笔者根据多年的数值经验在此做一个总结，以上招聘要求可以再精炼成两个方向：设计层和实现层。

设计层包含上述的第 1 点和第 3 点。实现层包含上述的第 1 点和第 2 点。这里我列举 3 个简单的设计预期来方便大家理解。

1. 实力相当的两个玩家的一场战斗时间控制在 3 分钟左右。

2. 玩家的第一天的升级要控制在 25 级内。

3. 玩家第一天的金钱要够用，但从第二天开始逐步不够用。

这些设计听上去都很好，但是具体能不能实现？实现之后的游戏体验又是怎么样的？

这就需要实现层的支持了。

如何提升设计层面的技能？笔者给出以下几个途径。

1. 多玩与你要设计的游戏类型相同的成功或经典游戏，体验它们的节奏。

2. 多看一些相关类型的设计方面的文档。

3. 和相同类型的资深玩家多交流，了解他们的痛点和爽点。

4. 自己多思考总结。

5. 多和前辈做有效沟通。

如何提升实现层面的技能？笔者给出以下几个途径。

1. 多看一些不同游戏实现方法的文章，比如掉落方式。

2. 精通 Excel。

3. 如果可以的话，学习一点 VBA。

4. 自己多思考总结。

5. 多和前辈做有效沟通。

第 2 章　数值策划的基础知识

本章会介绍数值策划应该具备的一些基础知识以及在真正制作游戏的过程中对数值应该思考的一些问题。

2.1　游戏类型分类

游戏类型（这里统一指游戏内容的分类）的区分，目前业内没有很统一的分类方法，不过大的游戏类型有一套大家默认的分类规则，下面分别介绍一下。

1. 角色扮演

角色扮演游戏简称 RPG。角色扮演类游戏在中国是最受欢迎的一类游戏。玩家在游戏过程中扮演一个属于游戏世界的虚拟角色。

我们再按照和其他游戏的结合程度来划分该类别，有如下几个子类：动作角色扮演游戏、模拟角色扮演游戏、策略角色扮演游戏、角色扮演冒险游戏、恋爱角色扮演游戏、角色扮演解谜游戏。

2. 动作游戏

动作游戏简称 ACT。动作类游戏是涉猎面非常广的一种游戏类型。简单来说动作类游戏就是玩家控制角色行动的一种游戏。

我们再按照和其他游戏的结合程度来划分该类别，有如下几个子类：射击游戏（STG）、格斗游戏（FTG）、动作冒险游戏、动作角色扮演游戏。

3. 冒险游戏

冒险游戏简称 AVG。冒险类游戏强调的是探索未知、解决谜题等情节化和故事性的互动。

我们再按照和其他游戏的结合程度来划分该类别，有如下几个子类：动作冒险类、文字冒险类、恋爱冒险类。

4. 模拟游戏

模拟游戏简称 SIM 或 SLG。模拟类游戏会模拟现实生活中的一些事件并加入一定的游戏性。

我们再按照和其他游戏的结合程度来划分该类别，有如下几个子类：策略模拟游戏、模拟经营游戏、模拟养成游戏、战争游戏、飞行游戏、载具模拟游戏。

5. 策略游戏

策略游戏无明确简称。策略类游戏非常消耗脑细胞，玩家需要处理事件的多个因素条件来决定事件发展的结果。

我们再按照和其他游戏的结合程度来划分该类别，有如下几个子类：回合战略游戏、回合战术游戏、即时战略游戏、即时战术游戏、解谜游戏。

6. 其他游戏

还有不少游戏它们自成一派，无法详细地划分到之前几个大类中，我们统一把它们划分在这里。

其他游戏包含如下几个子类：音乐游戏、休闲游戏、体育游戏、竞速游戏等。相信大家从字面意思也能理解这些游戏，这里就不做过多讲解了。

小结：其实很多游戏很难定义一个准确的细分类，但是大类还是可以确定的。而在游戏行业内不同游戏的设计差距是比较大的，大家不可能全部精通，这个时候你就要根据自己的爱好及发展的意愿来选择。公司也会根据游戏类型来选择有同类游戏制作经验的开发人员。如果你懵懵懂懂地去问 RPG 是什么意思（假设要开发的是这个类型游戏），那作为一个新人，印象分会大打折扣，所以请大家熟记上述游戏分类。

2.2 玩家的分类

图 2-1 是目前业内普遍认可的一种分类，这是基于 MMORPG 玩家的一种分类（MMORPG 代表大型多人在线角色扮演类游戏）。分类方法是基于玩家在心理上的需求来进行划分的。

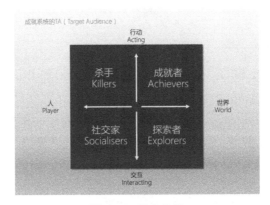

图 2-1　玩家分类

玩家从心理需求上可分为 4 类：杀手型玩家、成就型玩家、探索型玩家、社交型玩家。

杀手型玩家： 其主要心理需求是发泄他们由现实社会造成的精神上的压力。他们攻击其他玩家的目的就是为了"杀人"。获得等级和装备只是为了使自己强大到可以惹是生非，探索是为了发现新的"杀人"的好方法，杀手型玩家也有社交行为和社交需求，他们也会组成公会，当然他们成立公会的目的是为了更好、更多地攻击其他玩家，甚至语言社交也更多是为了嘲弄受害者。给别人造成的伤害越大，他们的成就感越大。杀手型玩家一般不害怕别的玩家的攻击（比如语言谩骂），常用的交流语言有："来杀我啊，老子就在××""××真弱，又被老子杀了一次""××公会的××就是垃圾，连门都不敢出了吗"。

成就型玩家： 把提升装备和等级作为自己的主要游戏目的，探索地图只是为了得到新资源或者任务需求。社交是一种休闲方式，用来调剂单调的升级和打怪过程。"杀人"是为了减少抢怪的玩家、除去碍事的敌对阵营玩家并获得装备（传奇类死亡掉落的游戏），组队的原因是组队有经验的加成，能更快地完成任务。常用的交流语言有："××副本来人，就差你了""100级××收徒，要求每天上贡"。

探索型玩家： 探索型玩家按思维方式又可以进一步划分为审美型玩家（以感性思维为主）和学习型玩家（以理性思维为主）。

审美型玩家会跑到游戏的每一个角落，尝试各种不同的行为看会发生什么。把自己看到的截成图，把自己和遇到的别的玩家的故事写成小说发到论坛。他们会一直期待着在游戏中遇到有趣的玩家，发生点什么故事。还会把这种想法制作成视频，也发到论坛。

学习型玩家则会尝试游戏的各种系统，学习型玩家的乐趣在于了解游戏内部的机制，特别是该游戏独有的新系统。他们热衷在论坛发帖，发表自己的游戏经验，指导别人，对他们而言升级和寻魔的目的是为了更好地探索游戏，但这本身对他们而言是很无聊的，因为升级和杀怪大多数是重复性的行为，而杀戮对他们而言也没有太多的乐趣，学习型玩家更倾向于通过和其他玩家对战，来提高自己的技术，研究游戏的技能系统等。常用的交流语言有："1 天冲到 40 级不是梦（论坛发帖）""单人击杀 XXX，有截图为证（论坛发帖）"。

社交型玩家：对社交型玩家而言，游戏本身只是一个背景，一个和其他玩家交互的平台，建立和别的玩家之间的关系是最重要的：与人约会、在公会频道聊天、一起下副本、在论坛看别的玩家写的心情故事。进行探索有时也是需要的，这有助于他们理解别人在谈论什么，更高的等级装备使他们可以参加到只由高级别玩家才能参与的圈子中（并在那个圈子中获得一定的身份）。他们常用的交流语言有："我能和他们一起去参加公会活动吗""4.1 的时候，咱们组织一次公会线下见面吧"。

小结：从中国目前的市场来看，杀手型和成就型的玩家最多。这也从一个侧面促进了数值策划的发展。杀手型玩家对战斗更为敏感，这就需要战斗数值有更加优秀的设计。而成就型玩家对数值成长的体验线更为重视，这就需要将经济数值控制得更加合理。

2.3　RPG 游戏起源：《龙与地下城》（DND）

《龙与地下城》是一款桌面角色扮演游戏。很多后续的 RPG 游戏都深深地受到这款游戏的影响。我们在这里主要介绍它的核心规则之一：数值判定体系。

首先《龙与地下城》描述了一个宏伟的世界，你可以在这里扮演一个盗贼、战士或是其他职业，然后你可以根据职业做一些有趣的事情，比如打怪、开锁等。然而如何判断这些事件是否成功，或是你的攻击砍了怪物多少伤害？这就是所谓的数值判定体系。《龙与地下城》存在的时候还没有电脑，于是设计者用骰子来解决这个问题。

正式开始介绍判定之前，先给大家解释一下名词：D20。其中 D 代表骰子，后面的数字代表骰子的面数。比如 D4 就是一个 4 个面的骰子，类似一个金字塔的形状，D6 就是一个标准的 6 个面的骰子。

除了表示骰子本身的意义之外，D20 在游戏中引申出来的另外一个含义就是投掷一个 D20 的骰子，产生一个 1~20 的随机数。比如 2D4，就是投掷两个 D4 的骰子，那么就意味着会随机产生 2~8 的数字（概率知识，如有不懂请阅读相关书籍）。如果你仔细观察一些欧美 RPG 游戏，很多游戏都是基于这种骰子的设计，比如电脑游戏《魔兽争霸 3》中英雄的攻击都是由这个机制来设计的。

随机的方式有了，那么如何衡量人物的强弱？《龙与地下城》采用了由等级为核心成长数值，再由等级关联其他数值的方式来设计。例如，你在游戏开始的时候需要创建一个角色，你要选择种族、职业、属性点、专长等。而这些选择会关联到你初始人物的 1 级属性以及之后属性的成长和判定方式。我们可以看到 1 级属性设定如下。

1. 力量

衡量你自己角色的身体力量。它对近战职业非常重要。近战基础攻击力以力量为基础。

牧师、战士、圣武士、游侠和战术家拥有基于力量的威能。

力量可能影响强韧防御的数值。

力量是运动技能的关键属性。

2. 体质

体质代表角色的健康、耐力和生命力。体质数值越高越能让角色获益。

体质值在 1 级时可以增强你的生命值。

体质影响你每天可以使用的紧急自疗的数量。

很多法术士的威能是基于体质的。

体质可能影响强韧防御的数值。

体质是忍耐技能的关键属性。

3. 敏捷

敏捷衡量手眼的协调性、灵活度、反应和平衡能力。

远程基本攻击以敏捷为基础。

很多游侠和游荡者的威能是基于敏捷的。

你的敏捷可能影响反射防御的数值。

如果你穿着轻甲，你的敏捷可能影响你的防御等级。

敏捷是杂技、潜行和偷窃技能的关键属性。

4. 智力

智力描述了角色的学习和思考能力。

法师的威能以智力为基础。

你的智力可能影响反射防御的数值。

如果你穿着轻甲，你的智力可能影响你的防御等级。

智力是秘识、历史与宗教技能的关键属性。

5. 感知

感知衡量你的判断力、洞察力、理解力和自律能力。你运用感知属性来注意细节、感知危险、体察他人。

很多牧师的威能以感知为基础。

你的感知可能影响意志防御的数值。

感知是地城、医疗、洞察、自然和侦查技能的关键属性。

6. 魅力

魅力衡量你的人格力量、说服力和领导能力。

很多圣武士和战术家的威能以魅力为基础。

你的魅力可能影响意志防御的数值。

魅力是唬骗、交涉、威吓和市井技能的关键属性。

由此可见，属性数值的强弱是衡量游戏事件能否成功的主要依据。如图 2-2 所示，我们将力量 10~11 的角色视为正常的角色，然后根据我们的角色和这张属性调整数值表进行比对，得出角色的属性调整数值。我们可以看出，数值越高，属性调整值越高，也意味着我们的角色能力越强大。

属性调整值表

属性值	属性调整值	属性值	属性调整值
1	−5	18 ～ 19	+4
2 ～ 3	−4	20 ～ 21	+5
4 ～ 5	−3	22 ～ 23	+6
6 ～ 7	−2	24 ～ 25	+7
8 ～ 9	−1	26 ～ 27	+8
10 ～ 11	+0	28 ～ 29	+9
12 ～ 13	+1	30 ～ 31	+10
14 ～ 15	+2	32 ～ 33	+11
16 ～ 17	+3	以此类推	

图 2-2　属性调整值表

下面我们从头开始解析下这个游戏的判定流程。（这里从数值角度出发精简了一部分设计，因为我们主要了解的是它的判定模型。）

假设我们选择的是一个人类战士，他的等级 2，力量 16，他拥有一把 2D4、19-20/X2 攻击的刀。在丛林冒险中我们遇到了怪物哥布林，然后我们发起了攻击。（这里不考虑出手先后问题。）

第一个环节，我们是否可以击中哥布林。判定流程如下。

1. 计算出我方本回合命中检测的随机值

随机值 =1D20（假定随机到 10）+ 等级 × 影响系数（假定影响系数为 0.5，和等级 2

相乘之后得出值 1）+ 属性附加值（假定力量为影响值，对照之前的属性调整值表得出值+3）=14。

2. 和怪物自己的防御等级进行对比，如果大于则视为通过

假定哥布林的防御等级为 13，那么本次攻击就视为命中了。这里大家可以看出，我们的战士目前的命中检测值的随机值区间在 5~24 之间。当攻击防御等级小于 5 的怪物时必然命中，而攻击防御等级大于等于 24 的怪物时必然打不中。如果你想命中的话，那么就需要通过提升属性来提升随机的区间上限。

第二个环节，命中之后计算伤害。判定流程如下。

1. 计算出我方攻击力

攻击力 =2D4（武器的攻击，假定我们随机到 6）+ 属性附加值（假定力量为影响值，对照之前的属性调整值表得出值 +3）=9。

2. 计算我方本次攻击是否产生了重击（也就是暴击）

细心的读者会发现武器上有 19-20/X2 这段文字说明，这代表攻击时投掷一个 D20 的骰子，如果是 19~20 中的任意一个数值，就代表产生暴击。后面的 X2 代表着重击之后产生 2 倍攻击。假定我们本次攻击产生了重击，我们目前的攻击力 =9×2=18。

3. 根据对方的防御算出最终伤害

最终伤害 = 攻击力（之前计算出的 18）- 目标防御（假定为 5）×（1- 吸收系数（一般高级的怪物或是装备会提供吸收，这里哥布林就没有这个属性））=13。

总结：我们在这里只是举了一个非常简单的例子，而实际的《龙与地下城》也好，真正的网络 RPG 也好，都会比这个更复杂，但是其核心机制是一样的。随机值和人物角色所有数值加成总和进行数值比对，最终计算出结果。

2.4 数值策划的素质

下面介绍下数值策划应该具有的一些素质。

1. 数值策划必须拥有一定的数学功底，因为工作过程中你无时无刻不和数字、公式、函数等打交道。对于数值策划来说，数学基础是从事数值计算人员的一项不可或缺的能力。高中学过的各种数学知识，如各种函数的定义与特征、等差等比数列及其求和等，这些都是基础知识。而高等数学也时常会用到，包括正态分布、概率统计等诸多相关的知识。所以对于数值策划这个岗位来说，公司最好的选择是数学相关专业的人才，其次是理工科人才。不过总体来说也不是特别复杂，对有心想做数值策划的人来说应该也不会被难倒。

2. 具备一定的逻辑思维能力。数值策划光有数学理论是不够的，你最终是要用程序的实现方式构架出你所设计的数学模型，所以你必须有一定的逻辑思维能力，如果你能有一定的编程能力那就更好了。而反观公式本身，每一条公式不仅仅针对一组数值，数值计算过程中的所有数据就好像一个紧密而复杂的网，环环相连，牵一发动全身，稍有不慎即会影响整个系统，甚至是其他关联系统，所以哪怕你是负责填表的数值策划也丝毫不能思维混乱。

3. 对数字敏锐的嗅觉。对数值策划来说要随时保持对数值的敏感。比如你在一个游戏中抽卡，那你应该思考如何设计实现抽卡，抽过一定次数的卡后，你甚至应该可以推导出抽卡的模型。

笔者在从业两年的时候遇到过一个真实案例。当时出现了一个难以察觉的 Bug，治疗技能在一定概率下不会加血。开发过程中一直没有发现这个 Bug，直到体验游戏的时候，我们发现了这个问题。原本设计好 30 级肯定能打过的 BOSS，玩家组队也过不去。笔者苦苦查询了所有的公式及表格数据后认定数值没有问题，于是怀疑程序是不是有 Bug。在程序员载入了日志之后，发现治疗技能在释放之后并没有每次都产生作用，最终解决了这个隐患性极高的 Bug。

4. 吃苦耐劳，抗压性强。数值的设计、数据的填充、设计的修改，这些是一个漫长而又辛苦的过程。在这个过程中，数值策划几乎每天都会看着那密密麻麻满是数据的表格。如果没有吃苦耐劳的精神，势必很快感到枯燥烦琐，从而导致差错。此外你的设计可能会受到很多人的质疑和不解，这时候你会面临巨大的压力，如果没有强大的抗压能力，那么很快你就会精神崩溃，并严重影响你的生活。所以吃苦耐劳的精神和抗压性强是数值策划必须要具备的素质。

5. 经验。经验是需要积累、反思和升华的。一个公式用加减好还是乘除好？公式的参数应该如何配比？这时候就是经验发挥作用的时候了。这里要说的是，经验并不一定等于资历，资历高也有不明所以的人。所以我们要不懈努力、反复验证，最终才能有所收获。

第 3 章　数值策划相关 Excel 知识讲解

Excel 作为最基本的数值工具，数值策划必须要能非常熟练地运用它。在实际工作过程中可以说数值工作 80% 的时间内都在使用这个工具软件。后面的章节也会运用到一些技巧，工欲善其事必先利其器，如果连基本功都不行，那实现更是无从谈起。所以数值策划，特别是新人，一定要认真地学习！！！

3.1　学习 Excel 的方法

1. 主观能动性

学习一件事物的第一前提就是意愿，这点非常重要。其实大部分人的智商都差不多，那么为什么最终成就会有很大差异呢？笔者认为意愿是第一位的。如果你自己都没有主观学习的能动性，那么你永远没有学会的那一天。

2. 持之以恒的精神

学习并不是一帆风顺的事情。在学习 Excel 的过程中你会遇到百思不得其解的时候，在这个时候有很多人都会选择放弃或是拖延。如果你没有持之以恒的精神，那这件事情就会半途而废。时至今日，数值策划岗位需求一直旺盛的原因之一也是太多人知难而退，很多人没有持之以恒的精神，他们会去转投其他更容易入行的职位。

3. 高效的学习途径

学习是非常讲究方法的一门学问，学习 Excel 的途径也是非常多样的。若学习基础的操作知识，可以简单一点，买一本书、在网上找文章或是看视频学习都是可以的。而到了公式部分，建议大家去专门的数值群请教，或是登录 ExcelHome 论坛学习相关知识。这里推荐一个论坛 ExcelHome，大牛非常多，从公式到 VBA 都有，建议读者可以去学习下。

4. 虚心求学、循序渐进

Excel 可谓是博大精深，是微软公司多年实践改进出来的。我们很多人可能学习了很久 Excel，自认为掌握了很多的函数和函数嵌套，其实这最多算达到中级水平。

新手要了解自己的基础，循序渐进地学习。千万不要眼高于顶，自我感觉良好，而实际工作却只能求助于他人。

5. 实践出真知

在实际的游戏设计制作过程中遇到的问题其实是非常独特的，一般的网上案例不足以涵盖。我们唯有通过多加练习、多加模拟才能更好地掌握 Excel 这门工具。千万不可看了视频或是看了书就想当然地认为自己会了。特别是新人，你需要的是真刀真枪的实践。

3.2　Excel 基础操作

本文以 Excel 2010 为讲解版本，请大家统一安装此版本。因为由于版本不同，会带来操作界面和书中截图不一致的情况，对大家理解设计有一定影响。特别是在打开文件时，版本不兼容会出现很多功能不能正常使用的问题。所以请大家最好和笔者的版本一致。

另外在这里不会对 Excel 基础操作做过多讲解，希望大家发挥主观能动性去学习。基础操作真的非常容易掌握，下面我们会更侧重数值项内容的介绍。

3.2.1　文件格式

当你安装完 Excel 之后，桌面会生成一个 Excel 的图标。双击 Excel 图标打开它，并看到如图 3-1 所示的界面。

图 3-1　Excel 2010 界面

单击左上角的"文件"按钮，并在其菜单中选择"另存为"命令，之后会弹出"另存为"对话框，如图 3-2 所示。

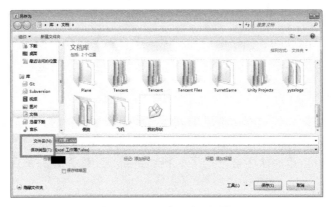

图 3-2　"另存为"对话框

文件名就是我们在文件夹中看到的当前你编辑的 Excel 文件的名称，默认后缀为 .xlsx。

单击"保存类型"下拉列表框，你可以看到有很多文件格式可供选择。推荐大家使用后缀为 .xlsb 的二级制文件格式。这样做主要有两点好处：1）数据量大的时候效率高；2）支持 VBA 编写。

3.2.2　区域讲解

Excel 是一个二维的空间。默认最大行号为 1048576（2^{20}），列标从字母 A 至 XFD（对应数值 1~16384）。这是 Excel 2010 中的数据，行和列的最大数值会因 Excel 版本不同而不同。

3.2.3　相对引用和绝对引用

Excel 中有两个非常重要的基础概念，即"相对引用"和"绝对引用"。有些时候，公式输入明明是正确的，但是计算结果就是不对，其原因就是没弄明白"相对引用"和"绝对引用"。

什么叫引用？我给大家按我的理解来介绍一下。

比如在 B2 单元格中输入了 =A2，这就是引用，也就是在 B2 单元格中使用了 A2 单元格的内容。

相对引用： 比如在 B2 单元格中输入了 =A2，然后把这个公式向下拖动到 B3 单元格中，然后 B3 单元格中的内容变成了 =A3。也就是说，其实 B2 这个单元格中存储的并不是 A2 的内容，而是这两个单元格之间的一个相对关系。

绝对引用：比如在 B2 单元格中输入了 =$A$2，然后把这个公式向下拖动到 B3 单元格中，然后 B3 单元格中的内容还是 =$A$2。也就是说，这次 B2 这个单元格中存储的就是 A2 这个单元格的内容，这个内容并不会随着单元格位置的变化而变化。

下面举个实例方便读者们理解。如图 3-3 所示，这是我们的原始数据，数据源为图中灰底区域，数据是我们指定填充好的。

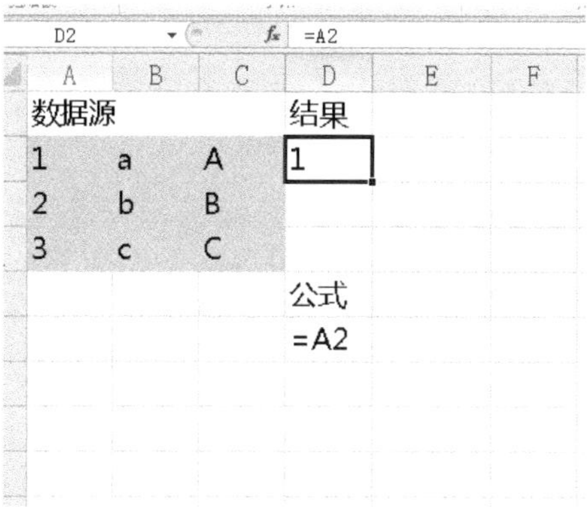

图 3-3　原始数据

接下来的图 3-4 到图 3-7 是为了方便读者理解不同引用的区别而做出来的区分图，这是需要重点掌握的基础知识。

1. 行相对引用 + 列相对引用

我们选中 D2 单元格，点住右下角之后开始先往右拖动至 F2，然后再选中 D2 ：F2 区域，然后点住 F2 右下角往下拖动至 F4，记住要保持之前 D2 ： F2 区域的选中状态。此时我们再来观察结果，如图 3-4 所示。

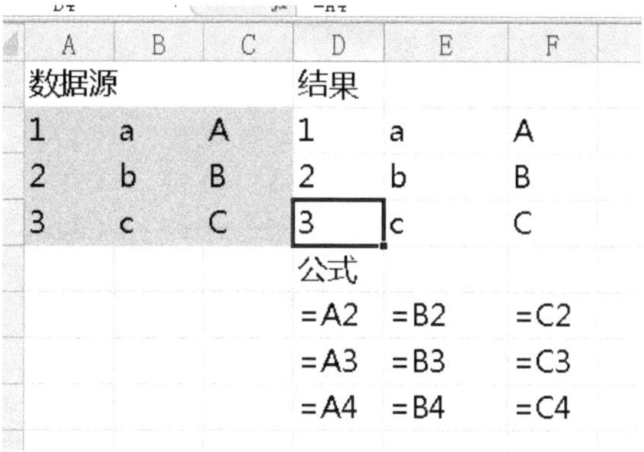

图 3-4　行相对引用 + 列相对引用

大家可以看到随着我们拖动 =A2 这个公式，字母 A 会随着列的变化而变化，往右开始逐步变为 B、C……而数字 2 则随着行的变化而变化，从下是 3、4……

2. 行相对引用 + 列绝对引用

当 D2 中初始公式为 =$A2 时，字母 A 由于被字符“$”锁定而不会发生变化，所以拖动复制公式的结果就是行号发生变化而列标不发生变化，如图 3-5 所示。

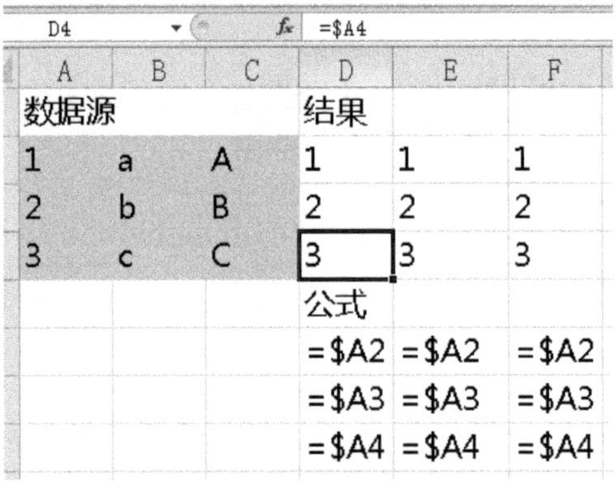

D4 =$A4

A	B	C	D	E	F
数据源			结果		
1	a	A	1	1	1
2	b	B	2	2	2
3	c	C	3	3	3
			公式		
			=$A2	=$A2	=$A2
			=$A3	=$A3	=$A3
			=$A4	=$A4	=$A4

图 3–5　行相对引用 + 列绝对引用

3. 行绝对引用 + 列相对引用

原理和第 2 点是一样的，不过这次是行号被锁定，列标发生变化，如图 3-6 所示。

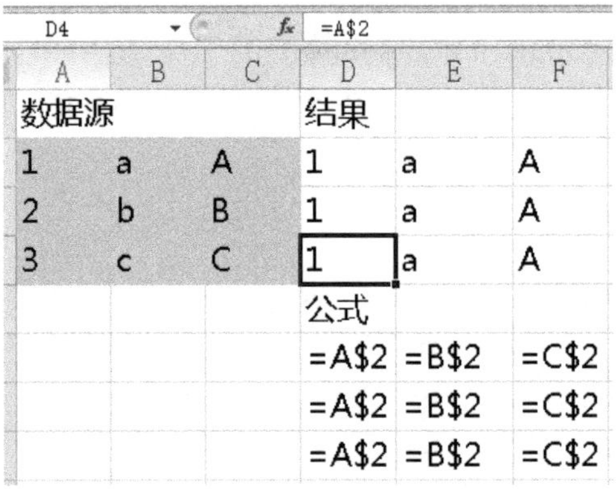

D4 =A$2

A	B	C	D	E	F
数据源			结果		
1	a	A	1	a	A
2	b	B	1	a	A
3	c	C	1	a	A
			公式		
			=A$2	=B$2	=C$2
			=A$2	=B$2	=C$2
			=A$2	=B$2	=C$2

图 3–6　行绝对引用 + 列相对引用

4. 行绝对引用 + 列绝对引用

当行号和列标都被锁定时，不管你怎么拖动复制公式，其结果都会锁定在 $A$2，如图 3-7 所示。

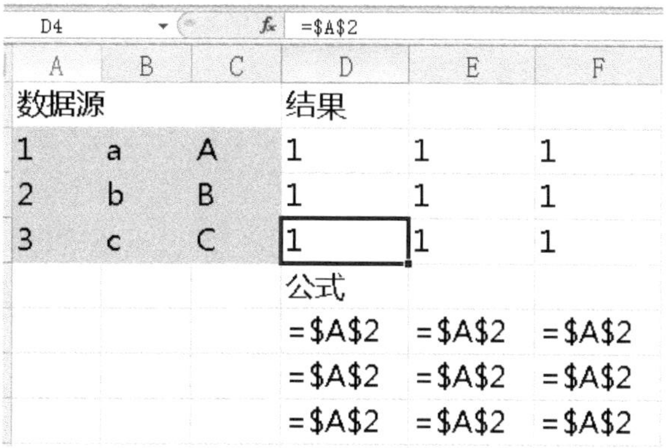

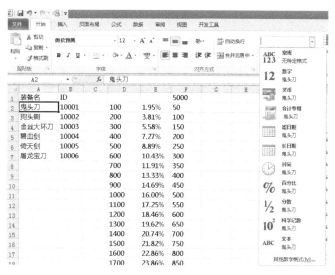

图 3-7　行绝对引用 + 列绝对引用

最后告诉大家一个快捷切换引用方式的方法，在 *fx* 右侧的编辑栏中输入 = 之后，再选中你想要改变引用方式的单元格（颜色会变蓝），然后按 F4 键就可以快速切换引用方式了。

3.2.4　单元格格式

在 Excel 的"开始"选项卡中可以找到一个下拉列表框，如图 3-8 所示，在此可以设置单元格格式。下面主要介绍一下常规、数值和文本这 3 种单元格格式。

图 3-8　设置单元格格式

常规是默认的单元格格式，一般情况下我们都用这种格式。

数值格式指如果你在单元格中填写了数字，则系统会默认数字为数值格式，并且当其他公式函数引用该单元格的时候可以正常运作，该格式并不会强制要求你输入的必须是数字。

文本格式则会在你在单元格中填写了数字之后，认为它是文本，并且当其他公式函数引用该单元格的时候可能会出现问题。

特别注意，若有些时候你发现输入公式或函数后并没有出现你想要的结果，而是直接显示出公式，那么出现这种情况的原因之一就是单元格格式被设置成了文本格式。此时改变单元格格式为常规即可正常使用公式。

3.3　函数和公式

函数和公式是 Excel 的基础组成部分，也是 Office 家族能担当计算软件的最有代表的功能。灵活使用函数和公式是对数值策划的基本要求。本节会以数值工作使用频率作为依据，对部分函数进行讲解，其他函数请感兴趣的读者自行研究。

3.3.1　函数和公式的区别

在 Excel 中，"公式"是以"="号为引导，进行数据运算处理并返回结果的等式。"函数"则是按特定算法执行计算而产生一个或一组结果的预定义的特殊公式。因此，从广义的角度来讲，函数也是一种公式。公式的组成要素包括等号"="、运算符、常量、单元格引用、函数、名称等。

在这里要注意，公式不能直接或间接地通过自身所在单元格进行计算（除非有需求的迭代运算），否则会引起循环引用的错误。另外，公式也不能对 Excel 下达指令和操作，比如保存文件等。

3.3.2　基础的运算符

在 Excel 中包含 4 种类型运算符：算术运算符、比较运算符、文本运算符和引用运算符。具体运算符说明及示例如表 3-1 所示。

表 3-1　各运算符说明及示例

符　号	说　明	示　例
＋和－	算术运算符：加和减	=6+3-7=2
*和/	算术运算符：乘以和除以	=6*4/8=3
^	算术运算符：幂	=5^2=25
%	算术运算符：百分号	=100*1%=1
－	算术运算符：负数	=-1*2=-2

符　号	说　明	示　例
&	文本运算符：链接文本	="玩家"&"1"返回"玩家1"
'	引用运算符：注释	'=a1 等于被注释，并不会返回 a1 单元格的值，显示为 =a1
,	引用运算符：参数分隔符	=sum(1,2,3)=6 等于求这几个数字之和
（空格）	引用运算符：交叉引用	=sum(A2:E2 E1:E3) 等于引用两个区域的交叉区域，等于 sum(E2)
:	引用运算符：区域引用	=sum(A1:E2) 表示从 A1（左上）到 E2（右下）这个区域的求和
=,<>	等于，不等于	
>,<	大于，小于	
>=,<=	大于等于，小于等于	

图 3-9 是运算符的优先级，请大家牢记。

优先顺序	符　号	说　明
1	:　_(空格)　.	引用运算符：冒号、单个空格和逗号
2	-	算术运算符：负号（取得与原值正负号相反的值）
3	%	算术运算符：百分比
4	^	算术运算符：乘幂
5	*和/	算术运算符：乘和除（注意区别数学中的×、÷）
6	+和-	算术运算符：加和减
7	&	文本运算符：连接文本
8	=,<,>,<=,>=,<>	比较运算符：比较两个值（注意区别数学中的≤、≥、≠）

图 3-9　运算符的优先级

为了方便大家理解，下面举例说明一下。

在单元格 A6 内写入 =" 玩家 "&SUM(A1:B5 B1:B5)*(1+2^4/4)，最终得到值：玩家 5，如图 3-10 所示。在这个过程中 Excel 是如何计算的呢？这里给大家推荐一个功能：公式求值。大家可在公式选项卡里找到"公式求值"按钮，如图 3-11 所示。

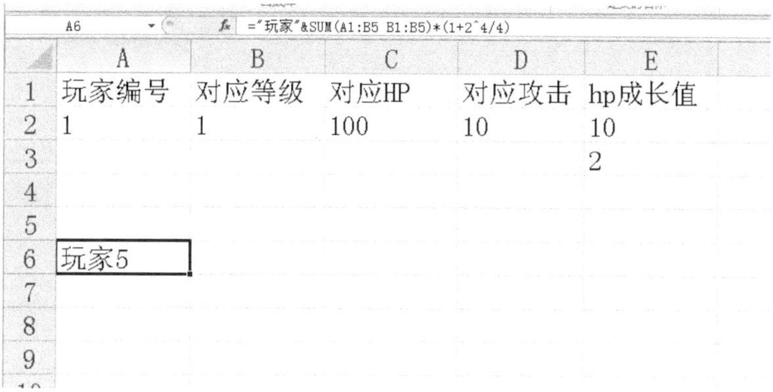

图 3-10　输入公式并获得结果

图 3-11　"公式求值"按钮

切记在选中 A6 单元格后再单击"公式求值"按钮。单击按钮后出现如图 3-12 所示的界面。

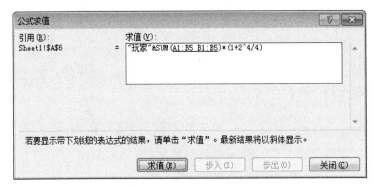

图 3-12　"公式求值"对话框

可以看到有下画线的部分就是当前将要被计算的部分，单击"求值"按钮会得到下一步的计算结果，如图 3-13 所示。可以多次单击"求值"按钮查看公式被计算的过程，这里就不一一展示了。

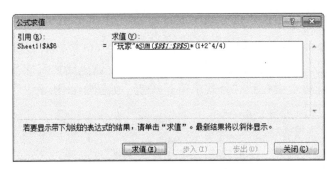

图 3-13　再次单击"求值"按钮

如果我们想提高计算的优先级要怎么做呢？数学计算公式中使用小括号 ()、中括号 [] 和大括号 {} 来改变运算的优先级别，而在 Excel 中均使用小括号代替，中括号和大括号有其他用处，千万不要乱用。

举个例子如下。

数学公式：$(2+5) \times [1+(9-6) \div 3]+7^2$

Excel 公式：(2+5)*(1+(9-6)/3)+7^2

3.4　常规函数解析

本节介绍的函数都是非常基础的知识，就好像学习英语的单词、学习数学的公式一样，读者需要牢牢掌握它们。笔者当年用类似背单词的小本记录了这些公式加以记忆，效果非常好也推荐大家使用。

3.4.1　函数基础引用

如图 3-14 所示，单击"公式→插入函数"按钮就可以看到弹出的对话框了。等大家熟悉各种函数之后，其实可以直接输入函数名，那样会更为方便。在弹出的"插入函数"对话框中大家可以根据自己的需求搜索 Excel 自带的函数。

图 3-14　单击"插入函数"按钮

3.4.2　ABS：绝对值函数

大家先在 A 列输入如图 3-15 所示的内容，然后选择 B1 单元格输入"=A"，之后会得到图 3-15 中的画面，从中选择 ABS 函数即可。这种补全功能可避免用户输入错误，提高输入效率，应熟练应用、灵活使用。

ABS 函数比较简单，只有一个参数，这个函数的作用是获得这个参数的绝对值。要注意参数不能为文本，不然会出错，如图 3-16 所示。

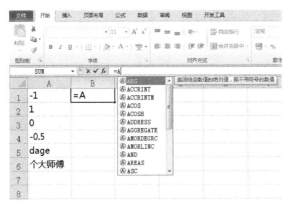

图 3-15　Excel 的输入补全功能

	A	B	C
1	数据	公式	输出结果
2	-1	=ABS(A2)	1
3	1	=ABS(A3)	1
4	0	=ABS(A4)	0
5	-0.5	=ABS(A5)	0.5
6	dage	=ABS(A6)	#VALUE!
7	个大师傅	=ABS(A7)	#VALUE!

图 3-16　ABS 函数的参数不能是文本格式的

3.4.3　ADDRESS：地址转换函数

首先来看下 ADDRESS 函数的语法格式：

ADDRESS(row_num,column_num,abs_num,a1,sheet_text)

• row_num：必需参数，在单元格引用中使用的行号。

• column_num：必需参数，在单元格引用中使用的列标。

• abs_num：可选参数，指定返回的引用类型。

• a1：可选参数，用以指定 A1 或 R1C1 引用样式的逻辑值。如果 a1 为 TRUE 或缺省，则函数 ADDRESS 返回 A1 样式的引用。

• sheet_text：可选参数，一个文本值，用来指定外部引用的工作表的名称。

大家可以调整第 3 个和第 4 个参数来看一下效果，图 3-17 中的 B 列是变换第 3 个参数的结果，D 列是变换第 4 个参数的结果。

	A	B	C	D
1	对应公式	输出结果	对应公式	输出结果
2	=ADDRESS(1,1,1,1)	$A$1	=ADDRESS(1,1,1,0)	R1C1
3	=ADDRESS(1,1,2,1)	A$1	=ADDRESS(1,1,2,0)	R1C[1]
4	=ADDRESS(1,1,3,1)	$A1	=ADDRESS(1,1,3,0)	R[1]C1
5	=ADDRESS(1,1,4,1)	A1	=ADDRESS(1,1,4,0)	R[1]C[1]

图 3-17　调整第 3 个和第 4 个参数后的结果

图 3-18 为道具 ID 和道具名的对应表（缩减版），若需要找出后缀为 1 的装备，那么我们可以用这个函数。这里在 J 列输出了最终结果，H、I 两列是方便大家理解的辅助列。另外，J2 使用了 INDIRECT 函数，我们会在后面讲解该函数。

I2 单元格公式：=ADDRESS(H2,5,1,1)

J2 单元格公式：=INDIRECT(I2)

		B	F	G	H	I	J
	C	D	编号	物品名	引用的行	实际地址	地址对应结果
			10001	头盔1	2	$E$2	10001
			10002	头盔2	6	$E$6	20001
			10003	头盔3	10	$E$10	30001
			10004	头盔4			
			20001	盔甲1			
			20002	盔甲2			
			20003	盔甲3			
			20004	盔甲4			
			30001	鞋子1			
			30002	鞋子2			
			30003	鞋子3			
			30004	鞋子4			

（公式栏：=ADDRESS(H2,5,1,1)）

图 3-18　道具 ID 和道具名对应表（缩减版）

3.4.4　AND 和 OR：与、或函数

1.AND 函数

AND 函数的语法格式：

AND (logical1,logical2, ...)

其中 Logical1、logical2 为判断条件。这里强调一下它是逻辑函数，不是用来连接字符的函数。当所有条件为真时，结果为真；只要有一个条件为否，则结果为否。简单来说条件拥有"一票否决权"，必须全通过，才能通过。另外条件个数最好不要超出 30 个，上限会根据 Excel 版本不同有差异。

2.OR 函数语法

OR 函数的语法格式：

OR (logical1,logical2, ...)

其中 Logical1、logical2 为判断条件。OR 函数和 AND 函数属于一个系列的函数。如果说 AND 的条件有"一票否决权"，那么 OR 的条件则拥有"任意一票通过权"。只要判断条件里有一条符合，那么就返回 TRUE。

举个实例看一下，图 3-19 中 AND 判断的是两个数据必须都大于等于 6 才中奖，而 OR 判断的则是两个数据中有任意一个大于等于 6 就中奖。

	A	B	C	D		E	F		G
1	数据1	数据2	AND公式			AND公式结果	OR公式		OR公式结果
2	9	2	=IF(AND(A2>=6,B2>=6),"中奖","啥也没有")			啥也没有	=IF(OR(A2>=6,B2>=6),"中奖","啥也没有")		中奖
3	8	6	=IF(AND(A3>=6,B3>=6),"中奖","啥也没有")			中奖	=IF(OR(A3>=6,B3>=6),"中奖","啥也没有")		中奖
4	1	1	=IF(AND(A4>=6,B4>=6),"中奖","啥也没有")			啥也没有	=IF(OR(A4>=6,B4>=6),"中奖","啥也没有")		啥也没有
5	9	3	=IF(AND(A5>=6,B5>=6),"中奖","啥也没有")			啥也没有	=IF(OR(A5>=6,B5>=6),"中奖","啥也没有")		中奖
6	7	9	=IF(AND(A6>=6,B6>=6),"中奖","啥也没有")			中奖	=IF(OR(A6>=6,B6>=6),"中奖","啥也没有")		中奖

图 3-19　AND 和 OR 函数结果对比

3.4.5　AVERAGE 和 AVERAGEA：平均数函数

AVERAGE 函数的语法格式：

AVERAGE(number1, [number2], ...)

•number1：必需参数。要计算平均值的第一个数字、单元格引用（单元格引用：用于表示单元格在工作表上所处位置的坐标集。例如，显示在第 3 行和第 B 列交叉处的单元格，其引用形式为"B3"。）或单元格区域。

•number2, ...：可选参数。要计算平均值的其他数字、单元格引用或单元格区域，最多可包含 255 个。

AVERAGE 函数和 AVERAGEA 函数的区别在于，AVERAGEA 函数是可以以文本和逻辑值为参数的。请大家在使用的时候务必注意，不要因为这个小问题导致平均值结果有偏差。如图 3-20 所示，如果你的统计之中有文本或逻辑值出现，那你就要注意平均值的分母是多少。

	A	B	C	D
1	攻击次数	伤害1	公式	结果
2	1	100	=AVERAGE(B2:B7)	150
3	2	200	=AVERAGEA(B2:B7)	125
4	3	150		
5	4	200		
6	5	100		
7	6	错误值		
8				
9				
10	总计	750		

图 3-20　AVERAGE 和 AVERAGEA 函数结果对比

3.4.6　AVERAGEIF 和 AVERAGEIFS：条件求平均数函数

AVERAGEIF 函数的语法格式：

=AVERAGEIF（range, criteria, [average_range]）

=AVERAGEIF（条件区，条件，平均值区域）

• range：条件区——第 2 个参数条件所在的范围。

• criteria：条件——是用来定义计算平均值的单元格的。（形式可以是数字、表达式、单元格引用或文本的条件。用来定义将计算平均值的单元格。例如，条件可以是“产出”，表示我们要求 C 列中“产出”对应的货币数量的平均值。）

• average_range：平均值区域——参与计算平均值的单元格。（当条件区和平均值区域一致时，该参数可以省略。）

AVERAGEIFS 函数是 AVERAGEIF 函数的加强版本，它可以对应多个条件，不过参数位置略有不同。大家可以查看图 3-21，这是两个函数在工作中的实例。

	A	B	C	D	E	F	G	H	I
1	玩家ID	行为类型	产出消耗	货币种类	货币数量		达成效果	公式	结果
2	玩家1	关卡掉落	产出	金币	3388		求所有玩家每次关卡的平均产出	=AVERAGEIF(C:C,"产出",E:E)	2072.875
3	玩家2	关卡掉落	产出	金币	2211		求玩家每次商城的平均消耗	=AVERAGEIFS(E:E,C:C,"消耗")	230
4	玩家3	关卡掉落	产出	金币	2235				
5	玩家3	抽卡	消耗	钻石	288				
6	玩家2	关卡掉落	产出	金币	3761				
7	玩家1	关卡掉落	产出	金币	1114				
8	玩家1	抽卡	消耗	钻石	288				
9	玩家2	抽卡	消耗	钻石	288				
10	玩家2	抽卡	消耗	钻石	288				
11	玩家1	关卡掉落	产出	金币	1020				
12	玩家3	抽卡	消耗	钻石	288				
13	玩家3	商城	消耗	钻石	200				
14	玩家3	商城	消耗	钻石	100				
15	玩家1	关卡掉落	产出	金币	1020				
16	玩家2	关卡掉落	产出	金币	1834				
17	玩家2	商城	消耗	钻石	100				

图 3-21　AVERAGEIFS 和 AVERAGEIF 函数实例

3.4.7　CEILING 和 FLOOR：向上或向下按条件舍入函数

1.CEILING 函数

CEILING 函数的语法格式：

CEILING(number, significance)

- number：必需参数。要舍入的值。

- significance：必需参数。要舍入到的倍数。

这里需要提醒大家一下，函数返回的结果是将参数 number 向上舍入（沿绝对值增大的方向）为最接近的 significance 的倍数。

①如果参数为非数值型，CEILING 返回错误值 #VALUE!。

②无论数字符号如何，都按远离 0 的方向向上舍入。如果数字已经为 significance 的倍数，则不进行舍入。

③如果 number 和 significance 都为负，则对值按远离 0 的方向进行向下舍入。

④如果 number 为负，significance 为正，则对值按朝向 0 的方向进行向上舍入。

2.FLOOR 函数

FLOOR 函数的语法格式：

FLOOR (number, significance)

- number：必需参数。要舍入的值。

- significance：必需参数。要舍入到的倍数。

FLOOR 的用法和 CEILING 几乎是一样的，只是一个向上一个向下。两个函数的实例可参考图 3-22，要注意的是结果会沿着绝对值的方向增大或缩小。

	A	B	C	D	E
1	达成效果	CEILING公式	CEILING效果	FLOOR公式	FLOOR效果
2	将 1.5 向上(下)舍入到最接近的 1 的倍数	=CEILING(1.5, 1)	2	=FLOOR(1.5, 1)	1
3	将 -1.5 向上(下)舍入到最接近的 -2 的倍数	=CEILING(-1.5, -2)	-2	=FLOOR(-1.5, -2)	0
4	将 -1.5 向上(下)舍入为最接近的 2 的倍数	=CEILING(-1.5, 2)	#NUM!	=FLOOR(-1.5, 2)	#NUM!
5	将 2.5 向上(下)舍入到最接近的 0.1 的倍数	=CEILING(2.5, 0.1)	2.5	=FLOOR(2.5, 0.1)	2.5
6	将 0.258 向上(下)舍入到最接近的 0.01 的倍数	=CEILING(0.258, 0.01)	0.26	=FLOOR(0.258,0.01)	0.25
7	将 0.258 向上(下)舍入到最接近的 0.01 的倍数	=CEILING(-0.258,0.01)	#NUM!	=FLOOR(-0.258,0.01)	#NUM!

图 3-22　CEILING 与 FLOOR 函数实例

3.4.8　CHOOSE：选择函数

CHOOSE 函数的语法格式：

CHOOSE(index_num, value1, [value2], ...)

·index_num：必需参数。指定所选定的值的参数。index_num 必须为 1~254 之间的数字，或者为公式，或者为对包含 1~254 之间某个数字的单元格的引用。

如果 index_num 为 1，函数 CHOOSE 返回 value1；如果为 2，函数 CHOOSE 返回 value2，以此类推。

如果 index_num 小于 1 或大于列表中最后一个值的序号，函数 CHOOSE 返回错误值 #VALUE!。

如果 index_num 为小数，则在使用前该值将被截尾取整。

·value1, value2, ... ：value1 是必需的，后续值是可选的。这些值的个数介于 1~ 254 之间，函数 CHOOSE 基于 index_num 从这些值中选择一个数值或一项要执行的操作。参数可以为数字、单元格引用、已定义名称、公式、函数或文本，如图 3-23 所示。

	A	B	C	D
1	选择第几个参数	达成效果	公式	输出结果
2	1	在1001,1002,1003中选择第一个值	=CHOOSE(A2,1001,1002,1003)	1001
3	2	在"战士","法师","刺客"中选择第二个值	=CHOOSE(A3,"战士","法师","刺客")	法师
4	3	求第三个区域的数值总和	=SUM(CHOOSE(3,A9:A12,B9:B12,C9:C12))	14
5				
6				
8	区域1	区域2	区域3	
9	1	2	2	
10	1	2	3	
11	1	2	4	
12	1	2	5	

图 3-23　CHOOSE 函数实例

3.4.9　COLUMN 和 COLUMNS：列标函数

1.COLUMN 函数

COLUMN 函数的语法格式：

COLUMN([reference])

·reference：可选参数。要返回其列标的单元格或单元格区域（单元格区域：工作表上的两个或多个单元格。单元格区域中的单元格可以相邻或不相邻）。

如果省略参数 reference 或该参数为一个单元格区域，并且 COLUMN 函数是以水平数组公式的形式输入的，则 COLUMN 函数将以水平数组的形式返回参数 reference 的列标。

如果参数 reference 为一个单元格区域，并且 COLUMN 函数不是以水平数组公式的形式输入的，则 COLUMN 函数将返回最左侧列的列标。

如果省略参数 reference，则假定该参数为对 COLUMN 函数所在单元格的引用。

参数 reference 不能引用多个区域。

2.COLUMNS 函数

COLUMNS 函数的语法格式：

COLUMNS(array)

• array：必需参数。需要得到其列数的数组、数组公式或对单元格区域的引用。

COLUMN 和 COLUMNS 函数实例如图 3-24 所示。

	A	B	C
1	达成效果	公式	输出结果
2	当前单元格所在列	=COLUMN()	3
3	A1单元格所在列	=COLUMN(A1)	1
4	返回最左侧单元格所在列	=COLUMN(A3:B3)	1
5	区域A3:B3包含的列总数	=COLUMNS(A3:B3)	2

图 3-24   COLUMN 和 COLUMNS 函数实例

3.4.10   COUNT、COUNTA、COUNTBLANK：计数统计函数

1. COUNT 函数

COUNT 函数的语法格式：

COUNT(value1, [value2], ...)

• value1：必需参数。要计算其中数字的个数的第 1 项、单元格引用或单元格区域。

• value2, ...：可选参数。要计算其中数字的个数的其他项、单元格引用或单元格区域，最多可包含 255 个。（注意是个数不是数量，比如 count(a:a) 中 a:a 表示的是一个参数。）

注意：这些参数可以包含或引用各种类型的数据，但只有数字类型的数据才被计算在内。

使用 COUNT 函数还需要注意以下问题。

①如果参数为数字、日期或者代表数字的文本（例如，用引号引起的数字，如 "1"），则将被计算在内。

②逻辑值和直接键入到参数列表中代表数字的文本将被计算在内。

③如果参数为错误值或不能转换为数字的文本，则不会被计算在内。

④如果参数是一个数组或引用，则只计算其中的数字。数组或引用中的空白单元格、逻辑值、文本或错误值将不被计算在内。

⑤若要计算逻辑值、文本值或错误值的个数，请使用 COUNTA 函数。

⑥若只计算符合某一条件的数字的个数，请使用 COUNTIF 函数或 COUNTIFS 函数。

2.COUNTA 函数

COUNTA 函数的语法格式：

COUNTA(value1, [value2], ...)

· value1：必需参数。表示要计数的值的第一个参数。

· value2, ...：可选参数。表示要计数的值的其他参数，最多可包含 255 个参数。

① COUNTA 函数计算包含任何类型的信息（包括错误值和空文本（""））的单元格。例如，如果单元格区域中包含的公式返回空字符串，COUNTA 函数计算该值。COUNTA 函数不会对空单元格进行计数。

②如果不需要对逻辑值、文本或错误值进行计数（换句话说，只希望对包含数字的单元格进行计数），请使用 COUNT 函数。

③ COUNTBLANK 函数

COUNTBLANK 函数的语法格式：

COUNTBLANK(range)

· range：必需参数。需要计算其中空白单元格个数的区域。

注意： 包含返回 ""（空文本）的公式的单元格也会计算在内，包含 0 值的单元格不计算在内。

小结： 上述的 3 个函数非常相近，但是要注意使用细节。如图 3-25 所示的实例中，大家可以看出 COUNTA 是会统计空格（ˊ ˊ）单元格的。而 COUNTBLANK 是不会统计空格（ˊ ˊ）单元格和值为 0 的单元格的。这会对今后的排查工作非常有帮助，请大家留意，如图 3-25 所示。

	A	B	C	D	E
1	达成效果	数据区域		公式	输出结果
2	计算出区域内数字的个数	屠龙刀	0	=COUNT(B2:C5)	3
3		战士	2483	=COUNTA(B2:C5)	7
4	B4单元格是一个空格		#NAME?	=COUNTBLANK(B2:C5)	1
5	B5单元格是空		3476		

图 3-25　COUNT、COUNTA 和 COUNTBLANK 函数实例

3.4.11　COUNTIF 和 COUNTIFS：有条件的计数统计函数

1.COUNTIF 函数

COUNTIF 函数的语法格式：

COUNTIF(range, criteria)

• range：必需参数。要进行计数的单元格区域。区域可以包括数字、数组、命名区域或包含数字的引用。空白和文本值将被忽略。

• criteria：必需参数。用于决定要统计哪些单元格数量的数字、表达式、单元格引用或文本字符串。

例如，可以使用 32 这类数字和"＞32"这类比较。COUNTIF 函数仅使用一个条件。如果要使用多个条件，请使用 COUNTIFS 函数。

2. COUNTIFS 函数

COUNTIFS 函数的语法格式：

COUNTIFS(criteria_range1,criteria1,[criteria_range2,criteria2],…)

• criteria_range1：必需参数。在其中计算关联条件的第一个区域。

• criteria1：必需参数。条件的形式为数字、表达式、单元格引用或文本，它定义了要计数的单元格范围。

• criteria_range2, criteria2, ...：可选参数。附加的区域及其关联条件。最多允许 127 个区域或条件对。

这两个函数和之前讲过的 AVERAGEIF 和 AVERAGEIFS 函数很像，所以这里就不举例了。

3.4.12　FIND 和 SEARCH：查找字符函数

1.FIND 函数

FIND 函数的语法格式：

FIND(find_text, within_text, [start_num])

- find_text：必需参数。要查找的文本。

- within_text：必需参数。要在其中搜索 find_text 参数的值的文本。

- start_num：可选参数。within_text 参数中开始进行搜索的字符编号。

注意：

① FIND 函数区分大小写，并且不允许使用通配符。如果你不希望执行区分大小写的搜索或使用通配符，则可以使用 SEARCH 函数。

②如果 find_text 为空文本（""），则 FIND 会匹配搜索字符串中的首字符（即编号为 start_num 或 1 的字符）。

③ find_text 不能包含任何通配符。

④如果 within_text 中没有 find_text，则返回错误值 #VALUE!。

⑤如果 start_num<=0，则返回错误值 #VALUE!。

⑥如果 start_num 大于 within_text 的长度，则返回错误值 #VALUE!。

⑦可以使用 start_num 来跳过指定数目的字符。以 FIND 为例，假设要处理文本字符串"AYF0093.YoungMensApparel"。若要在文本字符串的说明部分中查找第一个"Y"的编号，请将 start_num 设置为 8，这样就不会搜索文本的序列号部分。FIND 从第 8 个字符开始查找，在下一个字符处找到 find_text，然后返回其编号 9。FIND 始终返回从 within_text 的起始位置进行计算的字符编号，如果 start_num 大于 1，仍会对跳过的字符计数。

2.SEARCH 函数

SEARCH 函数的语法格式：

SEARCH (find_text, within_text, [start_num])

- find_text：必需参数。要查找的文本。

- within_text：必需参数。要在其中搜索 find_text 参数的值的文本。

- start_num：可选参数。within_text 参数中开始进行搜索的字符编号。

SEARCH 函数大部分功能和 FIND 函数是一样的。不过也有如下差别。

① SEARCH 不支持大小写区分，FIND 则支持。

② SEARCH 支持通配符查找，如果用 SEARCH 查找符号则需要加（~）。FIND 则是不支持通配符查找的。

FIND 和 SEARCH 函数实例如图 3-26 所示。

	A	B	C	D
1	达成效果	数据区域	公式	输出结果
2	查找"刀"出现的位置	坚韧的血腥的小刀	=FIND("刀",B2)	8
3	查找"剑"出现的位置	坚韧的血腥的小刀	=FIND("剑",B3)	#VALUE!
4	查找" "出现的位置	我 是 刺客	=FIND(" ",B4)	2
5	查找""出现的位置	我 是 刺客	=FIND("",B5)	1
6	查找"a"出现的位置	AYF0093.YoungMensApparel	=FIND("a",B6)	21
7	查找"A"出现的位置	AYF0093.YoungMensApparel	=FIND("A",B7)	1
8	从第二个字符开始查找"A"出现的位置	AYF0093.YoungMensApparel	=FIND("A",B8,2)	18
9	查找"刀"出现的位置	坚韧的血腥的小刀	=SEARCH("刀",B9)	8
10	查找"剑"出现的位置	坚韧的血腥的小刀	=SEARCH("剑",B10)	#VALUE!
11	查找" "出现的位置	我 是 刺客	=SEARCH(" ",B11)	2
12	查找""出现的位置	我 是 刺客	=SEARCH("",B12)	1
13	查找"a"出现的位置	AYF0093.YoungMensApparel	=SEARCH("a",B13)	1
14	查找"A"出现的位置	AYF0093.YoungMensApparel	=SEARCH("A",B14)	1
15	从第二个字符开始查找"A"出现的位置	AYF0093.YoungMensApparel	=SEARCH("A",B15,2)	18
16	查找"小*"出现的位置	坚韧的血腥的小刀	=FIND("小*",B2)	#VALUE!
17	查找"小*"出现的位置	坚韧的血腥的小刀	=SEARCH("小*",B2)	7

图 3-26　FIND 和 SEARCH 函数实例

3.4.13　IF：条件判断函数

IF 函数的语法格式：

IF(logical, [value_if_true], [value_if_false])

- logical：必需参数。需要判断的逻辑表达式。
- [value_if_true]：可选参数。逻辑表达式值为 TRUE 时执行的行为。
- [value_if_false]：可选参数。逻辑表达式值为 FALSE 时执行的行为。

注意: IF 函数是按照顺序执行的，当有多个 IF 嵌套的时候会一个个判断下去，如图 3-27 所示的第 3 个例子就是一个错误的使用案例。因为前面在判断 >=60 结果为 A 的时候就跳出了该 IF 函数，所以根本不会判断后续条件。正确使用方式是先判断是否大于等于 100，然后判断是否大于等于 80，最后判断是否大于等于 60。请大家在使用过程中一定要注意这一点。

	A	B	C	D
1	达成效果	数据区域	公式	输出结果
2	如果职业为战士,则值为1	战士	=IF(B2="战士",1,0)	1
3	<60为普通 >=60,<80为精良 >=80,<100为优秀 =100为极品	99	=IF(B3<60,"普通" ,IF(AND(80>B3,B3>=60),"精良" ,IF(AND(100>B3,B3>=80),"优秀", IF(B3=100,"极品"))))	优秀
4	>=60为A >=80为B >=100为C	100	=IF(B4>=60,"A" ,IF(B4>=80,"B" ,IF(B4>=100,"C")))	A

图 3-27　IF 函数实例

3.4.14　INDEX：返回表格或区域中的数值或对数值的引用

INDEX 函数的语法格式：

INDEX(reference, row_num, [column_num], [area_num])

• reference：必需参数。对一个或多个单元格区域的引用。

如果为引用输入一个不连续的区域，必须将其用括号括起来。如果引用中的每个区域只包含一行或一列，则相应的参数 row_num 或 column_num 分别为可选项。例如，对于单行的引用，可以使用函数 INDEX(reference,,column_num)。

• row_num：必需参数。引用中某行的行号，函数从该行返回一个引用。

• column_num：可选参数。引用中某列的列标，函数从该列返回一个引用。

• area_num：可选参数。选择引用中的一个区域，以从中返回 row_num 和 column_num 的交叉区域。选中或输入的第 1 个区域序号为 1，第 2 个为 2，依此类推。如果省略 area_num，则 INDEX 使用区域 1。

INDEX 函数的功能是非常强大的，我们在实际操作中其实并不会用到过于复杂的功能。图 3-28 为一个反向查找物品 ID 的实例，大家可以参考一下。

	A	B	C	D	E	F
1	编号	物品名		达成效果	公式	输出结果
2	10001	头盔1		查找头盔1的编号	=INDEX($A$2:$A$13,MATCH("头盔1",$B$2:$B$13,0))	10001
3	10002	头盔2				
4	10003	头盔3				
5	10004	头盔4				
6	20001	盔甲1				
7	20002	盔甲2				
8	20003	盔甲3				
9	20004	盔甲4				
10	30001	鞋子1				
11	30002	鞋子2				
12	30003	鞋子3				
13	30004	鞋子4				

图 3-28　INDEX 函数实例

3.4.15　INDIRECT：返回由文本字符串指定的引用的函数

INDIRECT 函数的语法格式：

INDIRECT (ref_text, a1)

• ref_text：必需参数。对单元格的引用，此单元格包含 A1 样式的引用、R1C1 样式的引用、定义为引用的名称或对作为文本字符串的单元格的引用。如果 ref_text 不是对合法的单元格的引用，函数 INDIRECT 返回错误值 #REF!。

• a1：可选参数。一个逻辑值，用于指定包含在单元格 ref_text 中的引用的类型。如果 a1 为 TRUE 或省略，ref_text 被解释为 A1 样式的引用。如果 a1 为 FALSE，则将 ref_text 解释为 R1C1 样式的引用。

注意：

①如果 ref_text 是对另一个工作簿的引用（外部引用），则那个工作簿必须被打开。如果源工作簿没有打开，函数 INDIRECT 返回错误值 #REF!。

②如果 ref_text 引用的单元格区域超出行限制 1 048 576 或列限制 16 384 （XFD），则 INDIRECT 返回 #REF! 错误。

INDIRECT 函数实例如图 3-29 所示。

	A	B	C	D	E	F	G
1	编号	物品名		达成效果	引用位置	公式	输出结果
2	10001	头盔1		取得A1单元格里的值	A1	=INDIRECT(E2)	编号
3	10002	头盔2		取得sheet(abs)中A1单元格里的值	A1	=INDIRECT("abs!"&E3,0)	数据
4	10003	头盔3					
5	10004	头盔4					
6	20001	盔甲1					
7	20002	盔甲2					
8	20003	盔甲3					
9	20004	盔甲4					
10	30001	鞋子1					
11	30002	鞋子2					
12	30003	鞋子3					
13	30004	鞋子4					

图 3-29　INDIRECT 函数实例

3.4.16　INT：取整函数

INT 函数的语法格式：

INT(number)

• number：必需参数。需要进行向下舍入取整的实数。

INT 函数实例如图 3-30 所示。

	A	B	C	D	E
1	数据		达成效果	公式	输出结果
2	89.16		取整数部分	=INT(A2)	89
3	89.16		取小数部分	=A3-INT(A3)	0.16
4	-89.16		取负数的整数部分	=INT(A4)	-90

图 3-30　INT 函数实例

3.4.17　ISERROR：错误值判断函数

ISERROR 函数的语法格式：

ISERROR (value)

• value：必需参数。要检验的值。参数 value 可以是空白（空单元格）、错误值、逻辑值、文本、数字、引用值，或者引用要检验的以上任意值的名称。

该函数是用来判断返回值是否异常的。在实际工作中，我们经常运用这类函数和 IF 函数一起来判断单元格的值是否符合我们的预期。在这里就不单独举例子了。

3.4.18 LARGE 和 SMALL：求数组中第 k 个最大值或最小值函数

LARGE 函数的语法格式：

LARGE (array,k)

- array：必需参数。需要确定第 k 个最大值的数组或数据区域。

- k：必需参数。返回值在数组或数据单元格区域中的位置（从大到小排）。

注意：

①如果数组为空，函数 LARGE 返回错误值 #NUM!。

②如果 $k \leq 0$ 或 k 大于数据点的个数，函数 LARGE 返回错误值 #NUM!。

③如果数据相同，也不会被跳过。

LARGE 函数实例如图 3-31 所示。

	A	B	C	D	E
1	数据		达成效果	公式	输出结果
2	32		取第一大的数值	=LARGE($A$2:$A$6,1)	79
3	58		取第二大的数值	=LARGE($A$2:$A$6,2)	79
4	79		取第三大的数值	=LARGE($A$2:$A$6,3)	66
5	66		取第四大的数值	=LARGE($A$2:$A$6,4)	58
6	79		取第五大的数值	=LARGE($A$2:$A$6,5)	32

图 3-31　LARGE 函数实例

同理，SMALL 函数的作用是取最小值，这里就不详细介绍了。

3.4.19 LEFT 和 RIGHT：从左或从右取得文本函数

LEFT 函数的语法格式：

LEFT (text,[num_chars])

- text：必需参数。包含要提取的字符的文本字符串。

- num_chars：可选参数。指定要由 LEFT 提取的字符的数量。

① num_chars 必须大于或等于 0。

②如果 num_chars 大于文本长度，则 LEFT 返回全部文本。

③如果省略 num_chars，则假设其值为 1。

LEFT 函数实例如图 3-32 所示。

	A	B	C	D	E
1	数据		达成效果	公式	输出结果
2	abcdefg		取得A2单元格中最左边的三个字符	=LEFT(A2,3)	abc
3	我是个战士啊		取得A3单元格中最左边的五个字符	=LEFT(A3,5)	我是个战士

图 3-32　LEFT 函数实例

同理，RIGHT 函数的作用是取最右边的字符，这里就不详细介绍了。

3.4.20　LEN：文本长度函数

LEN 函数的语法格式：

LEN (text)

· text：必需参数。要查找其长度的文本。空格将作为字符进行计数。

LEN 函数实例如图 3-33 所示。

	A	B	C	D	E	F
1	数据		达成效果	公式	输出结果	
2	abcdefg		取得A2单元格字符的字节数	=LEN(A2)	7	
3	我 是 个 战 士 啊		取得A3单元格字符的字节数	=LEN(A3)	11	

图 3-33　LEN 函数实例

3.4.21　LOOKUP 系列：查找函数

查找函数是使用率非常高的一类函数，最核心的是 LOOKUP 和 VLOOKUP 这两个函数。大家注意体会这两个函数的区别。

1.LOOKUP 函数

LOOKUP 函数的语法格式：

LOOKUP(lookup_value, lookup_vector, [result_vector])

· lookup_value：必需参数。LOOKUP 在第一个向量中搜索的值。lookup_value 可以是数字、文本、逻辑值、名称或对值的引用。

· lookup_vector：必需参数。只包含一行或一列的区域。lookup_vector 中的值可以是文本、数字或逻辑值。

· result_vector：可选参数。只包含一行或一列的区域。result_vector 参数必须与 lookup_vector 大小相同。

注意：如果 LOOKUP 函数找不到 lookup_value，则它与 lookup_vector 中小于或等于 lookup_value 的最大值匹配。如果 lookup_value 小于 lookup_vector 中的最小值，则

LOOKUP 会返回 #N/A 错误值。

2.VLOOKUP 函数

VLOOKUP 函数的语法格式：

VLOOKUP(lookup_value,table_array,col_index_num,[range_lookup])

- lookup_value：必需参数。要在表格或区域的第 1 列中搜索的值。lookup_value 参数可以是值或引用。如果为 lookup_value 参数提供的值小于 table_array 参数第 1 列中的最小值，则 VLOOKUP 将返回错误值 #N/A。

- table_array：必需参数。包含数据的单元格区域。可以使用对区域（例如，A2:D8）或区域名称的引用。table_array 第 1 列中的值是由 lookup_value 搜索的值。这些值可以是文本、数字或逻辑值。文本不区分大小写。

- col_index_num：必需参数。table_array 参数中必须返回的匹配值的列标。col_index_num 参数为 1 时，返回 table_array 第 1 列中的值；col_index_num 为 2 时，返回 table_array 第 2 列中的值，依此类推。如果 col_index_num 参数小于 1，则 VLOOKUP 返回错误值 #VALUE!；大于 table_array 的列数，则 VLOOKUP 返回错误值 #REF!。

- range_lookup：可选参数。一个逻辑值，指定希望 VLOOKUP 查找精确匹配值还是近似匹配值。

  - 如果 range_lookup 为 TRUE 或被省略，则返回精确匹配值或近似匹配值。如果找不到精确匹配值，则返回小于 lookup_value 的最大值。

  - 如果 range_lookup 为 FALSE，则不需要对 table_array 第 1 列中的值进行排序。

  - 如果 range_lookup 为 FALSE，VLOOKUP 将只查找精确匹配值。如果 table_array 第 1 列中有两个或更多值与 lookup_value 匹配，则使用第一个找到的值。如果找不到精确匹配值，则返回错误值 #N/A。

LOOKUP 和 VLOOKUP 函数实例如图 3-34 所示。

	A	B	C	D	E	F	G
1	编号	物品名		达成效果	公式	查找项	输出结果
2	10001	头盔1		查询查找项对应的物品名	=LOOKUP(F2,$A$2:$A$13,$B$2:$B$13)	10001	头盔1
3	10002	头盔2		查询查找项对应的物品名	=VLOOKUP(F3,A:B,2,FALSE)	10001	头盔1
4	10003	头盔3		查询查找项对应的物品名	=LOOKUP(F4,$A$2:$A$13,$B$2:$B$13)	19999	头盔4
5	10004	头盔4		查询查找项对应的物品名	=VLOOKUP(F5,A:B,2,TRUE)	19999	头盔4
6	20001	盔甲1		查询查找项对应的物品名	=VLOOKUP(F6,A:B,2,FALSE)	19999	#N/A
7	20002	盔甲2					
8	20003	盔甲3					
9	20004	盔甲4					
10	30001	鞋子1					
11	30002	鞋子2					
12	30003	鞋子3					
13	30004	鞋子4					

图 3-34　LOOKUP 和 VLOOKUP 函数实例

3.4.22　MATCH：获取数值在数组中位置的函数

MATCH 函数的语法格式：

MATCH(lookup_value, lookup_array, [match_type])

• lookup_value：必需参数。需要在 lookup_array 中查找的值。例如，如果要在电话簿中查找某人的电话号码，则应该将姓名作为查找值，但实际上需要的是电话号码。lookup_value 参数可以为值（数字、文本或逻辑值）或对数字、文本或逻辑值的单元格引用。

• lookup_array：必需参数。要搜索的单元格区域。

• match_type：可选参数。数字 -1、0 或 1。match_type 参数指定 Excel 如何在 lookup_array 中查找 lookup_value 的值。此参数的默认值为 1。

match_type 为不同值的时候，函数会有不同效果。

• 当值为 1 或省略时，MATCH 函数会查找小于或等于 lookup_value 的最大值。lookup_array 参数中的值必须按升序排列，例如：...-2, -1, 0, 1, 2, ..., A ～ Z, FALSE, TRUE。

• 当值为 0，MATCH 函数会查找等于 lookup_value 的第 1 个值。lookup_array 参数中的值可以按任何顺序排列。

• 当值为 -1，MATCH 函数会查找大于或等于 lookup_value 的最小值。lookup_array 参数中的值必须按降序排列，例如：TRUE, FALSE, Z ～ A, ...2, 1, 0, -1, -2, ... 等。

注意：

① MATCH 函数会返回 lookup_array 中匹配值的位置而不是匹配值本身。例如，MATCH("b",{"a","b","c"},0) 会返回 2，即 "b" 在数组 {"a","b","c"} 中的相对位置。

②查找文本值时，MATCH 函数不区分大小写字母。

③如果 MATCH 函数查找匹配项不成功，它会返回错误值 #N/A。

④如果 match_type 为 0 且 lookup_value 为文本字符串，可以在 lookup_value 参数中使用通配符（问号（？）和星号（＊））。问号匹配任意单个字符，星号匹配任意一串字符。如果要查找实际的问号或星号，请在该字符前键入波形符（～）。

MATCH 函数实例如图 3-35 所示。

	A	B	C	D	E	F
1	升序	降序	达成效果	公式	查找项	输出结果
2	10001	30004	查询查找项对应相对序号	=MATCH(E2,$A$2:$A13,1)	10001	1
3	10002	30003	查询查找项对应相对序号	=MATCH(E3,$A$2:$A13,0)	10001	1
4	10003	30002	查询查找项对应相对序号	=MATCH(E4,$A$2:$A13,-1)	10001	1
5	10004	30001	查询查找项对应相对序号	=MATCH(E5,$B$2:$B13,1)	19999	#N/A
6	20001	20004	查询查找项对应相对序号	=MATCH(E6,$B$2:$B13,0)	19999	#N/A
7	20002	20003	查询查找项对应相对序号	=MATCH(E7,$B$2:$B13,-1)	19999	8
8	20003	20002	查询查找项对应相对序号	=MATCH(E8,$A$2:$A13,1)	19999	4
9	20004	20001	查询查找项对应相对序号	=MATCH(E9,$A$2:$A13,0)	19999	#N/A
10	30001	10004	查询查找项对应相对序号	=MATCH(E10,$A$2:$A13,-1)	19999	#N/A
11	30002	10003				
12	30003	10002				
13	30004	10001				

图 3-35　MATCH 函数实例

3.4.23　MAX 和 MIN：求数组中最大或最小值函数

MAX 函数的语法格式：

MAX(number1, [number2], ...)

number1 是必需参数，后面的 number2,... 是可选参数。这些是要从中找出最大值的 1~255 个数字参数。

注意：

①参数可以是数字或者是包含数字的名称、数组或引用。

②逻辑值和直接键入到参数列表中代表数字的文本被计算在内。

③如果参数为数组或引用，则只使用该数组或引用中的数字。数组或引用中的空白单元格、逻辑值或文本将被忽略。

④如果参数不包含数字，函数 MAX 返回 0。

⑤如果参数为错误值或为不能转换为数字的文本，将会导致错误。

MAX 函数实例如图 3-36 所示。

	A	B	C	D	E
1	数据	达成效果	公式	输出结果	输入值
2	32	查询A2:A6中的最大值	=MAX($A$2:$A$6)	79	
3	58	查询A2:A6和100中的最大值	=MAX($A$2:$A$6,100)	100	
4	79	输出小于等于80大于等于20的值	=MAX(MIN(E4,80),20)	20	1
5	66		=MAX(MIN(E5,80),20)	50	50
6	79		=MAX(MIN(E6,80),20)	80	100

图 3-36　MAX 函数实例

同理，MIN 函数是求最小值，这里就不详细介绍了。

3.4.24　MID：按指定条件获取文本字符串函数

MID 函数的语法格式：

MID(text, start_num, num_chars)

- text：必需参数。包含要提取字符的文本字符串。

- start_num：必需参数。文本中要提取的第一个字符的位置。文本中第一个字符的 start_num 为 1，依此类推。

- num_chars：必需参数。指定希望 MID 从文本中返回字符的个数。

注意：

①如果 start_num 大于文本长度，则 MID 返回空文本（""）。

②如果 start_num 小于文本长度，但 start_num 加上 num_chars 超过了文本的长度，则 MID 只返回至多到文本末尾的字符。

③如果 start_num 小于 1，则 MID 返回错误值 #VALUE!。

④如果 num_chars 是负数，则 MID 返回错误值 #VALUE!。

MID 函数实例如图 3-37 所示。

	A	B	C	D
1	数据	达成效果	公式	输出结果
2	10042001	取A2的第四个字符	=MID(A2,4,1)	4
3	装备颜色:紫色	从A3的第六个字符取两个字符	=MID(A3,6,2)	紫色
4	资质:13	从A4的第六个字符取两个字符	=MID(A4,6,2)	

图 3-37　MID 函数实例

3.4.25　MOD 和 QUOTIENT：余数和商函数

1.MID 函数

MOD 函数的语法格式：

MOD(number, divisor)

- number：必需参数。被除数。

- divisor：必需参数。除数。

注意：

①如果 divisor 为 0，则 MOD 函数返回错误值 #DIV/0!。

②函数 MOD 可以借用函数 INT 来表示：

$MOD(n, d) = n-d*INT(n/d)$

2.QUOTIENT 函数

QUOTIENT 函数的语法格式：

QUOTIENT(numerator, denominator)

• numerator：必需参数。被除数。

• denominator：必需参数。除数。

注意：如果任一参数为非数值型，函数 QUOTIENT 返回错误值 #VALUE!。

QUOTIENT 函数实例如图 3-38 所示。

	A	B	C	D	E	F
1	数据		MOD公式	MOD结果	QUOTIENT公式	QUOTIENT结果
2	1		=MOD(A2,3)	1	=QUOTIENT(A2,3)	0
3	2		=MOD(A3,3)	2	=QUOTIENT(A3,3)	0
4	3		=MOD(A4,3)	0	=QUOTIENT(A4,3)	1
5	4		=MOD(A5,3)	1	=QUOTIENT(A5,3)	1
6	5		=MOD(A6,3)	2	=QUOTIENT(A6,3)	1
7	6		=MOD(A7,3)	0	=QUOTIENT(A7,3)	2
8	7		=MOD(A8,3)	1	=QUOTIENT(A8,3)	2
9	8		=MOD(A9,3)	2	=QUOTIENT(A9,3)	2
10	9		=MOD(A10,3)	0	=QUOTIENT(A10,3)	3
11	10		=MOD(A11,3)	1	=QUOTIENT(A11,3)	3
12	11		=MOD(A12,3)	2	=QUOTIENT(A12,3)	3
13	12		=MOD(A13,3)	0	=QUOTIENT(A13,3)	4
14	13		=MOD(A14,3)	1	=QUOTIENT(A14,3)	4

图 3-38　QUOTIENT 函数实例

3.4.26　OFFSET：区域函数

OFFSET 函数的语法格式：

OFFSET(reference, rows, cols, [height], [width])

• reference：必需参数。作为偏移量参照系的引用区域。reference 必须为对单元格或相连单元格区域的引用，否则 OFFSET 函数返回错误值 #VALUE!。

• rows：必需参数。相对于偏移量参照系的左上角单元格，上（下）偏移的行数。如果使用 5 作为参数 rows，则说明目标引用区域的左上角单元格比 reference 低 5 行。行数可为正数（代表在起始引用的下方）或负数（代表在起始引用的上方）。

- cols：必需参数。相对于偏移量参照系的左上角单元格，左（右）偏移的列数。如果使用 5 作为参数 cols，则说明目标引用区域的左上角单元格比 reference 靠右 5 列。列数可为正数（代表在起始引用的右边）或负数（代表在起始引用的左边）。

- height：可选参数。高度，即所要返回的引用区域的行数。height 必须为正数。

- width：可选参数。宽度，即所要返回的引用区域的列数。width 必须为正数。

OFFSET 函数实例如图 3-39 所示。

	道具	攻击		达到效果	公式		结果
1	道具	攻击		达到效果	公式		结果
2	1级刀	10		取A1单元格向下偏移1格的单元格	=OFFSET(A1,1,0)		1级刀
3	10级刀	20		取A1单元格向右偏移1格的单元格	=OFFSET(A1,0,1)		攻击
4	20级刀	40		求所有刀类的攻击平均值	=AVERAGE(OFFSET(A1,1,1,6))		105
5	30级刀	80					
6	40级刀	160					
7	50级刀	320					
8	1级剑	8					
9	10级剑	16					
10	20级剑	32					
11	30级剑	64					
12	40级剑	128					
13	50级剑	256					

图 3-39　OFFSET 函数实例

3.4.27　PRODUCT：乘积函数

PRODUCT 函数的语法格式：

PRODUCT(number1, [number2], ...)

- number1：必需参数。要相乘的第一个数字或单元格区域。

- number2, ... : 可选参数。要相乘的其他数字或单元格区域，最多可以使用 255 个参数。

PRODUCT 函数实例如图 3-40 所示。

	数据		达到效果	公式	结果
1	数据		达到效果	公式	结果
2	5		计算A2:A4的乘积	=PRODUCT(A2:A4)	750
3	10		计算A2:A4和100的乘积	=PRODUCT(A2:A4,100)	75000
4	15				
5	20				
6	25				

图 3-40　PRODUCT 函数实例

3.4.28　RAND 和 RANDBETWEEN：随机函数

1.RAND 函数

RAND 函数的语法格式：

RAND()

RAND 函数是不需要参数的，它会生成一个大于等于 0 且小于 1 的均匀分布随机实数，每次计算工作表时都将返回一个新的随机数。

2.RANDBETWEEN 函数

RANDBETWEEN 函数的语法格式：

RANDBETWEEN(bottom, top)

- bottom：必需参数。RANDBETWEEN 函数将返回的最小整数。

- top：必需参数。RANDBETWEEN 函数将返回的最大整数。

RAND 和 RANDBEWEEN 函数实例如图 3-41 所示。

	A	B	C
1	达到效果	公式	结果
2	生成大于等于0小于1的随机数	=RAND()	0.72999844
3	生成大于等于 0 小于 100 的一个随机数	=RAND()*100	23.19695014
4	生成大于等于1小于等于100的随机数	=RAND()*(100-1)+1	93.73840857
5	生成大于等于1小于等于100的随机数	=RANDBETWEEN(1,100)	99

图 3-41　RAND 和 RANDBEWEEN 函数实例

3.4.29　RANK：排名函数

RANK 函数的语法格式：

RANK(number,ref,[order])

- number：必需参数。需要找到排位的数字。

- ref：必需参数。数字列表数组或对数字列表的引用。ref 中的非数值型值将被忽略。

- order：可选参数。数字，指明数字排位的方式。

  - 如果 order 为 0（零）或省略，Microsoft Excel 对数字的排位是基于 ref 为按照降序排列的列表。

  - 如果 order 不为零，Microsoft Excel 对数字的排位是基于 ref 为按照升序排列的列表。

注意：函数 RANK 对重复数的排位相同。但重复数的存在将影响后续数值的排位。例如，在一列按升序排列的整数中，如 3.65 出现两次，其排位为 3，则 5 的排位为 5（没有排位为 4 的数值）。

RANK 函数实例如图 3-42 所示。

	A	B	C	D	E
1	数据	达到效果	公式	升序结果	降序结果
2	2	显示A2在A2:A8对应的排名	=RANK(A2,$A$2:$A$8,1)	1	7
3	5	显示A3在A2:A8对应的排名	=RANK(A3,$A$2:$A$8,1)	5	3
4	3.65	显示A4在A2:A8对应的排名	=RANK(A4,$A$2:$A$8,1)	3	4
5	3.65	显示A5在A2:A8对应的排名	=RANK(A5,$A$2:$A$8,1)	3	4
6	3	显示A6在A2:A8对应的排名	=RANK(A6,$A$2:$A$8,1)	2	6
7	10	显示A7在A2:A8对应的排名	=RANK(A7,$A$2:$A$8,1)	7	1
8	8	显示A8在A2:A8对应的排名	=RANK(A8,$A$2:$A$8,1)	6	2
9		显示A9在A2:A8对应的排名	=RANK(A9,$A$2:$A$8,1)	#N/A	#N/A

图 3-42　RANK 函数实例

3.4.30　REPLACE：替换文本函数

REPLACE 函数的语法格式：

REPLACE(old_text, start_num, num_chars, new_text)

- old_text：必需参数。要替换其部分字符的文本。
- start_num：必需参数。要用 new_text 替换的 old_text 中字符的位置。
- num_chars：必需参数。希望 REPLACE 使用 new_text 替换 old_text 中字符的个数。
- new_text：必需参数。将用于替换 old_text 中字符的文本。

REPLACE 函数实例如图 3-43 所示。

	A	B	C	D
1	数据	达到效果	公式	结果
2	玩家目前职业：战士	将玩家职业替换为法师	=REPLACE(A2,8,2,"法师")	玩家目前职业：法师
3	战士等级：12	将玩家职业替换为法师	=REPLACE(A2,1,2,"法师")	法师等级：12
4	@1@1@	将中间的1@1替换为法师	=REPLACE(A4,2,3,"法师")	@法师@

图 3-43　REPLACE 函数实例

3.4.31　REPT：文本重复函数

REPT 函数的语法格式：

REPT(text, number_times)

- text：必需参数。需要重复显示的文本。
- number_times：必需参数。用于指定文本重复次数的正数。

注意：

①如果 number_times 为 0，则 REPT 返回 ""（空文本）。

②如果 number_times 不是整数，则将被截尾取整。

REPT 函数实例如图 3-44 所示。

	A	B	C	D
1	数据	达到效果	公式	结果
2	重要的事	加入说三遍重复三次	=A2&REPT("说三遍",3)	重要的事说三遍说三遍说三遍
3				

图 3-44　REPT 函数实例

3.4.32　ROUND：四舍五入函数

ROUND 函数的语法格式：

ROUND(number, num_digits)

- number：必需参数。要四舍五入的数字。
- num_digits：必需参数。位数，按此位数对 number 参数进行四舍五入。

注意：

①如果 num_digits 大于 0（零），则将数字四舍五入到指定的小数位。

②如果 num_digits 等于 0，则将数字四舍五入到最接近的整数。

③如果 num_digits 小于 0，则在小数点左侧进行四舍五入。

④若要始终进行向上舍入（远离 0），请使用 ROUNDUP 函数。

⑤若要始终进行向下舍入（朝向 0），请使用 ROUNDDOWN 函数。

ROUND 函数实例如图 3-45 所示。

	A	B	C	D
1	数据	达到效果	公式	结果
2	3.145	将A2的值四舍五入到小数点后2位	=ROUND(A2,2)	3.15
3	3.1449	将A3的值四舍五入到小数点后2位	=ROUND(A3,2)	3.14
4	231.41	将A4的值四舍五入到小数点前1位	=ROUND(A4,-1)	230
5	18559	将A5的值四舍五入到小数点前3位	=ROUND(A5,-3)	19000

图 3-45　ROUND 函数实例

3.4.33　ROW 和 ROWS：行函数

1.ROW 函数

ROW 函数的语法格式：

ROW([reference])

- reference：可选参数。需要得到其行号的单元格或单元格区域。

如果省略 reference，则假定是对函数 ROW 所在单元格的引用。

如果 reference 为一个单元格区域，并且函数 ROW 作为垂直数组输入，则函数 ROW 将以垂直数组的形式返回 reference 的行号。reference 不能引用多个区域。

2.ROWS 函数

ROWS 函数的语法格式：

ROWS(array)

- array：必需参数。需要得到其行数的数组、数组公式或对单元格区域的引用。

ROW 和 ROWS 函数实例如图 3-46 所示。

	A	B	C
1	达成效果	公式	输出结果
2	当前单元格所在行	=ROW()	2
3	A1单元格所在行	=ROW(A1)	1
4	区域$A$2:$A$5最上方单元格所在行	=ROW($A$2:$A$5)	2
5	区域$A$2:$A$5包含行总数	=ROWS($A$2:$A$5)	4

图 3-46　ROW 和 ROWS 函数实例

3.4.34　SUBSTITUTE：替换指定文本函数

SUBSTITUTE 函数的语法格式：

SUBSTITUTE(text, old_text, new_text, [instance_num])

- text：必需参数。需要替换其中字符的文本，或对含有文本（需要替换其中字符）的单元格的引用。
- old_text：必需参数。需要替换的旧文本。
- new_text：必需参数。用于替换 old_text 的文本。

instance_num 可选参数。用来指定要以 new_text 替换第几次出现的 old_text。如果指定了 instance_num，则只有满足要求的 old_text 被替换；否则会将 text 中出现的每一处

old_text 都更改为 new_text。

SUBSTITUTE 函数实例如图 3-47 所示。

	A	B	C	D
1	数据	达成效果	公式	输出结果
2	战士使用斩杀对哥布林造成了100点物理伤害	把物理替换为魔法	=SUBSTITUTE(A2,"物理","魔法")	战士使用斩杀对哥布林造成了100点魔法伤害
3	我的战士战士是我	把第二次出现的战士替换为法师	=SUBSTITUTE(A3,"战士","法师",2)	我的战士法师是我

图 3-47　SUBSTITUTE 函数实例

3.4.35　SUM 系列：求和函数

SUM 函数的语法格式：

SUM(number1,[number2],...])

- number1：必需参数。想要相加的第 1 个数值参数。
- number2,...：可选参数。想要相加的 2~255 个数值参数。

注意：

①如果参数是一个数组或引用，则只计算其中的数字。数组或引用中的空白单元格、逻辑值或文本将被忽略。

②如果任意参数为错误值或为不能转换为数字的文本，Excel 将会显示错误。

此外，SUM 还有 SUMIF 和 SUMIFS 函数，大家可直接参考之前的 COUNTIF 和 COUNTIFS 函数。

SUM、SUMIF 和 SUMIFS 函数实例如图 3-48 所示。

	A	B	C	D	E	F
1	数据1	数据2	数据3	达成效果	公式	输出结果
2	战士	魔法攻击	115	求$C$2:$C$5的和	=SUM($C$2:$C$5)	549
3	怪物1	魔法攻击	159	求$C$2:$C$5和15的和	=SUM($C$2:$C$5,"15")	564
4	战士	物理攻击	117	求战士的攻击和	=SUMIF($A$2:$A$13,"战士",$C$2:$C$13)	701
5	怪物2	魔法攻击	158	求怪物1的魔法攻击和	=SUMIFS($C$2:$C$13,$A$2:$A$13,"怪物1",$B$2:$B$13,"魔法攻击")	435
6	怪物1	物理攻击	202			
7	怪物2	魔法攻击	207			
8	战士	物理攻击	201			
9	怪物1	魔法攻击	276			
10	战士	物理攻击	268			
11	怪物2	物理攻击	250			
12	怪物1	物理攻击	187			
13	怪物2	魔法攻击	181			

图 3-48　SUM、SUMIF 和 SUMIFS 函数实例

3.5　名称管理器

我们先来谈谈 Excel 中的"名称"这个概念。大家可以把它想象为一个带标签的"箱子"。

比如你命名了一个叫书籍的"箱子"，然后在"箱子"里装进"《红楼梦》《三国演义》《水浒传》《西游记》"。然后你在 Excel 中用到书籍这两个字的时候，书籍就代表了"《红楼梦》《三国演义》《水浒传》《西游记》"。

注意： 这里一定要分清关键字和文本的区别。当你输入 " 书籍 "（带 " 字符分割的）的时候，这代表的是文本。而没有带 " 字符分割的，系统会默认为关键字，如图 3-49 所示。

图 3-49　书籍与"书籍"的区别

3.5.1　进入方法

大家看到上面的例子后有没有在自己的 Excel 里试试输入书籍这两个字看看能否输出"《红楼梦》《三国演义》《水浒传》《西游记》"？不出意外的话应该是没有的，因为你没有在名称管理器中命名它。

下面我们介绍名称管理器的使用方法，目前笔者所知的两种打开方法是：第一种在"公式"面板的"定义的名称"组中单击"名称管理器"按钮（如图 3-50 所示）；第二种也是笔者最喜欢的快捷键方式，直接按 Ctrl+F3 组合键。

图 3-50　单击"名称管理器"按钮

然后你会看到如图 3-51 所示的界面（笔者用的是之前已命名书籍的名称管理器）。

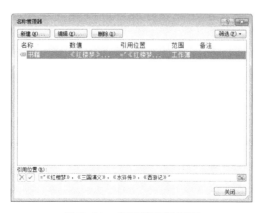

图 3-51　名称管理器界面

这是名称管理器的主界面，如果你想对子项进行编辑那就要进一步操作。我们先来进行一个调整之前名称的操作。比如我们不想在书籍这个"箱子"里再放"《红楼梦》《三国演义》《水浒传》《西游记》"了，我们要改成"我只是一本书"。那么我们可以在引用位置处开始编辑，直接改为我们想要改的名称。改好之后一定要单击"确定"按钮，改好之后如图 3-52 所示。

图 3-52　修改引用位置

而关闭当前页面再次进入主页面的时候你发现了什么吗？对，没错，名称已经改变，如图 3-53 所示。

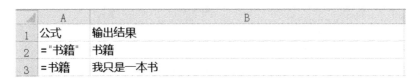

	A	B
1	公式	输出结果
2	="书籍"	书籍
3	=书籍	我只是一本书

图 3-53　名称已经修改

3.5.2　如何创建名称

之前学习了如何修改名称，那么下面学习如何创建名称。首先还是打开名称管理器，然后单击左上角的"新建"按钮，我们就进入了如图 3-54 所示的界面。

图 3-54 "新建名称"界面

首先你要填写的是名称,这里输入的名称就代表你那个"箱子"里的标签。

然后是范围,系统默认显示的是"工作簿"(包括所有的工作表)选项。如果你选择了某个工作表,则你命名的这个名称就只能在这个工作表内使用。而如果你恰好命名了两个同名的名称,一个作用于工作簿,一个作用于工作表,那么你在工作表中输入名称会优先选择作用于工作表的名称解析,然后再选择作用于工作簿的名称解析。这里建议大家尽量不要让名称重名,并且尽量都使用作用于工作簿的名称。

"备注"文本框是为了方便大家给名称做一定解释用的,它在公式中不可见,只是提醒大家注意。

"引用位置"就是你想要往"箱子"里装的内容,这里你可以填写固定的字符或数字,你也可以填写公式和 Excel 内的单元格,你还可以填写 Excel 的一个或几个单元格区域,总之这里可填写的内容是丰富多变的。我们前面介绍的是非常简单的固定字符或数值,下面给大家介绍区域和公式的用法。

3.5.3 区域和公式的引用

首先给大家介绍单元格区域的引用。请大家看图 3-55。

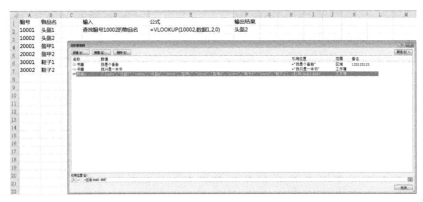

图 3-55　单元格区域的引用

我们命名了一个名称，叫作数据 1，大家在名称管理器的"数值"一栏中可以清晰地看到数据 1 引用的最终数据是哪些内容。从引用位置也可以清晰地看出数据来自于哪里。最终我们在 VLOOKUP 函数的查找区域的参数中使用了名称数据 1。

然后我们再看一下公式的引用，如图 3-56 所示。

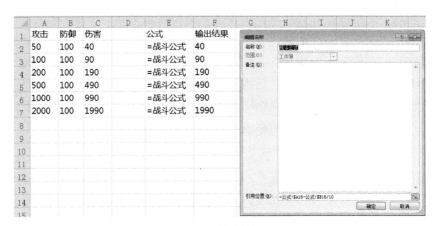

图 3-56　公式的引用

我们命名了一个名称，叫作战斗公式，战斗公式本身是带有公式 = 公式 !$A16- 公式 !$B16/10。然后我们直接输入名称，之后发现公式可以根据不同位置生成不同结果。这里大家一定要注意公式的绝对引用和相对引用，也可以尝试更改战斗公式并查看结果的变化情况。

相信大家已经发现名称管理器对数值策划的实际意义了。战斗公式（或其他公式）是会运用到多个地址和区域的，一旦我们调整了战斗公式，那么意味我们要对多个位置的战斗公式进行修改，并且还有可能出现遗漏。如果采用名称管理器的方式，那么我们只需要修改名称管理器中的内容就可以达到修改全部公式的效果了。

3.6　数组公式

数组公式是 Excel 公式中一种比较特殊的公式。普通公式的计算结果是单一值，数组公式的计算结果可以是多个值。

首先，让我们认识下 Excel 数组。它其实和数学中的矩阵有些类似。在 Excel 表格中 *M* 行 *N* 列的一个区域其实就是一个数组，只要 *M* 和 *N* 不同时为 0 就可以。数组可以是多行多列二维、三维数组，如图 3-57 所示。

	A	B	C	D
1	数组1			
2	2	4	6	8
3				
4	数组2			
5	2	4	6	8
6	3	6	9	12

图 3–57　Excel 数组

数组公式的输入和普通公式是不一样的。

①数组公式比普通公式外面多一组｛｝，也就是花括号。

②数组公式在输入后，要用 Ctrl+Shift+Enter 组合键来输入公式。不然会按它是普通公式处理。

接下来我们用两个实例来看看数组公式的应用。

第一个实例是统计游戏商城总销量，如图 3-58 所示。

	F	G	H	I	J	K	L
1	道具名	单价	销量	单件销售公式	输出结果	总销量公式	输出结果
2	进阶宝石	50	23	{=G2:G6*H2:H6}	1150	{=SUM(G2:G6*H2:H6)}	21570
3	经验丹(小)	5	412	{=G2:G6*H2:H6}	2060		
4	经验丹(中)	20	63	{=G2:G6*H2:H6}	1260		
5	经验丹(大)	100	21	{=G2:G6*H2:H6}	2100		
6	资质丹	200	75	{=G2:G6*H2:H6}	15000		
7					21570		

图 3–58　统计游戏商城总销量

首先我们把单价和销量看作两个数组 G2:G6 和 H2:H6。然后在统计单件销售时，把两个数组直接相乘得出单件销售总额。最后在统计总销量的时候，用 SUM+ 数组公式的组合。

第二个实例是多条件查询，如图 3-59 所示。

	A	B	C	D	E	F	G	H
1	职业	等级	道具名		职业	等级	公式	输出结果
2	战士	10	战士10级斧子		刺客	20	{=VLOOKUP(E2&F2,IF({1,0},A2:A10&B2:B10,C2:C10),2,0)}	刺客20级匕首
3	战士	20	战士20级斧子					
4	战士	30	战士30级斧子					
5	法师	10	法师10级法杖					
6	法师	20	法师20级法杖					
7	法师	30	法师30级法杖					
8	刺客	10	刺客10级匕首					
9	刺客	20	刺客20级匕首					
10	刺客	30	刺客30级匕首					

图 3-59　多条件查找

在真正工作的过程中，我们很可能遇到这种多条件查找的需求。用数组公式可以满足这个需求。在这里我们也运用了 IF 的一个隐藏功能：合并数组。

第 4 章　设计层进阶之路

本章讲述基础属性、战斗公式、技能、装备和随机这 5 个模块的设计思想以及目前游戏采用过的一些设计模式。

4.1　职业基础属性设计

MMORPG 最为核心的元素是角色本身，我们在游戏过程中扮演着它，以它的视角看这个游戏世界，所以我们一切的设计都是围绕着角色展开的，一切的数值基础也是以角色属性为基础的。

4.1.1　基础属性

我们先来看看一级属性和二级属性。

一级属性一般情况下是不直接参与战斗的人物属性。一级属性在游戏中可以通过升级或加点的方式获得。

二级属性则是一般情况下自身无法成长，需要依附一级属性成长或是装备及其他系统加成的属性。

但随着游戏设计的不断发展，一级属性和二级属性的界定也越来越不那么清晰了，大家都是根据项目的具体情况来决定自己的属性层级和数量的。

下面以常规 MMORPG 为案例，一级属性如下。

- **力量：** 能够增加角色的物理攻击力、物理防御力、生命值。

- **智力：** 能够增加角色的魔法攻击力、魔法防御力、魔法值。

- **敏捷：** 能够增加角色的命中、闪避。

- **精神：** 能够增加角色的暴击、抗暴击。

- **体质**：能够增加角色的生命值、物理防御力、魔法防御力。

再来看下二级属性。

- **生命值**：衡量角色目前健康情况的数值，生命值的当前值小于等于 0 后玩家会死亡。

- **魔法值**：角色释放技能的消耗数值，魔法值的当前值小于技能消耗数值则不能释放技能。

- **物攻**：攻击结算的一种类型，对应物防来结算。

- **物防**：防御结算的一种类型，对应物攻来结算。

- **魔攻**：攻击结算的一种类型，对应魔防来结算。

- **魔防**：防御结算的一种类型，对应魔攻来结算。

- **命中**：衡量玩家击中目标的判断数值，对应闪避来结算。

- **闪避**：衡量玩家躲避攻击的判断数值，对应命中来结算。

- **暴击**：衡量玩家攻击产生暴击情况的判断数值，对应抗暴击来结算。

- **抗暴击**：衡量玩家抵抗暴击情况的判断数值，对应暴击来结算。

一级属性和二级属性的转换系数表如表 4-1 所示。

表 4-1　一级属性与二级属性的转换系数表

属性	物攻	物防	魔攻	魔防	生命值	魔法值	命中	闪避	暴击	抗暴击
力量	1	0.4			2					
智力			1.1	0.45		1				
敏捷							0.02	0.02		
精神									0.02	0.02
体质		0.6		0.6	16					

如果你想让游戏各属性对职业的价值是不同的，那么这个系数表就要根据不同职业来填写多张。

4.1.2　标准人和职业定位

我们设计属性之前，先要有一个标准人的属性，然后对比这个标准人的属性成长来设计各个职业的属性。

如图 4-1 所示是我们的标准人的生命值和攻击值。

	A	B	C
1	等级	生命值	攻击值
2	1	1000	50
3	2	1200	60
4	3	1400	70
5	4	1600	80
6	5	1800	90
7	6	2000	100
8	7	2200	110
9	8	2400	120
10	9	2600	130
11	10	2800	140

图 4-1　标准人的生命值和攻击值

我们会在这个基础上来设计职业，比如战士应该血高防厚，法师应该攻高血少。而职业的设计不单单只体现在属性上，还有技能等其他方向，这时候我们需要一个职业定位的表格来衡量职业间的能力差异，如图 4-2 所示。

	A	B	C	D	E	F	G	H	I	J	K
1	能力->	生命值	攻击力	输出能力	回复能力	控制能力	辅助能力	综合评分		评级	分值
2	职业									A	120
3	战士	A	A	B	C	C	C	650		B	110
4	法师	C	A	A	C	A	B	670		C	100
5	刺客	B	B	A	C	A	B	670			
6	牧师	C	C	C	A	B	A	650			

图 4-2　职业定位表格

通过对职业的打分，我们对属性投放就有了一定的倾向性，先对生命值来制定具体的系数。比如战士的生命值为标准人的 120%、刺客为 105%、法师为 98%、牧师为 95%，然后可以得出各职业的生命值数据，如图 4-3 所示。

	E	F	G	H	I
	等级	战士	刺客	法师	牧师
	1	1200	1050	980	950
	2	1440	1260	1176	1140
	3	1680	1470	1372	1330
	4	1920	1680	1568	1520
	5	2160	1890	1764	1710
	6	2400	2100	1960	1900
	7	2640	2310	2156	2090
	8	2880	2520	2352	2280
	9	3120	2730	2548	2470
	10	3360	2940	2744	2660

图 4-3　各职业的生命值数据

其他的属性也是用相同的原理来设计的，然后通过调整系数来控制各个职业间的平衡。

关于如何调整这些参数和控制最终的平衡，请查看后续实现层进阶之路章节的讲解。

4.1.3 DPS、有效生命和角色强度

DPS 是游戏设计者经常会用到的一个词，它是指 Damage Per Second，每秒输出伤害。引申含义是高输出职业。

在设计的时候我们用它来衡量职业的输出能力，但在工作过程中会发现一个问题，在面对不同目标的时候，由于防御值的不同，DPS 有所波动。这时我们还是会用标准人的概念来设计，这样防御会相对稳定，而为了更好地衡量玩家的输出能力，标准人也会根据装备强度和设计需求有几个版本。还有些游戏在设计的时候不考虑防御只考虑攻击，个人不建议这种做法。

决定角色的 DPS 的主因来自于两方面，一方面就是普通攻击的数值，另一方面就是普通攻击的攻击速度。攻击数值比较容易理解，就是指攻击数值的大小。而攻击速度是一个略为复杂的概念，一般来说，普通攻击的攻击速度会根据职业有所差异，有些游戏的属性也会改变攻击速度，但建议大家在没有把握的情况下不要去做过多改变攻击速度的设计，因为攻击速度非常敏感，它对 DPS 的影响太大，攻速过快会导致 DPS 收益过高。我们在这里的设计都是以共同的攻击速度来设计的。

有效生命值是指防御方在衡量了防御、闪避、暴击等所有战斗因素后，得到的防御方在上述条件下的最终生命数值。

举例如下。

A 职业

生命值：200

伤害减免率：50%

闪避率：50%

B 职业

攻击值：20

我们先看不计算闪避的情况。B 攻击 A，A 在减免 50% 的攻击后伤害为 10，A 可以抵挡 20 次攻击。而此时按 B 的攻击来看，B 实际上输出了 400 的攻击。这就是 A 的有效生命值。

如果算上闪避的情况会怎样？

根据前面的计算，B 需要 20 次攻击才可以击杀 A，但是在闪避率为 50% 的时候，我们需要发动 40 次攻击才能完成 20 次的有效攻击。而这样 B 实际上输出了 40 次攻击，而 A 的有效生命值应为 800。

此时我们可以得出公式：

有效生命 = 生命值 /（1- 伤害减免率）/（1- 闪避率）

4.2 战斗公式设计

如果把游戏架构比喻成一个人的话，那么公式无疑就是这个人的筋骨。不管是什么数据，最终想发挥作用都是要通过公式环节，而在公式中的价值才是衡量属性价值的最终标准。下面给大家讲解一下战斗的流程。

4.2.1 战斗流程解析

在这里我们讲解的是即时制 MMORPG 的攻击流。传统回合制的流程会略有差别，因为传统回合制一方攻击的时候，另一方没有任何操作行为来干扰攻击者。

对数值来说，战斗由两大模块组成，一个是战斗公式生效前的战斗攻击流程，一个是战斗公式与自身流程。大家比较容易理解战斗公式与数值关系密切，而战斗攻击流程和数值策划有哪些关系？相信介绍之后大家就会有所了解，下面我们给大家讲解战斗攻击流程。

1. 近战模式

假设此时的我们是战士，正在杀怪升级，突然发现了一只兔子，这时我们发动了攻击。同时我们的状态发生了改变，我们进入了战斗状态（战斗状态会涉及一些逻辑判断，在这里不对状态机做过多讲解）。

还原一下真实的物理环境，第一步我们应该做什么？没错，挥动我们的武器，一把斧子，这就是第一个环节：动作的前摇。这斧子可真是沉重，足足消耗了 0.5 秒（这里说明一下，前摇时间包含从蓄力到出手的时间，我们不是动作游戏，就不做更进一步的细分了）。

成功发动前摇动作后，斧子会完成向下砍的攻击动作。这时候大部分的 MMORPG 游戏就已经认定本次攻击成功发动。我们会进入战斗公式自身的判断流程。

这里要搞清楚为什么会有一个前摇动作判定。这其实主要是用来判断攻击方状态的缓冲状态，如果我们的战士在前摇时间内被第三方发动的攻击晕住了，那么战士的攻击会被打断，后续的流程也就停止了。但如果过了前摇时间，那么攻击其实就成功发动了。大家可以仔细观察一些 MMORPG，你会发现明明自己已经打断了怪物的攻击前摇，但你依然受到了伤害，那是因为你并没有真正打断他的攻击前摇，或是它根本就没有攻击前摇。

接下来继续之前的流程。我们的战士攻击力还是很可观的，一斧子就砍死了兔子（后面会对战斗公式进行详细介绍，这里先不用在意造成了多少伤害）。斧子还在兔子身上，我们又消耗了 0.5 秒拔出斧子，这就是我们的后摇时间。此时我们恢复到攻击之前的身位，这也代表我们完成了一次攻击，然后可以进行下一个攻击循环。

我们用图来解释一下本次攻击，如图 4-4 所示

前摇环节（0.5秒）	完成结算（瞬间）	后摇环节（0.5秒）

图 4-4　近战模式攻击图示

在进行下一次攻击循环之前，我们还有一段时间，那就是冷却时间。一般来说普通攻击不会有冷却时间，技能会根据技能的强度以及技能的功能性来决定冷却时间的长短。冷却时间在工作过程中往往被设计人员称为 CD（cool down 的缩写），也有人戏称"裤裆"（英文的谐音）。

这时候对于数值策划来说，我们需要关注一个重要问题：冷却时间的计算方式。

在图 4-4 中我们可以看到有 3 个可以计算冷却时间的点。①前摇之前；②前摇之后，后摇之前；③后摇之后。我们假设冷却时间为 1 秒，下来看一下 1 分钟之内不同情况下的攻击次数，如图 4-5 所示。

结算时间	单位CD时间	每分钟攻击次数
前摇前	=0.5+0.5+1	=60/2=30
前摇后	=0.5+1	=60/1.5=40
后摇后	=1	=60/1=60

图 4-5　1 分钟之内不同情况下的攻击次数

大家可以清晰地看到不同时间点结算的情况，会有非常大的攻击次数差距。所以在工作过程中一定要弄清楚这个问题，到底从何时开始、何时结束以完成一次攻击流程。因为这个影响到你计算职业或是武器的输出能力。

2. 远程模式

之前给大家介绍的是近战模式的战斗流程，那么远程模式会有何不同吗？在这里我们选取了最具代表性的职业：法师。

还是要寻找怪物升级，我们发现了一只野猪，目标已锁定，法师要开始发动攻击了。

首先，法师在释放法术之前要吟唱。第一个步骤吟唱所需的时间，你也可以看成是远程模式的一种另类前摇时间。我们释放了一个简单的小火球，吟唱时间非常快地完成了。

然后火球从我们双手飞出，进入了飞行时间。这是一个非常不好衡量的时间。一般来说，我们会把游戏中的物品飞行速度调得尽量快。从数值角度来讲，我们不希望不同弹道的速度导致的差异对数值产生较大冲击。

火球终于飞到了野猪身上，而此时才会进入战斗公式自身计算的流程。为什么不是之前就计算？虽然火球飞行的时间很短，但是在这段时间还是会发生很多事情。比如野猪被其他人击杀等。所以会等待子弹触碰到目标的这个时间点再去计算战斗公式。

而当火球从我们双手飞出去的时候，法师已经开始恢复之前的身位了。也就是说，火球的飞行时间和后摇时间是同步的。

我们再用图来解释一下本次攻击，如图 4-6 所示。

图 4-6　远程模式攻击图示

此处，飞行时间不可控，请大家不要误以为它一定会比后摇时间长。

3. 公共攻击冷却时间

之前给大家介绍了两种模式下的攻击流程。而这里要给大家介绍的是公共攻击冷却时间，也就是大家所说的公共 CD。（这里不对公共 CD 规则做深入探讨，其实从严格意义来说，它定义了很多互斥的技能集合。）

为什么要有这样的设计呢？

最直观的原因就是限制角色在单位时间内的指令量和输出量。这就相当于给所有技能加入一段固有的冷却时间。这样可以更好地控制技能的输出量，不会让秒伤达到难以控制的地步。而玩家在实际战斗过程中，往往都是以技能序列的方式（就是先用技能 A，然后用技能 B，之后接技能 C，再循环到技能 A）输出的。如果没有公共 CD，那会对输出量的计算造成非常大的冲击，不好控制这个量级。建议大家在自己做 MMORPG 的时候也设置公共 CD。

4. 攻速

攻击速度简称攻速，一般在即时游戏中用来衡量攻击的快慢，而在回合制游戏中攻速（也有叫先手值，或是用敏捷来衡量的）往往是用来决定出手的先后次序的。

而这里说的攻速，其实就是用之前看到的整个攻击环节所需时间换算出来的。比如之前我们一共消耗了 1 秒完成一次攻击，那攻速就是 1 次 / 秒；如果我们用 0.5 秒完成一次攻击，那么攻速就是 2 次 / 秒。当然你也可以用 X 秒 / 次来衡量攻速。只要衡量单位统一就可以。

大部分即时游戏会将攻击速度和武器挂钩，也有游戏用敏捷来衡量攻速。这其实也是很容易理解的，一个敏捷高的人肯定挥动武器的速度更快，一个质量大的武器肯定比质量小的武器攻速慢，但也由于质量的原因它的攻击力会高一些。

那斧子和匕首在数值角度有哪些优劣？首先斧子攻击力高，在面对高防御的怪物时，斧子比匕首更容易造成高伤害。匕首虽然攻击力低一些，可是由于单位时间攻击次数多，它的输出其实更加稳定。

如果你拥有匕首或是斧子，那之前的属性发展方向又是什么？匕首攻击平稳，提升攻击力更为划算，而斧子则提升命中和暴击一类的属性更为划算。

4.2.2 战斗公式流程

战斗公式的流程在此介绍两种，一种是圆桌理论，一种是逐步判断理论。

战斗在结算的过程中，会遇到下面这样的一些问题。

1.攻击的类型是什么？（某些游戏因不同攻击类型，公式差异很大。比如《魔兽世界》，物理和魔法两种攻击的公式是完全不同的。）

2.确定攻击类型之后，本次攻击会产生哪种结果？暴击、未命中、普通攻击、神圣一击（一种特殊结算，类似暴击）、格挡、抵抗等。

3.各个环节会有不同的计算公式，比如暴击有暴击公式、命中有命中公式。那么这些公式如何设计？

本节将介绍如何解决第二个问题：如何计算攻击产生的结果。而第一个问题是由技能表中的一个标示攻击结算类型的字段进行区分的。第三个问题我们会在后续章节中进行讲解。

1.逐步判断

逐步判断，顾名思义，就是一步一步判断下来，我们假设本次攻击是物理攻击，目前已经进入物理攻击流程。下面通过流程图来理解一下，如图 4-7 所示。

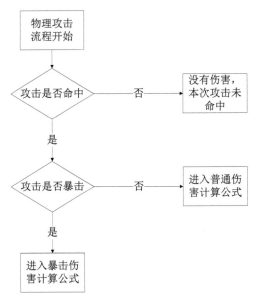

图 4-7　物理攻击流程图

大家从图 4-7 中可以看出，这种流程是非常清晰易懂的，我们先判断是不是命中目标，如果没有命中那直接判断结果为未命中，命中的话我们再判断是否暴击，没暴击则产生的是普通攻击。当战斗可产生的结果类型没那么多的时候，这种流程是一种非常好的选择。而一旦判断结果类型多了以后，想要控制数值就比"圆桌理论"更为艰难了。下面来看下"圆桌理论"，然后再对比讲解。

2. 圆桌理论

"圆桌理论"来源于"一个圆桌的面积是固定的，如果几件物品已经占据了圆桌的所有面积，其他物品将无法再被摆上圆桌"。

《魔兽世界》中，"攻击"的结果由以下部分组成，并按照攻击结果的优先级递减排列（顶部结果的优先级高于其下面的部分）。

先判定是否未命中→如果命中是否躲闪→如果未躲闪是否招架（从背后攻击则没有）→如果未招架是否偏斜（仅出现在玩家和玩家宠物对怪物时，因为 Boss 等级比玩家高 3 级）→如果未偏斜是否格挡（从背后攻击则没有）→是否被怪物碾压（仅出现在怪物对玩家和玩家宝宝时）→最后才是普通攻击。

也就是说，每次近战攻击（除玩家造成黄色伤害的技能攻击外）都可能会出现未命中、躲闪、招架、格挡、偏斜、暴击、碾压，除此之外将是一次普通攻击。由于存在优先级的问题，所以这个列表中有些近战攻击结果有 0% 概率存在。例如，玩家的自动攻击造成碾压的概率是 0%，怪物的攻击有 0% 的概率被偏斜，对没有装备盾牌的玩家的攻击被格挡的概率是 0% 等。

如果未命中、躲闪、招架、格挡概率的和达到 100% 或更高，攻击的结果不仅不会出现普通攻击，还不会出现暴击和碾压。

也就是说，如果优先级高的各结果的和超过 100%，会把优先级低的各种结果挤出桌面——即为"圆桌理论"。

3. 对比

现在对比一下这两个理论。首先假设一个战士（人物属性如下）对目标做出攻击，并且判断为物理攻击。

命中率：70%（未命中率 30%）

暴击率：10%

我们先看下逐步判断的结果。

①未命中目标，概率为 30%。

②命中目标并且产生了暴击，概率为 (1-30%) × 10%=7%。

③命中目标但未暴击产生了普通攻击，概率为 (1-30%)×(1-10%)=63%。

最终 30%+7%+63%=100%，结果是没问题的，也涵盖了我们列举的情况。

相信对数值敏感的同学已经看出问题了，优先级高的判定情况获益更高。不管优先级怎样排列，处于低优先级的判定情况在计算其最终出现概率时，都要乘以 (1-n%) 的因子，使之低于原始概率。这对于各种情况来讲就造成了不平衡。比如当战士攻击目标降低了 1% 命中率，那它是实实在在的 1%。但是如果提升了暴击 1% 的概率，其实际作用效果永远要先乘以命中概率，几乎说肯定是低于 1% 的。如果我们暴击之后还有别的判定，那就更加会受到衰减。这也是很多国产游戏会面临的一个问题，游戏中闪避的价值在后期会高于其他属性（前期攻防低收益不大），因为它的判定优先级高。

然后我们再来做一个假设，之前命中率为 70%，现在我们遇到了一个极为强大的 BOSS，命中率只有 20% 了，那其他情况还有多少概率？

①未命中目标，概率为 80%。

②命中目标并且产生了暴击，概率为 (1-80%)×10%=2%。

③命中目标但未暴击产生了普通攻击，概率为 (1-80%)×(1-10%)=18%。

我们来对比改变前后的数据，暴击从之前的 7% 降低到 2%，命中从 63% 降低到 18%。从等比稀释角度来讲，逐步判断公式能将各种可能性维持在一个稳定的比例，这是它的优势所在。

下面再来看看"圆桌理论"。

命中率：70%（未命中率 30%）

暴击率：10%

通过"圆桌理论"我们得出普通攻击的概率为 60%。

假设未命中概率增加 1%，这时候未命中概率为 31%，而暴击率依然是 10%，则普通攻击概率为 59%。这时候我们就会发现，所有除普通攻击之外的出现概率在普通攻击被挤出"圆桌"之前都是不会互相影响的。我们的暴击不会因为对方增加了闪避而受到概率衰减。这就是"圆桌理论"的优点，几乎所有被考虑的情况都能够直接在大量的攻击中表现出原始的概率，不存在优先级造成的衰减因子，而作为唯一的牺牲品，普通攻击的出现概率完全依附于其他的情况，也即相当于，将闪避、暴击处于同一优先级，而普通攻击作为最低级的情况存在。

"圆桌理论"的最终判定方式和逐步判断不太一样。还是之前的例子，我们会先计算出"圆桌"中优先级高的情况的概率。比如之前的例子我们会先计算未命中情况，它代表了数值 1~31，接下来暴击代表数值 32~41，最后 42~100 代表普通攻击。然后取一个 1~100 的随机数。数字落在哪个区间就代表哪种情况发生。

"圆桌理论"在某一属性极端增大的情况下，会出现不均衡情况。比如之前的例子，假设未命中增大到 85%，暴击增大到 20%，这样其实已经突破了"圆桌"的上限。按之前的算法，1~85 代表未命中，86~105 代表暴击。然而我们取的是一个 1~100 的随机数。所以暴击的真实概率是 15%，并非理论值 20%。

小结：

"圆桌理论"在底层情况被挤出"圆桌"前，各高优先级可能性之间不会产生关联影响，概率相对更为合理。可一旦出现"圆桌"不够用的情况后，被挤出去的情况会受异常大的影响。

逐步判断则是优先级高的情况会严重影响优先级低的情况，而且逐级影响，层级越多情况越复杂。但这个情况都是按比例稀释的，不会出现非常极端的情况。

4.2.3　一级属性和二级属性

我们在前文介绍《龙与地下城》游戏时介绍过一级属性：力量、体质、敏捷、智力、感知、魅力。二级属性则是由一级属性加入换算系数计算出来的。比如 HP= 体质 × 体质换算 HP 系数，系数还有可能由于职业不同而不同。在传统的 RPG 中，一级属性是可随人物成长并且可以加点的属性。而二级属性不单独成长，它们依附于一级属性的成长而成长。但随着我国游戏业的迅猛发展，目前对一级属性和二级属性已经没有严格区分，一切都是以设计目的为导向的。

那么我们在设计过程中是否需要有一级属性？一般来说，如果游戏有加点或洗点系统（装备有很大属性差异选择也算），我们需要有一级属性。如果没有加点或洗点系统，一级属性有无影响不大。

这里我们来看《魔兽世界》的例子，关于攻击力（Attack Power，下文简称 AP）的计算公式如下。

猎人 / 盗贼：AP= 角色等级 ×2+ 力量 + 敏捷 -20

战士 / 圣骑士：AP= 角色等级 ×3+ 力量 ×2-20

萨满：AP= 角色等级 ×2+ 力量 ×2-20

德鲁伊：AP= 力量 ×2-20

法师 / 牧师 / 术士：AP= 力量 -10

可以观察到，肉搏职业受到角色等级加成最多，然后是敏捷职业，最后是法系职业。敏捷职业会额外再受到敏捷的加成。这就会让玩家在考虑增加自己攻击力的时候考虑针对自己主要的一级属性进行提升。

4.2.4　属性计算的次序

目前的国产游戏会有非常多的针对属性加成的系统，在计算某一属性总值的时候我们要严格定义计算的次序，在公式中的不同位置产生的效果是有差异的，下面还是给大家举一个实例。比如某游戏中角色有力量这个属性，然后有加点系统、升阶系统以及人物自身和装备系统会对其有影响，计算力量的公式比较复杂，有针对所有装备力量的百分比加成，也有针对所有力量的百分比加成。公式如下。

装备力量和＝武器力量×（1+武器力量百分比加成）+头盔力量×（1+头盔力量百分比加成）……（计算所有装备力量和）

力量总值＝（装备力量和×（1+装备力量百分比）+加点系统力量和×（1+加点系统力量百分比）+升阶系统力量和×（1+升阶系统力量百分比）+人物自身力量）×（整体力量百分比加成+预留位置）

大家可以看到，整体力量百分比加成这个属性是非常恐怖的，它会使所有系统的力量和得到一定的增幅。而如果我们把加点系统力量百分比这个系数放在预留位置上，那么会出现什么影响？我们把公式用字母代表来看看结果。

S 表示力量总值

A 表示装备力量和

K1 表示力量百分比

B 表示加点系统力量和

K2 表示加点系统力量百分比

C 表示升阶系统力量和

K3 表示升阶系统力量百分比

D 表示人物自身力量

K4 表示整体力量百分比加成

最开始的公式是这样的：

S1=(A×(1+K1)+B×(1+K2)+C×(1+K3)+D)×K4

调整位置之后的公式是这样的：

S2=(A×(1+K1)+B+C×(1+K3)+D)×(K4+K2)

用 S2 减去 S1 就可以看到多出来的部分：

(A×(1+K1)+C×(1+K3)+D)×K2+B(K4-1)

从公式对比可以清晰地看到加成总数值百分比是多么重要。

大家务必写清楚不同参数的位置，根据设计目的将它们放置到最合适的位置。在设计公式的时候务必控制好这种百分比数值，它会让你的数值成倍放大。此外上次参数并没有描述负数情况的处理方式，实际的战斗公式会更为详细、细致，这里的公式仅供讲解使用。

4.2.5　闪避公式

首先声明一下，我们在这里用的属性，都是已经计算了游戏中各个系统的接口值的总值。

经过之前的讲解，大家知道有逐步判断和"圆桌理论"两种计算流程。我们在这里介绍的是逐步判断中单独判断闪避的公式。

游戏公式都是关乎攻方和守方两者，所以公式有最核心的两个属性，攻属性和防属性。在闪避公式中，攻属性是命中，而防属性是闪避，其他参数和属性都是围绕和补充它们展开的。

闪避公式有两种思路方向：

• 命中先减去闪避，由差距的大小来决定命中的概率有多大。这种做法相对较少。

• 命中和闪避进行除法公式计算，最终决定概率有多大。

先来看第一种思路，情况又有如下细分。

1.闪避大于等于命中时，命中率等于保底命中下限30%（我们定的一个系数，具体值可以根据游戏改变）。由于闪避投放会远小于命中，所以我们会尽量避免这种情况发生。

2.命中大于闪避时，计算命中差值并换算出最终命中。我们的思路是命中大于闪避之后会获得30%的基础命中率，之后差值增加1点，命中率增加0.5%，最大值到95%。

我们来看一下命中率曲线，如图4-8所示。

这时候我们会发现几个问题。

1.命中差值大于130以后，再增加会毫无作用。

2.1点差值带来的收益永远恒定为0.5%，对游戏后期投放不是十分有利。

我们再来看看第二种思路，除法公式：

命中率＝命中/(命中＋闪避)

这是公式最基础的原型，没有加任何影响，命中率如图4-9所示。

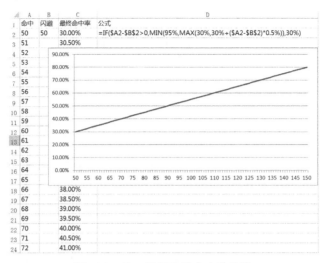

图 4-8　第一种思路的命中率曲线

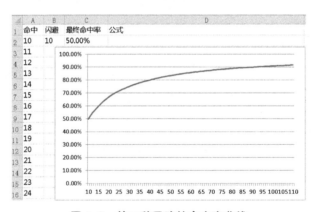

图 4-9　第二种思路的命中率曲线

再回来看一下公式，这里要运用一些数学知识。命中率公式中一共有两个变量，命中和闪避。当闪避不变，作为攻击方不断提升命中并趋于无穷大时，命中率无限接近于 1（闪避等于 0 时，命中率等于 1）。反之当命中不变，闪避趋于无穷大时，命中率无限接近于 1/ 闪避。

再来看下命中和闪避的每一点增量会带来的影响。先来研究命中。我们把闪避设置为 1，然后命中从 1 增长到 100，如图 4-10 所示。

大家从图 4-10 中可以清晰地看出，命中率飞快地增长到了 90%，然后缓慢增加。命中收益一列表示每增加 1 点命中带来的命中率收益。可以看出第一点的收益是最高的，越往后带来的收益就越少。再来看看闪避值为 10 的时候，曲线会发生哪些变化，如图 4-11 所示。

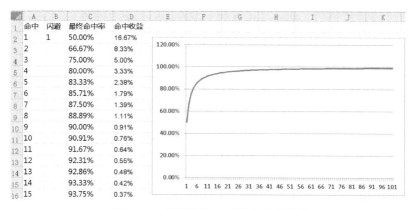

图 4-10　闪避值为 1 时的命中率曲线

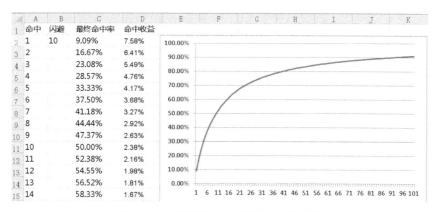

图 4-11　　闪避值为 10 时的命中率曲线

大家可以看到，不变的是最开始的命中带来的收益最高，之后逐步递减。变化的是曲线成长的趋势没有那么陡，平缓了一些。再来看一下如果闪避值为 100 的时候，曲线会怎样变化，如图 4-12 所示。

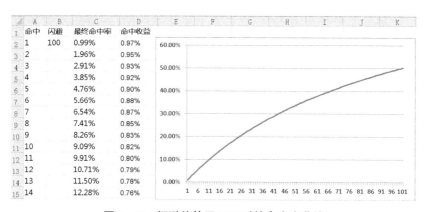

图 4-12　闪避值等于 100 时的命中率曲线

可以看到收益的趋势和之前还是一样的，但命中率曲线已经变得趋近于一条直线了。

此时可以得出如下结论。

1. 命中属性带来的收益会逐步递减。

2. 当闪避逐步变大时，命中属性带来的收益被逐步稀释。换句话说，我们兑换同样的命中率的时候，花费的命中比之前变多了。

大家把闪避等于 100 那个表中的命中放大 100 倍，图就会还原到闪避等于 1 的那张曲线图。

前面我们都选取的是命中变化闪避不变的样本，下面再来看看闪避变化命中不变的情况会怎么样，如图 4-13 所示。

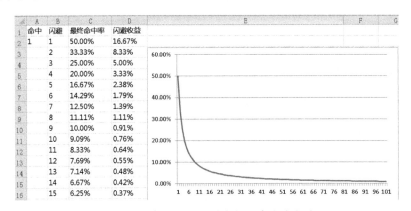

图 4-13　命中不变闪避变化的命中率曲线

相信大家已经看出来，其实变化趋势几乎是相同的。大家可以自己修改命中和闪避数值看看趋势。

我们再结合游戏来思考一下这个公式，就会发现如下结论。

1. 命中和闪避在前期的加点效果非常明显，玩家很容易从数值提升感受到战斗效果提升，从而对属性的需求变得强烈，进而促进消费。

2. 命中和闪避在达到一定数值时，开始产生边际效应，但也不会完全无效，玩家依然有提升意义。

小结：

大部分游戏都是基于这个公式原型进行设计的，然后加入一些参数和等级影响因素。笔者也推荐大家用这个模式，根据具体的需求再做细微调整。

更早期的游戏也有命中和闪避分别计算的，原理都是相同的，在此就不一一介绍了。

此外还有些游戏中没有闪避值的概念，只有真实的概率。目前类似设计在《DotA》

中出现过，而《DotA》是基于《魔兽争霸 3》的编辑器制作的。但具体的实现方式和概率作用机制并没有被官方印证，下面内容仅供大家参考。目前的推测结果是这样的。

1. 加闪避的物品在参与计算的时候只会取最高值进行计算。

2. 技能闪避可以和物品闪避叠加。

4.2.6　暴击公式

在玩游戏的时候，玩家应该会非常希望发生暴击事件。暴击事件发生之后会产生更大的伤害，并且有不同的视觉效果。暴击事件是由暴击公式控制的，下面介绍逐步判断的暴击公式。

首先是挂在人物角色身上，由于职业不同而带来的暴击加成。早期游戏根据职业的区分会在这些细微的属性上设置一定的差异，大家可以看自己的游戏设计需求来决定需不需要在职业上做暴击差异（同理，其他属性也是可以做职业差异的）。

之前在介绍闪避公式的时候我们说到过攻防属性。而在暴击公式中，会遇到只有暴击值的情况，可以参考第一种设计。

暴击公式有两种设计。

1. 暴击减去抗暴击（如果没有防属性，那就直接算暴击），然后差值换算为暴击率。

2. 暴击和抗暴击进行除法，计算出暴击率。

我们先来看第一种设计，并且在设计过程中加入职业影响参数。

暴击率 = 职业基础暴击率 + 暴击值转换暴击率

我们先了解下职业基础暴击率，这是通过表格数据得到的一个数值，如图 4-14 所示。

等级	战士	法师	刺客
1	5%	15%	30%
2	5%	15%	28%
3	5%	15%	26%
4	5%	15%	24%
5	5%	15%	22%
6	5%	15%	20%
7	5%	15%	18%
8	5%	15%	16%
9	5%	15%	14%
10	5%	15%	12%
11	5%	15%	10%
12	5%	15%	10%
13	5%	15%	10%
14	5%	15%	10%
15	5%	15%	10%
16	5%	15%	10%
17	5%	15%	10%
18	5%	15%	10%
19	5%	15%	10%
20	5%	15%	10%

图 4-14　职业基础暴击率表格

玩家是看不到最终数据的，而面板一般不会显示职业的暴击率（除非你非要显示）。最终大部分玩家会根据自己的游戏体验来判断一切。

这样的设计会给玩家一种职业暴击差异感。

1. 战士暴击很低。

2. 法师暴击还不错。

3. 刺客开始暴击很高，升到 10 级以后感觉暴击没有之前高了，是不是我的装备或技能等级不够了。

职业的暴击率是固定的，在早期游戏中这种设计是希望职业有区分。但近期的游戏更强调在技能中体验职业差异，此外，数值策划也希望可以更严格地控制暴击属性的投放，所以现在的游戏基本不会给职业加固定暴击率了。

然后再来看暴击值转换暴击率。之前在介绍闪避公式的时候给大家演示了固定系数的公式。这里要给大家一个新的公式，在这个公式中我们会关联人物自身的等级，暴击等级在这里相当于暴击值（暴击成长的数值）。我们来看一下公式：

暴击率 =K1×（暴击等级 /（暴击等级 +K2× 人物等级 +K3））

K1、K2、K3 为 3 个系数。K1 代表最终暴击率理论极限值。

我们按照图 4-15 中的系数得到暴击率曲线。

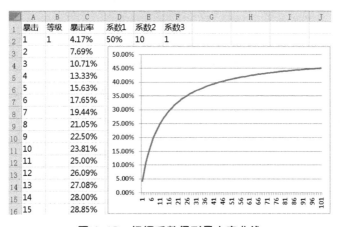

图 4-15　根据系数得到暴击率曲线

从图 4-15 中可以看出这个公式的好处是，前期加暴击的效果非常明显，玩家在 1 级的时候提升 14 的暴击等级就可以换来 28% 的暴击率。之后很不幸，这位玩家达到 10 级的时候仍只有 14 的暴击等级，而此时他只有可怜的 6.09% 的暴击率，足足缩水 4 倍多。（在这里为了体现差异，系数比较特殊。）

玩家如果为了保持之前的 28% 暴击率，那他需要更多的暴击等级来减少等级对暴击率所带来的影响。这也是暴击等级的由来，暴击不变人物等级变，暴击率的结果会变。

第二种设计和之前的闪避公式的差不多，这里就不再做额外说明了。

4.2.7　圆桌理论的闪避公式和暴击公式

"圆桌理论"的闪避公式和暴击公式其实和逐步判断是一样的。只是在最终计算的时候有一定的差异。

下面给大家举个例子说明。

首先从战斗流程来说，逐步判断会先计算闪避公式，如果未命中，那就不会去计算暴击公式，因为直接返回结果为未命中了。而"圆桌理论"不是的，它会计算所有情况所占有的那块"桌子"。

比如我们根据公式算出如下数据。

未命中概率：30%

暴击概率：15%

这样就会得到如图 4-16 所示的"圆桌"，之后取 1~100 的随机数字，数字落在哪个区间就发生哪种情况。

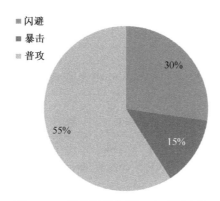

图 4–16　根据数据得到一个"圆桌"

4.2.8　伤害计算公式（减法）

经过前面的层层流程，终于可以进入到伤害的计算了。

先看一下公式：

伤害 = 攻击 − 防御

伤害曲线如图 4-17 所示。

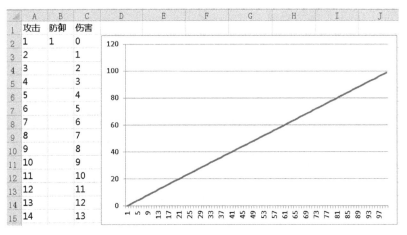

图 4-17 伤害曲线

减法公式非常容易看懂，关联系数也相对较少。从公式来看，乘除法公式更容易达到平衡。但问题在于，在减法公式体系中，攻防并不是看上去的那么等价。特别是对于防御属性，一旦发生防御大于等于攻击的情况，攻击几乎毫无作用。如图 4-17 所示的就是没有加任何处理的情况，伤害等于 0，这对低级玩家来说是非常郁闷的一件事。

早期游戏的处理方式都是比较粗暴的，伤害直接等于 1，或是在一定的小范围内产生随机值。这样带来的后果就是，超级人民币玩家几乎是神一样的存在，再多的玩家攻击超级玩家也只是多了很多个伤害 1 而已。我们不能否认这样给超级人民币玩家带来了爽快体验，但如果你希望游戏缓和一点，不希望造成如此强烈的差距感，应该怎么设计呢？

目前大家的解决方案是这样的：先判断防御是否大于攻击的 1%~10%（数值视情况而定）。如果大于则在攻击的 1%~10% 的范围内浮动。如果小于则按减法公式计算。这样就可以保证哪怕是不破防，依然可以发挥攻击的 1%~10% 的效果。

说到这里，大家千万不要觉得减法公式就不如乘除法公式。减法公式还有一个好处就是数值敏感。玩家每增加 1 点攻击，在不会出现不破防的情况下，伤害也会加 1 点，玩家会有所得即所见的感觉。

下面再深入考虑一个杀怪问题。假设玩家初始攻击为 10，此时新手村的弱鸡生命值为 80。不难计算出空手情况下我们需要 8 次攻击才可以击杀弱鸡。此时我们做任务获得了一把攻击加 5 的武器，装备之后只需要 6 次攻击，弱鸡就会死掉，整整提升了 33% 的效率。而大部分国产游戏肯定会来一个类似 1 元送攻击加 100 的充值奖励。你充值之后，几乎在一定等级之内的怪物都可以被秒杀。这种效率的提升给玩家带来了巨大的诱惑。

通过这个例子可以体会出减法公式对小数值的敏感性，这也是很多策略游戏更倾向减法公式的原因，攻击次数的缩减会导致策略和操作的大幅改变。

小结：

减法公式的优点在于数值敏感性高、反馈明显，缺点在于不破防情况下的处理和如何投放攻击和防御属性。

4.2.9　伤害计算公式（乘除法）

乘除法的伤害公式主要分两种，第一种是通过护甲计算出减免系数，第二种是通过攻击和防御一起计算出伤害。我们首先看一下第一种公式：

伤害 = 攻击 ×（1- 伤害减免百分比）

伤害减免百分比 = 护甲 /（护甲 + 人物等级 ×K1+K2）

K1、K2 为系数。

我们按照 K1=100、K2=400 来查看伤害曲线，如图 4-18 所示。

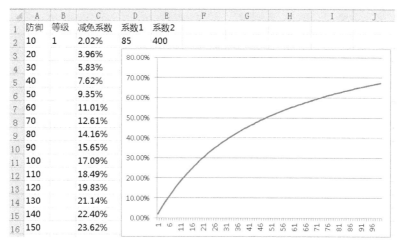

图 4-18　第一种公式的伤害曲线（K1=100、K2=400）

我们再看公式本身，护甲值非常大的时候，伤害减免百分比趋近于 100%，但是永远不能到达 100%。当护甲等于 0 时，伤害减免百分比等于 0。当伤害减免百分比为负数的时候，是可以反向来加强攻击者的攻击的（负数护甲肯定是敌方给了 DEBUFF）。

如果没有 K1 和 K2 这两个参数，那么这个公式等于 1。那为什么会设置这两个值呢？人物等级 ×K1 其实是加入了一个随着等级成长对护甲转换伤害减免百分比的变相削弱（变相地让玩家追求更高等级的装备）。而 K2 的作用在于控制防御转换成伤害减免百分比的一个密度分布。

这个公式的模型就像一个浓度公式一样。如果没有任何影响，浓度是 100%，一旦在分母中加入数字，将不会维持浓度 100%。人物等级 ×K1 就像每次升级都往里面注水一样，你要通过更多的护甲来把伤害减免百分比维持在原来的数值。而你需要什么样的稀释比例是通过系数 K2 去调节的。

目前运用此类型的游戏以《魔兽世界》为代表。采用这样的公式也是和整体游戏设置相关的。该游戏并不像国产游戏有非常多的系统提升玩家的属性。等级和装备是最关键的人物战斗能力提升点。设计人员不想让游戏中出现超级玩家，他们希望玩家之间的属性相对公平，不会有非常大的差距。

再来看一下第二种方案的公式：

伤害 = 攻击 × 攻击 /（攻击 + 防御）

第二种公式的伤害曲线如图 4-19 所示 。

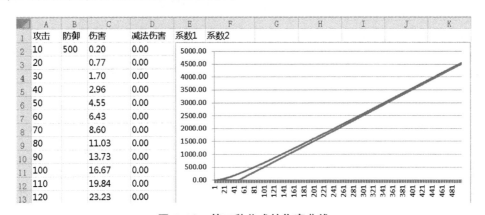

图 4-19　第二种公式的伤害曲线

由于这个公式在趋势上看不出明显倾向性，所以在这里把它和减法公式做一个比较。这样大家就可以发现其实它并不是一条直线。如果说减法公式是强调了防御的价值，那么这个公式则是强调了攻击的价值。

这个公式随着游戏的发展，目前比较流行的版本是如下这样的：

伤害 =（攻击 × 参数 1+ 参数 2）/（攻击 + 防御 × 参数 3+ 参数 4）

这样设计可以通过 4 个参数形成多种不同变化的曲线，其可扩展能力是非常强的。

小结：

除法公式的两种思路终其根本反映了两个方向的设计。第一种是将防御换算为固定减免率，这样衡量属性价值会更容易计算。第二种则是强调游戏攻击属性的重要程度。

4.2.10　暴击伤害计算公式

前面的公式计算出来的伤害为普通伤害，当我们暴击之后，要计算的是暴击伤害，常规公式如下：

> 暴击伤害＝普通伤害×（1+伤害暴击系数＋特殊效果系数）＋暴击后附加伤害

首先是伤害暴击系数，这是常规参数。早些年的游戏中，这个系数等于 1，这样暴击产生的是 2 倍伤害。近些年的游戏则慢慢演变为了 0.5，这样暴击产生的是 1.5 倍伤害，笔者猜测其目的是让玩家可以获得比之前更多的游戏暴击次数，但单次伤害降低，维持输出总量的平衡。

而特殊效果系数这里泛指技能、装备以及其他可能影响暴击伤害倍率的系数。比如《英雄联盟》中有"无尽之刃"，装备效果是增加暴击伤害的倍数。另外有些游戏中技能也可以增加这个参数。

暴击后附加伤害是暴击之后直接附加的伤害，这是无视防御的。如果你想计算防御，那就把这个影响加在之前计算伤害的公式中并额外说明。

还有的技能在暴击之后会有自己额外的计算方式，在这里也就不做一一列举了。

4.2.11　其他公式

除了上述介绍的公式之外，还有一些独特的计算公式，比如格挡、招架、抵抗等。其实设计的原理都是相同的，可以用设计闪避和暴击的思路去思考。

除此之外，还有一些特殊技能带来的自己独特的计算方式。

比如《DotA》中有一位英雄的技能计算公式如下：

> 伤害＝（我方智力－敌方智力）×8（根据技能等级有所提升）

这就形成了一种独特的策略，低智力英雄面对这个英雄的技能有被秒杀的风险，所以一定要视情况增加智力。

再来看看《英雄联盟》中的技能。

> 伤害＝175+ 对方英雄每少 3.5 点生命值×1

非常独特的公式，这无疑增加了这个技能的斩杀威力，非常克制低生命高属性的英雄。

再来看下伤害公式，我们之前的流程计算出的伤害公式都是简单的只面对攻防属性的基础公式模型。一般游戏在计算伤害的时候还会有两个系数，一个是伤害加成系数，一个是最终伤害减免系数。

最终的公式是如下这样的：

> 最终伤害＝伤害×（1+伤害加成系数）×（1－最终伤害减免系数）

诸如此类的公式不胜枚举，我们设计公式的最终目的都是为设计服务的，大家可以根据自己项目的具体情况来选择适合自己的公式原型然后去细化。

4.2.12 属性价值

在设计游戏的过程中，人物会有不同的属性，玩家在游戏过程中也会根据自己的喜好来追求属性。这就带来了一个问题，如何平衡选择不同属性带来的差异？数值策划希望各个属性像不同国家货币一样，只要找到中间的汇率，这样就可以统一价值。

那么如何寻找最关键的通用货币？

攻击属性我们是以提升了多少输出能力作为依据的，而防御属性我们是以提升了多少生存能力作为依据的。

输出能力是看属性可以提升多少每秒输出（DPS），生存能力则是看属性可以提升多少有效生命值（EHP）。最终输出和生命的平衡看我们预期的战斗时长或回合次数。

由于人物随着等级成长，属性的基数是不一样的，所以属性之间的"汇率"也是跟着等级而变化的。比如在游戏初期，玩家的攻击力相对较小，此时提升攻击的价值会比提升闪避或暴击的价值要高。

下面来看两个例子以方便大家理解。

第一个例子我们来看输出。我们假定目前人物属性如下：

攻击力 100 点

每次普通攻击所用时间 2 秒

目前暴击率 1%

暴击增幅系数 50%

游戏采用逐步判断的计算方式并且无其他特殊判断伤害，根据上述属性可以算出人物的输出能力：

DPS=攻击/攻击时间 ×（1-暴击率）+攻击/攻击时间 × 暴击率 ×（1+暴击增幅系数）

DPS=100/2 ×（1-1%）+100/2 × 1% ×（1+50%）=50.25

此时我们增加 1% 暴击再来看 DPS：

DPS=100/2 ×（1-2%）+100/2 × 2% ×（1+50%）=50.5

我们得出了增量 0.25，这就表示目前增加 1% 暴击所能换来的输出增量。下面再根据暴击值换算暴击率的公式，就可以得出暴击的价值。

然后通过第二个例子来看生存。假定人物属性如下：

生命值 500 点

闪避率 2%

伤害减免比例 10%

游戏采用逐步判断的计算方式，有闪避但无其他特殊事件减少伤害。然后可计算出人物的有效生命：

有效生命 = 生命值 /（1- 伤害减免比例）/（1- 闪避率）

有效生命 =500/（1-10%）/（1-2%）=566.89

此时我们增加 1% 闪避再来看有效生命：

有效生命 =500/（1-10%）/（1-3%）=572.73

我们得出增量为 5.84，这表示，目前增加 1% 闪避所能换来的有效生命增量。下面再根据闪避值换算闪避率的公式，就可以得出闪避的价值。

小结：

大家从计算过程中可以看出，影响输出和生存的属性是非常多的，只有把数值固定在特定条件下才可以确定属性价值。我们在后续章节中会给大家介绍"标准人"的概念，大部分游戏都是通过这样的设计来衡量属性的价值的。

4.2.13　伤害公式对比

经过前面的介绍，大家已经对公式有了初步的概念，但不同的伤害公式之间有什么样的差异呢？这里做一个简单的对比。我们主要从两方面入手。

1. 相同防御条件下，攻击的曲线对比。

2. 相同攻击条件下，防御的曲线对比。

1. 攻击成长对比

让我们先来看一下攻击对比，这里给出公式如下。

减法公式：

伤害 = 攻击 - 防御（伤害保底值 1）

乘除法公式 1：

伤害 = 攻击 ×（1- 伤害减免百分比）

伤害减免百分比 = 护甲 /（护甲 + 人物等级 ×80+400）

乘除法公式 2：

伤害 = 攻击 × 攻击 /（攻击 + 防御）

我们假设防御为 100 点，攻击从 1 增长到 1000，得到的伤害曲线如图 4-20 所示。

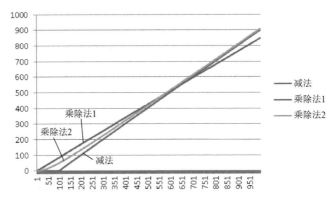

图 4-20　伤害曲线（防御为 100 点，攻击从 1 成长到 1000）

从图 4-20 中的曲线趋势我们可以看出：

①在大概攻击等于防御的这个拐点前，减法公式的伤害是最低的。乘除法 1 的伤害是最高的。

②拐点之后，乘除法 2 的伤害是最高的，而乘除法 1 的伤害是最低的。

③减法公式在不破防的情况下，防御非常明显。

下面换个角度来看一下这 3 个公式，在攻击不断增长的过程中，防御带来的伤害减免的变化情况，如图 4-21 所示。

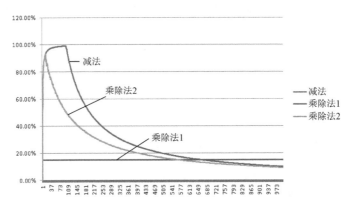

图 4-21　在攻击不断增长的过程中，防御带来的伤害减免的变化情况

从图 4-21 中的曲线趋势我们可以看出：

①乘除法 1 的减免非常稳定，它的减免系数不会随着攻击改变而变化。

②乘除法 2 和减法的衰减趋势相同。乘除法 2 比减法公式更有优势的是，不会出现不破防的时候攻击越高反而减免系数越高的情况。

2. 防御成长对比

下面再让我们来看看防御成长的对比，公式还是用之前的公式。我们这次的攻击等于100，防御从 1 成长到 1000，如图 4-22 所示。

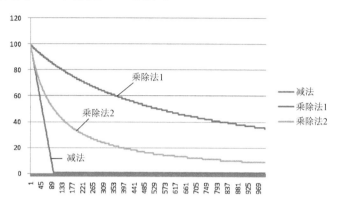

图 4-22　伤害曲线（攻击等于 100，防御从 1 成长到 1000）

从图 4-22 中的曲线趋势我们可以看出：

①减法公式的防御体现最为直接明显，伤害呈线性减少，但不破防之后几乎无任何提升价值。

②乘除法 2 公式在前期对伤害减少得明显，但后期逐步减弱，甚至趋势还不如乘除 1 公式，可以看出该公式前期的防御性价比高。

③乘除法 1 公式防御体现非常平稳，但防御价值的体现相对是最弱的。

我们再来看看伤害减免曲线，如图 4-23 所示。

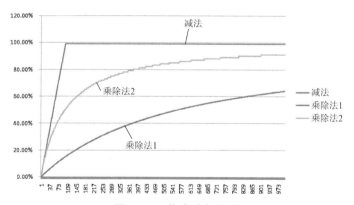

图 4-23　伤害减免曲线

可以看出同样减免 20% 的伤害，减法公式和乘除法 2 公式用了大概 20 多点的防御，而乘除法 1 公式用了 140 点左右的防御。

综合上述，我们对这 3 个公式进行总结。

1. 减法公式

减法公式防御对攻击减免非常明显，防御价值在和攻击相同数量级时远大于攻击。但在游戏体验过程中，玩家对攻击和防御的选择其实是根据当前的杀怪效率来决定的。所以如何平衡攻击和防御的投放会更难一些。从曲线中也可以看出，不管是攻击还是防御都会让伤害本身有较大幅度的动荡。

总结来说，减法公式的攻防属性对成长体验敏感，但不易控制，对数值策划产出投放的控制要求更高。

2. 乘除法 1 公式

乘除法 1 公式整体更加平稳，防御和伤害减免直接挂钩不会受到攻击的影响。攻击和防御在初期可能表现并不是十分敏感，但反过来看，成长会给人感觉有价值，哪怕对战高属性的玩家。

总结来说，乘除法 1 公式整体平稳，攻击和防御相对变化区间较小，这种设计对属性的价值也更容易衡量。

3. 乘除法 2 公式

乘除法 2 公式攻击属性价值明显，而防御在前期的效果也比较显著。伤害变动幅度介于之前的减法公式和乘除法 1 公式之间。

总结来说，乘除法 2 公式对攻击更为敏感，但同时也能顾及防御。伤害波动幅度一般。

小结：

从上述公式的对比中，大家应该对这 3 个公式有了更深入的了解和体会。就目前市面的主流游戏来看，3 种做法都有不少的游戏采用。

以《传奇》《征途》为代表的游戏是以减法公式为基础的。首先针对目标群体来说，减法公式理解成本低，玩家每加 1 点攻击和防御都会有体现。并且这类游戏买数值的点相对较多，花钱砸数值是非常保值的，之前大家也都看到了公式敏感程度之高，最终体现的战斗的差异感也会非常大。

乘除法 1 公式的最典型代表还是《魔兽世界》。暴雪公司一直以来在游戏对抗平衡性中讲求数值和操作并重，他们在公式的选择上也是更为平滑。在《魔兽世界》中任何强大的角色在只考虑输出的情况下也是难以抵抗 5 人以上的围攻的。从公式层面变现使整体区间波动情况不会十分剧烈，这也是经前面的图验证的结果。

乘除法 2 公式在新生代国产游戏中使用得更多。不管是提升攻击还是防御，前期的价值体现都是非常明显的。笔者在做 MMORPG 的时候也是更偏爱这个公式。

4.3　技能设计

技能是游戏中最能体现各个职业间差异的元素，它同时也是游戏中最难以平衡的因素之一，几乎每个游戏都在不时地调整着自己的技能。本节我们就给大家带来技能的讲解。

4.3.1　技能分类

首先给大家介绍技能的分类。不同技能类型的参数和作用差距非常大。按照功能来分，我们把技能分为如下几大类。

1. 伤害类技能。

2. 控制类技能。

3. BUFF 类技能。

4. 探险类技能。

在这里说明一下，以上分类主要是以数值角度来看的，具体技能类型划分其实有更为复杂的规则。另外也不会在这里讨论技能的自身逻辑，比如目标选取、目标判断等（请找系统策划）。

伤害类型技能比较容易理解，就是只带有数值参数的技能。控制类技能是泛指，它代表晕眩、缓慢、冰冻、混乱等，并不是只代表晕眩。BUFF 类技能主要是指增益和减益技能，比如加血、流血、中毒等。探险类技能比较另类，不是每个游戏都有这类技能，比如有些职业可以变身为一只动物跑来跑去。

而不同类的技能是可以以组合形式出现的，比如一个技能可以在造成伤害的同时使目标减速。

4.3.2　技能输出序列

伤害类技能其本质就是在普通攻击的基础上提升人物的 DPS，所以我们也是从提升普通攻击输出能力上来衡量技能的价值。

还记得之前普通攻击的流程吗？其实大部分游戏的普通攻击就是一个技能，所以技能流程和之前普通攻击的是一样的。但有一个问题我们要考虑，这就是我们的技能输出序列问题。我们先来假设有一个技能 A，它的技能释放时间为 2 秒，无冷却时间，攻击为普通攻击 +5。人物本身的普通攻击为 1 秒，无冷却时间。我们可以得出如图 4-24 所示的攻击序列。

普攻	技能A	普攻	技能A	普攻	技能A

图4-24　攻击序列

我们成功地打出了3次循环，输出时间为9秒。

攻击输出＝普通攻击×6+5×3=6AP+15（用AP表示普通攻击）

此时再来看看如果只用普通攻击的话，我们的输出又有多少。输出时间还是9秒，我们可以发动普通攻击9次。

攻击输出＝普通攻击×9=9AP

我们对比前后公式，当AP=5的时候，输出相等，当AP大于5，后面的公式比前面的公式值大，这意味着使用技能攻击反而不如普通攻击。可以说这是严重的设计问题，所以我们在设计技能的时候必须要算好技能和普通攻击的价值比。

设计技能的思路通常是以普通攻击为基础的，技能在这个基础之上再去做加值。比如之前的例子，技能A的释放时间为2秒，那技能的基础攻击至少要比2秒内的普通攻击高。至于增幅的幅度有多大就要看我们对这个技能的定位了。

当只有一个技能的时候，这个序列是非常容易选择的。但游戏不可能只有一个技能，当技能多了以后又该如何选择呢？这就是一个设计问题了。我们不能无限制地给一个职业做太多输出技能，这样既增加了玩家的选择难度又毫无意义，玩家最后肯定可以总结出一个最佳的技能序列来输出。

一般来说我们会设计3个左右的输出技能。第一个攻击增幅一般，CD较短，这个技能的主要目的是用于给玩家平时杀怪时增加输出。第二个是大幅度增加输出，但CD会很长，合理地运用这个技能的释放时机可以在短时间内秒杀更强大的怪物，这个技能的主要目的是让玩家掌握好CD和技能输出的时机。第三个是范围伤害技能，论攻击能力可能还不如普通攻击，但是这个技能可以进行范围攻击，非常适合于杀怪升级。

第一个技能一般会将DPS效果提升10%~100%，附加攻击要看具体情况衡量。这个技能是最为基础的增加输出能力的技能，它往往也是性价比最高的技能。

第二个技能的效果提升范围因游戏不同会有差异，具体范围不好评估。给玩家的体验是使用该技能造成的攻击非常可观，怪物血量会有明显减少。

第三个范围攻击技能一般DPS会在普攻DPS的60%~120%。另外攻击之后还要看是否附带其他功能性技能，有功能性的攻击DPS肯定会低一些。

小结：

我们在衡量人物整体输出能力的时候一定要通过输出序列来衡量，这样会更为准确。

怪物的属性设计其实也是根据"标准人"的输出能力来计算的。后续章节会详细介绍。

4.3.3　控制类技能价值

控制类技能又分为硬控和软控。硬控是指攻击方可以非常稳定地控制目标，被攻击目标在被控制后不能进行任何行动。除去硬控之外的控制技能就是软控。例如，击晕目标就是典型的硬控，减速等就是软控。

软控的价值衡量和之前的范围性攻击的技能有些类似，我们会参照普通攻击能力折算一个系数算出该技能的 DPS。

硬控技能可以说是游戏中最难衡量价值的一类技能。这类技能收益巨大，一旦成功会使得在晕住对方的这段时间内敌方完全没有输出。在设计硬控技能的时候要考虑更多策略层面的问题。

首先要判断我们的游戏是否希望出现超级玩家，如果希望出现超级玩家，那么最好不要做硬控。因为一旦有硬控，普通玩家可以通过轮流控制来无限控制超级玩家（想想你玩过的带硬控的游戏，BOSS 为什么不吃晕眩），这样哪怕超级玩家属性再高，在无限被控制的情况下也是无法展现的。

假设我们在设计上还是要做硬控，那首先要参考整体的职业设定，比如某职业就是控制能力强，那么这个职业的其他方面能力就会弱一些。如果你想要给一个职业做两个硬控技能，这时就要慎重考虑了。当一个职业有两个硬控的时候就代表他是可以循环使用控制技能的，这会让敌方被控制的时间大大增加，所以最好只做一个硬控技能（如果要做多个，就多思考下可能形成的控制链）。

再来说说硬控技能本身的价值。硬控技能主要的元素有两个，一个是晕眩的持续时间，另外一个是冷却时间。我们按照有硬控技能就会使用的策略，这样就如图 4-25 所示，大家可以看到"被控时间"区域是敌方无法输出的时间。

图 4-25　硬控技能会使用的策略

我们通过时间来计算一下。假设我们的控制技能叫击晕。它是瞬发技能，可以晕住对方 2 秒，冷却时间 10 秒。然后我们来对比敌我双方的攻击，我方击晕技能是第一优先技能，这样在 60 秒的时间之内，可以控制住对方 10 秒。转换思路来看，就相当于提升了 20% 的输出能力（以 60 秒为一个时间段，我方输出 60 秒，敌方输出 50 秒）。

上述计算方式可以作为衡量硬控技能的一些参考因素，另外还是要看玩家的体验和反馈来不断修正硬控技能的数值。最终在多个版本的反馈之后将这个技能的数值稳定在一个合理范围。

4.3.4 BUFF 技能价值

从数值角度出发，会把单位时间内提升玩家属性的 BUFF 视为玩家必然会加成的属性。我们认为玩家在游戏过程中就是会保持这种有益状态，并在后续的怪物强度设计时把这些因素考虑进去（以理性玩家考虑，玩家一定会给自己加 BUFF，除非是短时爆发性 BUFF）。BUFF 技能本身的数值加成其实是按人物属性的比例来折算的，相当于某些职业可以提升它在特定等级下百分之多少的属性加值。

另外一种直接增加或减少玩家生命值的 BUFF 技能衡量起来略有难度，因为 BUFF 技能的攻击在大部分游戏中不会受到防御的减免，这就会导致这个数值大小不好掌握。设置太大容易导致 BUFF 技能太强，直接掉非常多的血。而设置太小则会变成鸡肋技能，没人愿意用，也不会花资源、花时间练习这个技能。

一般来说，加血是按职业来划分的，有一个系数，然后和这个等级的 DPS 对比得出一个系数，最终集合两个系数得出加血应该有的数值。比如牧师职业治疗能力系数为 2，DPS 对应系数为 0.7，那么牧师的治疗量应该等于目前 DPS 的 1.4 倍。这样设计的目的就是在装备差不多的情况下，使得击杀牧师是很难做到的一件事。这本身也是我们赋予牧师职业的一种职业特性，牧师在拥有强大的治疗能力后，它的输出能力和其他能力则会相对较弱。

4.3.5 探险类技能

这个类型的技能是非常独特的，一般来说如果和战斗没有联系的话，我们不会对这类技能进行严密的设计。但如果对战斗有影响的话，我们要适度地调整这类技能的数值。

下面举一个《魔兽世界》的例子。

在最早期的游戏中，《魔兽世界》有一个种族：亡灵。它有一个种族技能是使用之后直接解除当前的被控制状态，并且还有 5 秒免疫控制。这就相当于给了亡灵玩家一个解除控制的技能。这样的设计让亡灵在推出之后成为了玩家最受欢迎的种族。

但站在设计角度上看，这是十分不公平的设计。在几个月之后的版本更新中，这个种族技能就被改掉了。

4.3.6　职业技能设计整体思路

在设计技能的数值时，都是依托于整体的职业定位来设计的。职业定位是一个二维的表格，如图 4-26 所示，然后对各种能力逐一打分，最终控制总分不会有超过 20% 的浮动。

能力->	生命值	攻击力	输出能力	回复能力	控制能力	辅助能力	综合评分		评级	分值
职业									A	120
战士	A	A	B	C	C	C	650		B	110
法师	C	A	A	C	A	B	670		C	100
刺客	B	B	A	C	A	B	670			
牧师	C	C	C	A	B	A	650			

图 4-26　职业定位表格

这就为我们的后续设计提供了判断依据。也有些游戏的设计是进行直接打分的，其实是对这个定位的更细致划分。

这样在设计生命值的时候就会把战士的生命值调整为最高，刺客次之，法师和牧师最弱（同评级之间可酌情做细微调整），而生命值的比例同样可以参考分值比例。

攻击力、输出能力、恢复能力这些都和生命值是一样的道理，而控制能力和辅助能力就需要衡量了。这两方面能力不太好量化，控制和辅助的能力并不能以这类技能多少和数值大小来衡量。技能独特的功能价值是需要通过反复调整和验证才能评估其价值的。假设牧师有一个技能是降低敌方防御，在他自己杀怪的过程中这个技能提升 10%。提升可能并不十分明显，但如果是组队击杀 BOSS，提升 10% 的团队输出就非常可观了。

4.4　装备设计

装备及其周边系统是人物战力的重要组成部分，比值一般都超过 50%。装备及其周边系统也是最被玩家追捧的游戏元素，有多少人在那无眠的夜晚只为自己心仪的装备默默地在游戏中耕耘着。

4.4.1　装备属性设计

在设计装备的数值之前，我们要先确定装备属性的设计。你不可能让一把匕首去加防御，这是违反大家认知的事。

1.主属性

首先每个装备都有主属性，主属性也是区分装备倾向性的依据。除了主属性之外，装备还有次属性和其他系统追加属性。

　　早年间的游戏装备属性会比较多，一个装备还会有不同的几种类型，这和当时的游戏设计思路是相关的。最早期的MMORPG在属性及其周边系统上的设计没有现在这么丰富，玩家的追求点都集中在装备上，而单一的装备设计势必满足不了这种需求。所以设计人员会把一个装备设计为多种类型，甚至某些游戏的装备属性是随机生成的，这样的装备丰富多样。反观近年来的游戏就少有这样的设计了，因为现在的游戏可以提升属性的系统比之前多了很多。我们更希望玩家尽快拿到自己心仪的武器之后对其进行更深入的培养。换个角度来说，之前的游戏乐趣是让玩家不断刷装备的乐趣，现在的游戏乐趣是拿到装备后的培养乐趣。

　　如图4-27所示，基础属性就是该装备的主属性，下面的镶嵌属性是由宝石加成得来的。

　　还有一些游戏会有多个属性值，比如图4-28中装备一共有6条属性加成。这时候对比你在游戏中同职业、同部位的装备所加属性，这些装备都加的属性就是主属性。从图4-28中可以较容易看出主属性是护甲，它的层级最高并且显示也和其他属性不一样。

图4-27　主属性及其他属性

图4-28　装备的属性

　　另外千万不要认为主属性的价值就是最大的，主属性的最大意义还是代表这件装备的倾向性，但未必是装备中拥有最大价值的属性。

2. 攻击装与防御装

　　不同的装备位置附加的属性也是不同的。我们一般会将装备划分为两种：攻击装和防御装。比如武器就是攻击装，胸甲就是防御装。

攻击装主要增加的是攻击属性，如攻击、暴击、命中等；防御装主要增加的是防御属性，如生命值、防御、闪避等。

人物身上的攻击装和防御装的数量是大致相同的。同一装备位置一般来说要么是攻击装要么是防御装，但也有游戏是在同一装备位置设置攻击装和防御装两种选择的。在这里建议大家如果没有特殊设计需求就不要这样做了。

这里给大家罗列一下攻击装和防御装对应的位置，供大家参考。

- **双手武器**：攻击装。

- **单手武器**：攻击装。

- **副手武器**：攻击装、防御装都可以。

- **头盔**：攻击装、防御装都可以，攻击装居多。

- **项链**：攻击装、防御装都可以，攻击装居多。

- **肩甲**：攻击装、防御装都可以，攻击装居多。

- **胸甲**：攻击装、防御装都可以，防御装居多。

- **鞋子**：攻击装、防御装都可以，防御装居多。

- **腰带**：攻击装、防御装都可以，防御装居多。

- **护腕**：攻击装、防御装都可以，防御装居多。

- **耳环**：攻击装、防御装都可以，攻击装居多。

- **戒指**：攻击装、防御装都可以。

- **护腿**：攻击装、防御装都可以，防御装居多。

- **翅膀**：攻击装、防御装都可以，攻击装居多。

4.4.2　装备的数值

装备的数值是根据人物属性数值乘以一定比例然后进行修正得到的。下面举一个简单的范例。首先我们的角色属性如图 4-29 所示。

接下来准备做的是求 10 级的那套装备的属性值。在这里期望装备带来的攻击为人物的 200%，防御为人物的 150%。这样装备增加的总攻击为 120，各装备对应的占比如图 4-30

所示。最后算出比如武器所带来的攻击为：120×40%=48。

	A	B	C
1	等级	攻击力	防御
2	1	15	12
3	10	60	48
4	20	110	88
5	30	160	128
6			
7	装备等级	10	
8	攻击比例	200%	
9	防御比例	150%	

图 4-29　角色属性

E	F	G	H	I	J
装备		占比	数量	主属性	最终数值
武器	攻	40%	1	攻击	48
头盔	攻	15%	1	攻击	18
项链	攻	15%	1	攻击	18
肩甲	攻	15%	1	攻击	18
胸甲	防	25%	1	防御	18
鞋子	防	15%	1	防御	11
腰带	防	15%	1	防御	11
护腕	防	7.5%	2	防御	5
耳环	攻	7.5%	2	攻击	9
戒指	防	7.5%	2	防御	5
护腿	防	15%	1	防御	11

图 4-30　各装备对应的占比，及其攻击和防御值

4.5　游戏内的掉落方式

4.5.1　电脑随机和物理随机

在真实的物理世界中，将一枚硬币扔上天空，谁也不能确定落下的是正面还是反面，这就是随机事件，其结果是不可预测的。

但在计算机世界里我们能通过算法来解决这个问题。严格来说计算机中的随机函数是按照一定算法模拟产生的，计算机随机函数所产生的"随机数"是一种伪随机数。

数值策划在工作过程中要时刻保持对数值的敏感。一旦随机值出现很大偏差，最好和程序员一起检查一下目前的随机算法。对具体算法感兴趣的读者可以自己上网查找资料，我们在这里不对这个方向进行展开说明。

4.5.2　游戏内掉落随机的几种做法

我们在游戏中会采用不同的随机方式。而玩家感觉起来像随机的事件其实也不完全是按随机事件来设计的。下面来谈谈这些做法。

1. 计数随机

在早期游戏中，有些道具的掉落是和怪物被击杀的次数相关的，通常在成千上万次的击杀后掉落某些物品。如果玩家并不是特别细心的话是发现不了这种计数式掉落的。

这种做法的好处是只要玩家杀到一定数量的怪物是肯定可以得到回报的，但缺点是这

种做法一旦被玩家发现之后，玩家会利用这个设计来达成一些自己的目的。

比如升级装备，玩家会先用一些不好的装备来升级，最后在快要成功的时候，换上自己真正想要升级的装备。而且一旦有几个玩家发现这个做法，那这个技巧就会被快速传播，然后对经济产耗形成巨大冲击。

这种设计在单机游戏中更为多见。而目前市面上的游戏多数都不采用这种设计方法了。

2. 逐个百分比掉落

在早期的 MMORPG 中，道具的物品种类并没有那么丰富，往往从怪物身上掉落的物品不会超过 5 种（此处是种类不是数量）。

这时候比较流行的掉落方式是逐个百分比掉落。假设我们有 A、B、C、D 这 4 个道具，那么我们会先计算 A 是否掉落，然后计算 A 掉落的数量，再计算 B 是否掉落以及掉落的数量，直到所有道具循环完毕。看下实例，先设置概率最大掉落、最小掉落的数量，如图 4-31 所示。

	A	B	C	D
1	物品	几率	最小数量	最大数量
2	A	15.00%	1	2
3	B	20.00%	1	3
4	C	25.00%	1	4
5	D	30.00%	1	5

图 4-31　设置概率和最大掉落、最小掉落的数量

A、B、C、D 的掉落概率分别为 15%、20%、25%、30%。当确定 A 掉落后，掉落数量的概率是均等的，掉 1 个和 2 个的概率分别为 50%。

接下来我们用公式模拟随机数。还记得之前章节所介绍的函数 RANDBETWEEN 吗？在这里使用这个函数来模拟随机数。然后和概率进行对比，如果小于等于概率则生成掉落，大于则代表没有掉落。

要注意一点，这里要用到 4 个随机数而不是 1 个。为什么要用 4 个而不是 1 个？我们希望不同物品的随机事件是独立的而不是互相影响的。如果只用一个随机数会发生什么结果？一旦掉落了物品 A，那么势必 B、C、D 全部都会掉落（掉落 A 证明随机数是小于 15% 的）。这样的体验是非常诡异的，一个良好的体验肯定是让玩家尽量在每次掉落中都能获取物品。为了达到这样的设计目的明显不能只用一个随机数。

采用 4 个随机数得到如图 4-32 所示的一组随机数。

随机1	随机2	随机3	随机4	掉落次数
0.26	0.03	0.42	0.66	1
0.93	0.55	0.99	0.08	2
0.77	0.88	0.50	0.69	3
0.83	0.12	0.55	0.47	4
0.50	0.80	0.41	0.28	5
0.45	0.91	0.54	0.11	6
0.02	0.93	0.27	0.30	7
0.99	0.56	0.55	0.71	8
0.67	0.75	0.44	0.56	9
0.24	0.20	0.43	0.26	10
0.52	0.86	0.10	0.53	11
0.55	0.63	0.85	0.61	12
0.35	0.38	0.71	0.06	13
0.78	0.83	0.31	0.33	14
0.88	0.08	0.89	0.72	15
0.67	0.31	0.93	0.74	16
0.11	0.70	0.40	0.51	17
0.75	0.41	0.11	0.24	18
0.98	0.33	0.74	0.26	19
0.48	0.37	0.30	0.81	20

图 4-32　所到的一组随机数

一共模拟 1000 次掉落的结果，随机值公式如下：

f(x)=RANDBETWEEN(1,100)/100

随机 1 这一列将会作为判断物品 A 是否掉落的随机数，以此类推，随机 4 判断物品 D。然后用随机值和概率进行对比，判断公式如下。

L2 中公式：=IF($B$2<=$G2,0,RANDBETWEEN($C$2,$D$2))

M2 中公式：=IF($B$3<=$H2,0,RANDBETWEEN($C$3,$D$3))

N2 中公式：=IF($B$4<=$I2,0,RANDBETWEEN($C$4,$D$4))

O2 中公式：=IF($B$5<=$J2,0,RANDBETWEEN($C$5,$D$5))

然后选中这 4 个单元格下拉，拖至 1000 个数据。此时得到如图 4-33 所示的一组数据。

随机1	随机2	随机3	随机4	掉落次数	A	B	C	D
0.26	0.03	0.42	0.66	1	0	2	0	0
0.93	0.55	0.99	0.08	2	0	0	0	3
0.77	0.88	0.50	0.69	3	0	0	0	0
0.83	0.12	0.55	0.47	4	0	2	0	0
0.50	0.80	0.41	0.28	5	0	0	0	3
0.45	0.91	0.54	0.11	6	0	0	0	4
0.02	0.93	0.27	0.30	7	1	0	0	0
0.99	0.56	0.55	0.71	8	0	0	0	0
0.67	0.75	0.44	0.56	9	0	0	0	0
0.24	0.20	0.43	0.26	10	0	0	0	4
0.52	0.86	0.10	0.53	11	0	0	2	0
0.55	0.63	0.85	0.61	12	0	0	0	0
0.35	0.38	0.71	0.06	13	0	0	0	5
0.78	0.83	0.31	0.33	14	0	0	0	0
0.88	0.08	0.89	0.72	15	0	2	0	0
0.67	0.31	0.93	0.74	16	0	1	0	0
0.11	0.70	0.40	0.51	17	1	0	0	0
0.75	0.41	0.11	0.24	18	0	0	3	2
0.98	0.33	0.74	0.26	19	0	0	0	2
0.48	0.37	0.30	0.81	20	0	0	0	0

图 4-33　得到的一组数据

我们来看掉落次数 1 这一行，数据代表了掉落 2 个物品 B。再看掉落次数 18 这一行，代表了掉落 3 个物品 C 和 2 个物品 D。

下面来统计一下 1000 个掉落中共掉落了多少物品。首先按公式算出预期值。E2 公式如下：

=1000*B2*AVERAGEA(C2:D2)

先算出平均掉落次数，然后乘以平均每次掉落数量得出千次掉落的理论值，如图 4-34 所示。

	A	B	C	D	E
1	物品	几率	最小数量	最大数量	千次掉落
2	A	15.00%	1	2	225
3	B	20.00%	1	3	400
4	C	25.00%	1	4	625
5	D	30.00%	1	5	900

图 4-34　千次掉落的理论值

然后再来统计掉落中的物品数量，用理论值除以实际值，如图 4-35 所示。

P	Q	R	S	T
	A数量	B数量	C数量	D数量
	245	385	610	901
比值->	108.89%	96.25%	97.60%	100.11%

图 4-35　理论值与实际值的比值

从图 4-35 中可以看到误差并不是十分大，这也证明我们的设计是合理的。由此可以看出这个设计的好处，它非常易于理解并且对于单个物品的总体产出是很稳定的。但它有一个问题，无法控制掉落组合的精确数量，比如我们想要掉 1 个 A 加 1 个 B 的概率是 5%，则是无法做到的。这种设计更加适合关卡掉落，而不适合用在礼包掉落。

3. 权重掉落组式掉落

由逐个百分比掉落引出的问题是无法配置精确的组合，于是我们找到了一种可以解决这个问题的掉落方式：权重掉落组式掉落。

之前逐步掉落方式思路是这样的，循环判断每个道具的概率，然后把它们放进一个掉落包中，接着掉落这个掉落包。逐步掉落式的流程图如图 4-36 所示。

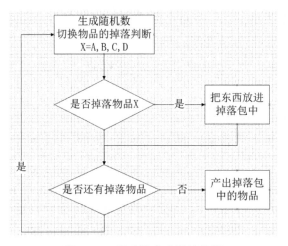

图 4-36　逐步掉落式的流程图

下面来看看权重掉落组式掉落的思路是什么样的。从图 4-37 可以看出和逐步掉落式的流程是非常接近的，但是它多了一步，它拥有母集和子集的概念。

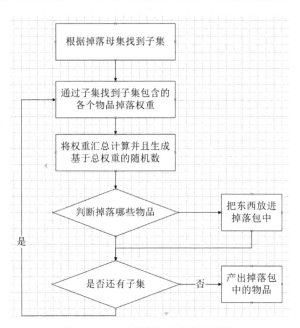

图 4-37　权重掉落组式的流程图

具体实现环节来解析一下。之前看到的掉落设计方式其实都是单表，而权重掉落组式掉落拥有两张表。先来看一下母集表，如图 4-38 所示。

	A	B	C
1	母集	子集	组别说明
2	30700004	70400001	木箱子金币
3	30700004	70401001	木箱子材料1
4	30700004	70402001	木箱子装备1
5	30700003	70400002	铜箱子金币
6	30700003	70401002	铜箱子材料1
7	30700003	70402002	铜箱子装备1
8	30700002	70400003	银箱子金币
9	30700002	70401003	银箱子材料1
10	30700002	70402003	银箱子装备1
11	30700001	70400004	金箱子金币
12	30700001	70401004	金箱子材料1
13	30700001	70402004	金箱子装备1

图 4–38 母集图

母集中掉落编号 30700004 产生了 3 个子集，它们分别代表一个木箱子中可能会掉落的金币、材料和装备。然后根据 3 个子集的编号在子集表中寻找道具以及对应的权重。子集表如图 4-39 所示。

	A	B	C	D	E	F	G
1	掉落组别	掉落种类	编号	最少数量	最大数量	权重	备注
2	70400001	金币	0	1	2000	2000	木箱子-金币
3	70401001	材料	30800001	1	3	1000	木箱子-一级玄铁
4	70401001	材料	30800011	1	3	1000	木箱子-一级饰品
5	70401001	材料	30800021	1	3	1000	木箱子-一级马鞍
6	70402001	装备	30240002	1	1	2000	木箱子-长袍
7	70402001	装备	30240003	1	1	2000	木箱子-锁子甲
8	70402001	装备	30240004	1	1	4000	木箱子-铁盾

图 4–39 子集表

看看第一个子集，它掉落的是金币，首先看权重，这里只有一条数据，那掉落的只能是它，然后再从最小数量和最大数量之间确定随机掉落数量。此处相当于开木箱会 100% 获得金币，如果想要玩家只有 50% 概率获得金币，可以再加入一条权重 2000 的空掉落集。根据流程会先判断子集中掉落哪一种道具，最后再根据道具掉落的最大和最小数量算出随机掉落数量。

按权重掉落和前面的“圆桌理论”的实现方式有些类似。下面再来看第二个子集，它拥有 3 个掉落选择，先把掉落玄铁、饰品、马鞍的权重值加在一起得到权重总值 3000，然后随机获得 1~3000 中的一个数值。当这个数值小于等于 1000 的时候掉落玄铁，大于等于 1001 小于 2000 的时候掉落饰品，大于等于 2001 小于 3000 的时候掉落马鞍。最后根据道具掉落的最大和最小数量算出随机掉落数量。

这里要注意一个问题，在配置道具的时候一定要配置好它们对应的道具类型。类型将决定程序去哪张表寻找道具，如果配置错误会导致找不到这个掉落道具。而更为严重的问题是，有些程序会直接跳过这条 Bug 不做任何报错，这就会导致预期的掉落物品实际上根本没有掉落。这会对经济系统的投放产生很大影响，所以请大家一定要杜绝这种问题的发生。

第 3 个子集的计算流程也是一样的，我们从权重中可以看出铁盾的掉落概率为 50%，长袍和锁子甲的掉落概率各为 25%。

最后，我们把 3 个子集的物品放在一起形成最终的掉落。

这种设计的优点在于你可以灵活地组合各种子集，从而形成一个非常丰富的掉落组合，并且不管是任何系统关联的掉落都可以只用一个母集的编号来对应。这对程序维护成本和程序效率是大有帮助的。缺点是母集和子集之间关联性强，容易出现数据问题，对数值本身要求较高。

4. 进阶掉落

权重掉落组式掉落是目前较为主流的做法，但随着游戏的不断发展，我们遇到了新的问题。比如某玩家想要获得某关键武器 A，可是他的运气十分差，在多次击杀相关 BOSS 之后就是不掉落武器 A。玩家十分恼怒，并最终打电话向客服投诉（非常真实的案例）。

客服反馈了这个问题，但权重掉落组式掉落中数值策划是无法控制某物品必然掉落的，此时我们就结合计数掉落设计出了进阶掉落方式来解决这个问题。

进阶掉落其实是在权重掉落组式掉落的基础上做了进化的版本，核心思想还是一样的，它多了一步前置判断，在每次母集掉落之前会判断一次母集是否满足一定条件并产生进阶掉落。进阶掉落流程图如图 4-40 所示。

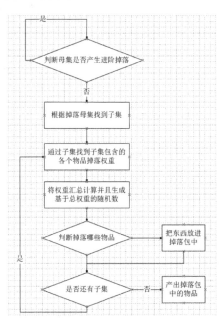

图 4-40　进阶掉落流程图

如何判断是否产生进阶掉落？我们在母集表中先添加 3 列数据：进阶组别、最小进阶次数、最大进阶次数，如图 4-41 所示。

	A	B	C	D	E	F
1	母集	子集	组别说明	进阶组别	最小进阶次数	最大进阶次数
2	30700004	70400001	木箱子金币	70400002	2	3
3	0	70400002	木箱子进阶金币	70400003	3	5
4	0	70400003	木箱子金币钻石	0	0	0
5	30700004	70401001	木箱子材料1	70401002	0	0
6	30700004	70402001	木箱子装备1	70402002	0	0

图 4-41   在母表集中添加 3 列数据

先看第 1 行数据，母集有一个 70400001 的子集，这个子集里装的是金币，它对应的进阶母集是 70400002，70400001 进阶到 70400002 最少需要 2 次，最多需要 3 次。

有些人会质疑如何保证在这个进阶次数区间内就一定进阶。下面来解释一下这个流程。假设最小进阶次数为 a 而最大进阶次数为 b。然后统计出掉落次数 x，再获取一个 $a\sim b$ 之间的随机数 y，之后判断 x 是否大于等于 y，是的话产生进阶掉落，不是的话还是掉落原来的母集，流程图如图 4-42 所示

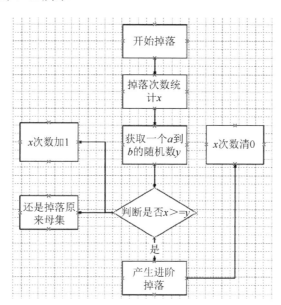

图 4-42   进阶流程图

下面套用这个流程再来看之前的数据。

条件如下：

a=2

b=3

第一次掉落开始，$x=1$，开始第一次掉落。y 随机取 2，判定失败，还是产生之前的掉落。

第二次掉落开始，$x=2$。y 随机取 3，运气真是太差了，如果随机取 2 判定就成功了，失败之后还是产生之前的掉落。

第三次掉落开始，$x=3$。y 随机取 2，判断成功，产生进阶掉落，另外 x 的次数被重置为 0。

这里大家可以看到在第二次掉落开始的时候，如果随机取 2 的话，这时就会发生进阶掉落。第三次掉落的结果则是必然成功的。这就保证掉落次数达到最大进阶次数时必定发生进阶。

进阶掉落其实是可以叠加多次的。还是之前的数据，70400001 进阶 70400002 所用的次数是 2 或 3 次，再来看 70400002 进阶到 70400003 需要 3~5 次，可以算出 70400001 进阶到 70400003 需要 6~15 次。这也就意味着，我们每打开 6~15 个木箱子，就会得到 1 次掉落钻石的机会，钻石的数量为 20。这样就可以计算出从木箱子获得钻石的期望为每打开 10.5 个木箱子可得到 20 个钻石。1 个木箱子约含有 2 钻石的价值，如此玩家获得木箱子的成本必然要大于 2 钻石。子集表如图 4-43 所示。

	A	B	C	D	E	F	G
1	掉落组别	掉落种类	编号	最少数量	最大数量	权重	备注
2	70400001	金币	0	1	2000	2000	木箱子-金币
3	70400002	金币	0	5000	10000	2000	木箱子-进阶金币
4	70400003	钻石	1	20	20	1	木箱子-钻石
5	70401001	材料	30800001	1	3	1000	木箱子-一级玄铁
6	70401001	材料	30800011	1	3	1000	木箱子-一级饰品
7	70401001	材料	30800021	1	3	1000	木箱子-一级马鞍
8	70402001	装备	30240002	1	1	2000	木箱子-长袍
9	70402001	装备	30240003	1	1	2000	木箱子-锁子甲
10	70402001	装备	30240004	1	1	4000	木箱子-铁盾

图 4-43　子集表

进阶掉落是目前很多游戏都在采用的做法。你可以把想要对进阶产生影响的因素通过不同的方式来计算统计，然后使之成为判断进阶条件。比如很多游戏的 VIP 等级就会对随机产生影响，VIP 等级高的人更容易刷出商店中的高级道具。在这里就不对这些元素一一介绍了，其道理和进阶掉落都是一样的。

5. 木桶原理掉落

首先解释一下木桶原理：一个水桶无论有多高，它盛水的高度取决于其中最低的那块木板。这个道理也往往被人称为短板效应。而在游戏中玩家会遇到非常多的道具，可往往自己心里想要得到的道具总也不掉落。木桶原理掉落就是用来解决这个问题的，木桶原理掉落让你最短缺的道具有更高的掉落概率。

在这里说明一下，木桶原理掉落是笔者自己根据《皇室战争》这款游戏反推出来的，可能会和真实游戏的设计方案有一定的误差，请大家谅解。

首先介绍一下流程。在确定它们的权重之前，要先计算预期量和现有量是多少，再计算空缺量是多少。之后根据空缺量计算出空缺率是多少，空缺率非常大的道具会获得额外的系数加成。最后由空缺量乘以系数加成算出掉落权重。木桶原理掉落流程图如图 4-44 所示。

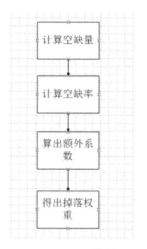

图 4-44　木桶原理掉落流程图

再来看一下如图 4-45 所示的表格。

	A	B	C	D	E	F	G	H	I	J	K	L	M	N
1	掉落组别	掉落种类	编号	最少数量	最大数量	权重	预期量	备注		掉率	现有量	空缺量	空缺率	系数加成
2	1000001	道具1	10001	1	1	4000	1000	道具1		59.9%	0	1000	100.00%	4
3	1000002	道具2	10002	1	1	500	1000	道具2		7.5%	500	500	50.00%	1
4	1000003	道具3	10003	1	1	400	1000	道具3		6.0%	600	400	40.00%	1
5	1000004	道具4	10004	1	1	1778	1000	道具4		26.6%	111	889	88.90%	2

图 4-45　各道具数据表

预期量是我们根据游戏的进度来决定的期望让玩家得到多少该类型道具。现有量是统计目前玩家得到多少道具的数值。然后算出空缺量公式：

空缺量 = 预期量 − 现有量

空缺量最小值等于 10，我们不希望道具在达到我们的预期量之后一点权重都没有。然后根据空缺量算出空缺率：

空缺率 = 空缺量 / 预期量

再根据空缺率算出系数加成，笔者在这里思考的是如果空缺量大于等于 90%，则证明该道具是极度空缺的，系数加成为 4，而空缺量大于等于 70% 小于 90% 为较空缺，系数加成为 2，另外其他比例的系数加成为 1。再用之前算出来的空缺量乘以系数加成得出最终的权重。

可以看到道具 1 由于空缺大所以它的掉落概率是最高的，然后是道具 4，但是其他道具也是有机会掉落的。最终掉率符合我们的设计预期。

4.5.3　战斗系统中随机的运用

前面给大家介绍了一些随机方案，下面对系统中的随机运用做一个讲解。

以传统 MMORPG 来说，战斗系统会在如下的情况下运用到随机。

1. 决定闪避用到的随机值。

2. 决定暴击用到的随机值。

3. 决定攻击从上限到下限的随机值。

一般以上情况用的都是系统自带的随机数，但有些游戏会将第 3 种随机值做一定处理。因为某些游戏的攻击范围较大，设计者不希望让玩家的攻击输出变得特别不稳定。

具体实现方式也是比较简单的，我们将攻击的结果进行多次随机取值并且取其平均值，但次数也不宜过多，一般取 3~5 次。这样所得的结果比随机一次要平滑很多。下面来看一下两种做法的曲线对比图，如图 4-46 所示。

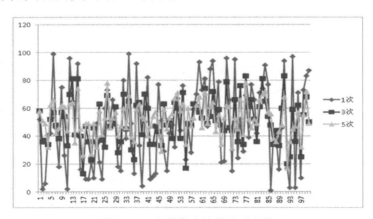

图 4-46　两种做法的曲线对比图

我们取 1~100 的 100 个随机数，然后计算 1 次平均值、3 次平均值和 5 次平均值。大家可以清晰地从图 4-46 中看出，1 次平均值波动较大，5 次平均值波动较小。

5 次平均值只有一次攻击超过了 80，它的大部分攻击在 20~80 之间，它的输出会更加稳定。

再来看一下对比，统计上述 3 种情况进行 4 次攻击的和，统计次数为 1000 次。从理论上来讲，我们进行 1~100 攻击的平均攻击为 50.5，4 次攻击和的期望值为 202。然后统计真实结果超过对比值的情况出现多少次，实例如图 4-47 所示。

O	P	Q	R
对比值	1次	3次	5次
180	634	786	810
220	365	317	244
260	162	53	8

图 4-47　统计真实结果超过对比值的情况出现多少次

我们发现一个非常明显的趋势，1 次平均值的结果超过 260 的次数是最多的，但超过 180 的次数是最少的。5 次平均值的结果超过 260 的次数非常少，超过 180 的次数是最多的。

换个角度来思考，把这个对比看成是一个杀怪过程。杀一个 260 生命值的怪物，用 1 次平均值的方法每 1000 次有 162 次可以用 4 次击杀怪物。但用 5 次平均值的方法，每 1000 次有 8 次可以用 4 次击杀怪物。同样的方式进行对比，杀一个 180 生命值的怪物。用 1 次平均值的方法每 1000 次有 634 次可以用 4 次击杀怪物，用 5 次平均值的方法有 810 次可以用 4 次击杀怪物。

用 1 次平均值的方法，我们有更大机会击杀生命值高的怪物，但击杀生命值低的怪物则要用相对更多的次数。5 次平均值则相反。从设计角度讲，我们希望玩家能更稳定地击杀生命值低的怪物，而面对生命值高的怪物时，玩家应该消耗更多的攻击次数来完成击杀。

4.5.4　怪物掉落

之前给大家介绍了几种掉落方式，下面介绍怪物掉落。怪物掉落一般使用的是进阶掉落，但也不是所有子集都进阶。

下面介绍一下我们的设计思路。首先，我们要规划所有的子集类型。举例进行说明。

1. 货币子集。这个子集是控制掉落货币的子集。怪物掉落的货币一般来说是不会有很大波动的，我们可以通过这个掉落来算出每个怪物的产出货币量，最终控制总产出符合我们的预期。这个货币子集可能根据怪物类型不同而不同。比如有些游戏人形生物掉落货币会比动物多，有些游戏动物、植物甚至是不掉落货币的。

2. 垃圾材料子集。早期游戏会有这样的设计，这类材料除了兑换货币之外没有任何作用。为什么会有这类设计，是因为当年的设计者希望通过这种丰富的材料产出来刺激玩家对自己背包空间的追求。这种垃圾材料对于掉落的意义从本质上说和货币子集是一样的，最终都是折算成货币的产出来衡量。

3. 材料子集。这里的材料包含普通材料和宝石等。如果有特殊需要，材料子集也可以分为多个子集。我们会根据材料的稀缺性来决定产出的量级，并且不会让玩家轻易获得珍稀材料。

4. **装备子集**。装备子集是玩家非常在意的一个掉落子集。一般情况下，我们会给玩家投放一些基础装备，让他们可以通过日常杀怪获得这些装备。稀有装备有严格的进阶掉落控制，玩家可以在击杀一定量的怪物后获得一件稀有装备。这样可以保证在一定时间内给玩家一个较大的收获，刺激玩家继续杀怪。

还有些游戏会根据自己的需求来分配其他的掉落子集，在这里也就不一一介绍了。设计的原理都是相通的，只要确定设计目的，控制好产出方式和产出量就可以了。

第 5 章　实现层进阶之路

本章会将之前的所讲内容融合在一起，搭建出一些数值表格。

5.1　游戏数值的数据结构

数据结构，就是使游戏中所有数据按照预定的设计进行计算并使之达成预期结果的规范。而游戏中大部分的数据，比如一个角色在 10 级的时候生命值是多少（包含装备影响）、击杀一个怪物后会得到哪些道具等，这些看似简单的问题实则涉及程序的算法和数据的调用。下面会对数据结构进行介绍。

5.1.1　游戏数据分类

所有游戏中涉及的数据都可分为两类——静态数据和动态数据。

静态数据是指最基本的保持稳定的数据。比如 1 级的角色对应的基础最大生命值，它是不会因为任何事件的变化而发生变化的，哪怕角色升级到了 2 级，那也只是对应的基础生命值变为了 2 级的数据，原来 1 级的数据是没有任何变化的。

动态数据则是指常常变化并且会受到事件影响和影响事件的数据。比如角色的当前生命值，在战斗中它是时时刻刻会被计算的数据，当角色的当前生命值小于等于 0 时会触发角色死亡事件。动态数据在某些条件下会调用到静态数据，而静态数据则不会受到动态数据的影响。

数值策划的一项非常重要的工作任务就是制定和维护静态数据的结构，填充和维护静态数据。所以我们一定要非常了解游戏的数据结构。

5.1.2　前后端数据结构

在实际工作中，我们会考虑到程序的架构来设计相应的数据结构。前面的章节也介绍过了程序分为前端和后端，而我们的数据也分为前端数据和后端数据。

在早期的端游时代，策划要分别维护前端数据和后端数据，最为头疼的是同一系统给前端的数据和后端的数据是有一定交集的两个集合，这给策划带来了巨大的维护成本。后来随着程序设计的发展，大部分游戏的数据也不需要再一式两份，策划也减少了维护过程可能出错的概率。

虽然数据只需要维护一份，但是这并不代表我们就可以不分前端数据和后端数据。只有了解程序的实现机制，你才可能做出切合实际的实现方案。否则你就算想得再怎么好，程序也会默默地回复你一句：这个功能无法实现。

一般来说，后端数据以运算动态数据和产出资源为主，而前端数据则以显示为主。比如掉落数据，前端一般是不会用到的，因为前端不会计算掉落的物品，全部由后端程序算好之后通过通信发送给前端。那么在游戏中看到怪物的掉落预览又是怎么实现的呢？这其实是策划又配置了一份数据给前端显示，其并不是掉落数据。

5.1.3 表格和配置文件

策划在日常工作中几乎 100% 使用 Excel 来维护数据（不要用 WPS 什么的）。而程序本身是通过读取配置文件来获取数据的。这就涉及从 Excel 到配置文件的转换问题。

目前笔者了解到的主流配置文件主要有 3 种形式：CSV 数据、XML、JSON。

1.CSV **数据**

如果你遇到这种格式的配置文件，那真是太幸运了。因为这是 Excel 自带的格式，策划只需要将表格保存为这样的格式就可以供程序调用了。

2.XML

XML 是一种可扩展标记语言，是标准通用标识语言的子集，它是一种用于标记电子文件使其具有结构性的标记语言。其结构如图 5-1 所示。

```
<?xml version="1.0" encoding="UTF-8" standalone="yes"?>
<items>
    <item itemNo="30110001" name="斩蛇之剑" description=
    "汉高祖梦中斩白蛇,成就一代帝业,佩剑即为斩蛇之剑,得之者能得天下" display="item_d_zhanshezhijian.png" icon=
    "item_i_zhanshezhijian.jpg" type="1" quality="5" useRequire="0" useRequireParam="0" useType="0" useTypeParam="0"
    baseHp="0" baseAtk="76" baseDef="0" baseWit="0" hpAdd="0" atkAdd="12" defAdd="0" witAdd="0" baseValue="10000"/>
    <item itemNo="30110002" name="诸葛连弩" description="能连续发射十支箭的弩,二十步内无敌" display=
    "item_d_zhugeliannu.png" icon="item_i_zhugeliannu.jpg" type="1" quality="5" useRequire="0" useRequireParam="0"
    useType="0" useTypeParam="0" baseHp="0" baseAtk="73" baseDef="0" baseWit="0" hpAdd="0" atkAdd="11" defAdd="0" witAdd=
    "0" baseValue="10000"/>
    <item itemNo="30110003" name="七星宝刀" description=
    "又称&quot;七宝刀&quot;,锋利无比,曹操持之刺杀董卓,是正义与勇气的象征" display="item_d_qixingbaodao.png" icon=
    "item_i_qixingbaodao.jpg" type="1" quality="5" useRequire="0" useRequireParam="0" useType="0" useTypeParam="0" baseHp
    ="0" baseAtk="72" baseDef="0" baseWit="0" hpAdd="0" atkAdd="10" defAdd="0" witAdd="0" baseValue="10000"/>
    <item itemNo="30120001" name="方天画戟" description="吕布的武器,战无不胜的象征,又被称为&quot;无双方天戟&quot;"
    display="item_d_fangtianhuaji.png" icon="item_i_fangtianhuaji.jpg" type="1" quality="4" useRequire="0"
    useRequireParam="0" useType="0" useTypeParam="0" baseHp="0" baseAtk="67" baseDef="0" baseWit="0" hpAdd="0" atkAdd=
    "10" defAdd="0" witAdd="0" baseValue="8000"/>
    <item itemNo="30120002" name="雌雄双剑" description="刘备的爱剑,攻防一体,中正平和的天子之器" display=
    "item_d_cixiongshuangjian.png" icon="item_i_cixiongshuangjian.jpg" type="1" quality="4" useRequire="0"
    useRequireParam="0" useType="0" useTypeParam="0" baseHp="0" baseAtk="62" baseDef="0" baseWit="0" hpAdd="0" atkAdd="8"
     defAdd="0" witAdd="0" baseValue="8000"/>
    <item itemNo="30120003" name="青龙偃月刀" description=
    "又名&quot;冷艳锯&quot;,重八十一斤,陪伴关羽征战一生,饱饮豪杰鲜血" display="item_d_qinglongyanyuedao.png" icon=
    "item_i_qinglongyanyuedao.jpg" type="1" quality="4" useRequire="0" useRequireParam="0" useType="0" useTypeParam="0"
    baseHp="0" baseAtk="65" baseDef="0" baseWit="0" hpAdd="0" atkAdd="10" defAdd="0" witAdd="0" baseValue="8000"/>
    <item itemNo="30120004" name="丈八蛇矛" description="长一丈八寸的蛇形长矛,破军截阵,无往而不利" display=
    "item_d_zhangbashemao.png" icon="item_i_zhangbashemao.jpg" type="1" quality="4" useRequire="0" useRequireParam="0"
    useType="0" useTypeParam="0" baseHp="0" baseAtk="65" baseDef="0" baseWit="0" hpAdd="0" atkAdd="10" defAdd="0" witAdd=
    "0" baseValue="8000"/>
    <item itemNo="30120005" name="青釭剑" description="曹操的爱剑,斩金截铁,锋利无比,为夏侯恩携带,后被赵云夺走"
    display="item_d_qinggangjian.png" icon="item_i_qinggangjian.jpg" type="1" quality="4" useRequire="0" useRequireParam=
    "0" useType="0" useTypeParam="0" baseHp="0" baseAtk="64" baseDef="0" baseWit="0" hpAdd="0" atkAdd="9" defAdd="0"
    witAdd="0" baseValue="8000"/>
```

图 5-1　XML 语言的结构

在这里强烈建议让项目组的程序员提供专门的转化数据的工具，其实也花费不了他们太多时间，这样策划只需要学习使用方法就可以了。不建议策划自己去找工具转化数据，因为程序员在做转化工具的同时会根据项目自身的特性来做一定的特殊处理，而现有开源的工具都是对定制格式的 XML 进行处理的，未必适合你的项目。

拿到工具之后建议策划自己多测试几次，出现问题可以让程序员立即解决，以免后期因为工具出问题而导致重大工作失误，这将会给项目带来巨大的损失。

3.JSON

JSON 是一种轻量级的数据交换格式。它是基于 ECMAScript 的一个子集。JSON 采用完全独立于语言的文本格式，但是也使用了类似于 C 语言家族的习惯（包括 C、C++、C#、Java、JavaScript、Perl、Python 等）。这些特性使 JSON 成为理想的数据交换语言，易于阅读和编写，同时也易于机器解析和生成（一般用于提升网络传输速率）。其结构如图 5-2 所示。

```
{
    "10001": {
        "id": "10001",
        "name": "普通宝箱",
        "args": [
            "20001",
            "1",
            "100",
            "",
            "",
            "",
            "",
            "",
            "",
            ""
        ]
    },
    "10002": {
```

图 5–2   JSON 语言的结构

JSON 可以说是目前使用率最高的配置文件格式，转换工具也很成熟。策划只需掌握工具的使用方法即可。

5.1.4   配置文件路径和多版本维护

我们通过工具就可以把表格变为配置文件，之后就要把它放到程序指定的路径下面，这样程序才能读取这个配置文件，使数据最终在游戏中得以体现。配置文件的路径由于项目不同差异会非常大，笔者在这里也无法给出一致的答案。不过大家也不用担心这个问题，不管是前端程序还是后端程序，这个路径的位置都是不会变化的。所以在实际工作过程中，只要记住它就可以了。

多版本维护是一个令版本策划都非常头疼的问题。由于不同的版本内容所对应的配置文件也会有很大差异，所以如何管理不同版本的配置文件其实是非常烦琐的工作。在这里给大家提几点建议和意见，会对大家有所帮助。

1. 做好记录

大家上学的时候都会做一件事就是记笔记，笔记可以记录某个时间点的某些事情。我们维护版本的时候也需要记录一些由于版本不同而进行了维护的数据笔记。

此外一定要注意与"母版本"的对应情况，分支版本其实都是对"母版本"的不同映射。一旦"母版本"更新了，我们一定要注意对应更新相应版本。

比如当前"母版本"的程序版本编号为 1.1.0，发行范围为国内大陆，发行平台为 iOS。那我们的内部数据版本编号就应该是 1.1.0_大陆_ios。我们可以根据不同程序版本、发行范围和发行平台得到不同的数据版本编号。

2. 差异化更新

我们可以根据各个版本和"母版本"差异情况来更新，没必要全部整体更新，这样带来的工作量较大并且没有太大意义。比如有的游戏，iOS 版本可能会给一些安卓版本没有的礼包，那我们大可把道具都统一为一个配置文件，只在投放对应的表格中做出差异即可。这样一来，道具的编号也可以涵盖所有的版本，避免出现不同版本相同道具编号对应的不是同一道具的情况。

3. 留意文件大小

维护好版本后千万把配置文件的大小都记录一下，这样可以发现一些不当操作导致配置文件的容量发生变化的错误。游戏的配置文件的大小一般都在几十兆以下，一旦超出这个范围就应当留意是否出现了问题。

5.2 静态数据简析

本节介绍静态数据，我们还是以 MMORPG 为模板，列举角色、装备、技能、BUFF、怪物等这几个系统的静态数据。

5.2.1 角色基础属性表

一般的 MMORPG 游戏的角色会拥有如下属性。

1. 生命值上限

生命值是衡量角色健康情况的数值，表格中的数据代表角色在当前等级的基础生命值上限。角色的生命值是不可能超出生命值上限的，但生命值上限可以受到装备、技能等系统的影响。

2. 魔法值上限

魔法值是判断技能能否释放的数值条件。表格中的数据表示角色在当前等级的基础魔法值上限。同样地，魔法值也是不能超出上限的，它也会受到装备、技能等系统的影响。

3. 最小物理攻击

最小物理攻击是角色基础物理攻击的最小值。

4. 最大物理攻击

最大物理攻击是角色基础物理攻击的最大值。

5. 最小魔法攻击

最小魔法攻击是角色基础魔法攻击的最小值。

6. 最大魔法攻击

最大魔法攻击是角色基础魔法攻击的最大值。

7. 物理防御

物理防御是用来计算物理伤害的防御参数。

8. 魔法防御

魔法防御是用来计算魔法伤害的防御参数。

9. 命中

命中是用来计算命中公式的参数。

10. 闪避

闪避是用来计算命中公式的参数。

11. 暴击

暴击是用来计算暴击公式的参数。

12. 抗暴击

抗暴击是用来计算暴击公式的参数。

13. 等级

等级是用来标示每一级的数据指引列的。

以上字段的数据类型全部为整型数据或浮点型数据。数据表最终的结构如图 5-3 所示。

	A	B	C	D	E	F	G	H	I	J	K	L	M	N	O	P	Q
1	级别	战士生命	战士魔法	战士最小物攻	战士最大物攻	战士最小魔攻	战士最大魔攻	战士物防	战士魔防	战士命中	战士回避	法师生命	法师魔法	法师最小物攻	法师最大物攻	法师最小魔攻	法师最大魔攻
2	Level	HP1	MP1	PhyAtkMin1	PhyAtkMax1	MagAtkMin1	MagAtkMax1	PhyDef1	MagDef1	Hit1	Miss1	HP2	MP2	PhyAtkMin2	PhyAtkMax2	MagAtkMin2	MagAtkMax2
3	1	360	252	3	5	3	5	22	14	100	100	306	432	240	360	6	9
4	2	378	265	160	240	4	5	23	15	105	105	321	454	240	360	6	9
5	3	396	277	160	240	4	6	24	15	110	110	337	475	240	360	6	10
6	4	414	290	160	240	4	6	25	16	115	115	352	497	240	360	7	10
7	5	432	302	160	240	4	6	26	17	120	120	367	518	240	360	7	10
8	6	450	315	160	240	4	6	28	18	125	125	383	540	240	360	7	11
9	7	468	328	160	240	4	7	29	18	130	130	398	562	240	360	7	11
10	8	486	340	160	240	5	7	30	19	135	135	413	583	240	360	8	12
11	9	504	353	160	240	5	7	31	20	140	140	428	605	240	360	8	12
12	10	522	365	160	240	5	7	32	20	145	145	444	626	240	360	8	13
13	11	540	378	160	240	5	8	33	21	150	150	459	648	240	360	9	13
14	12	558	391	160	240	5	8	34	22	155	155	474	670	240	360	9	13
15	13	576	403	160	240	5	8	35	22	160	160	490	691	240	360	9	14
16	14	594	416	160	240	6	8	36	23	165	165	505	713	240	360	10	14
17	15	612	428	160	240	6	9	37	24	170	170	520	734	240	360	10	15
18	16	630	441	160	240	6	9	39	25	175	175	536	756	240	360	10	15
19	17	648	454	160	240	6	9	40	25	180	180	551	778	240	360	10	16
20	18	666	466	160	240	6	9	41	26	185	185	566	799	240	360	11	16

图 5-3　数据表最终的结构

在这里我们将不同职业的属性以平铺的方式展开，并不是所有游戏都会采用这样的设计，有的游戏是用一个字段标示职业，然后罗列所有职业的属性。这里不用过于纠结这个方式，只要保证数据可以正确地被程序解析并且字段符合设计要求即可。

5.2.2　装备属性表

在这里尽量列举较多的属性供大家借鉴，字段如下。

1. 装备 ID

装备在该表中的唯一标识编号，不能有重复编号。数据类型：根据项目情况来决定，一般来说是整型。

2. 装备名称

装备用于显示的名称，可以有相同名称的道具。数据类型：文本。

3. 装备类型

代表装备的位置，不同的位置用不同的数字加以区分。数据类型：整型。对应位置如下。

11：武器（只有一件武器，没有主副手之分）

1：手套（唯一）

2：项链（唯一）

3：头盔（唯一）

4：衣服（唯一）

　　5：护肩（唯一）

　　6：裤子（唯一）

　　7：鞋子（唯一）

　　8：腰带（唯一）

　　21：戒指（两个）

　　22：首饰（两个）

4. 性别需求

代表装备需求的性别要求，视游戏情况来设置这个字段。数据类型：整型。对应关系如下。

　　1：男；2：女；0：通用

5. 职业需求

代表装备需求的职业要求。数据类型：文本。对应关系如下。

　　1：战士

　　2：法师

　　3：牧师

　　4：刺客

　　1,2,3,4：通用

6. 图标编号

代表装备显示在背包中的图标编号。数据类型：文本。这个字段需要和程序协商是填充完整路径下的图标编号，还是只填充文件夹下的图标编号。不管是哪种方式，只要程序可以解析即可。

7. 最小物理攻击

等同角色基础属性表中的相同字段。

8. 最大物理攻击

等同角色基础属性表中的相同字段。

9. 最小魔法攻击

等同角色基础属性表中的相同字段。

10. 最大魔法攻击

等同角色基础属性表中的相同字段。

11. 物理防御

等同角色基础属性表中的相同字段。

12. 魔法防御

等同角色基础属性表中的相同字段。

13. 生命值上限

等同角色基础属性表中的相同字段。

14. 魔法值上限

等同角色基础属性表中的相同字段。

15. 命中

等同角色基础属性表中的相同字段。

16. 闪避

等同角色基础属性表中的相同字段。

17. 暴击

等同角色基础属性表中的相同字段。

18. 抗暴击

防御暴击的防御属性。数据类型：整型。

19. 生命自动恢复

装备自带的回血属性，由于会对消耗品产生较大影响，所以较少游戏会制作这类道具。数据类型：整型。

20. 魔法自动恢复

参考上述生命自动恢复。数据类型：整型。

21. 背击伤害

当角色面向目标背面发动攻击的时候才会附加的伤害，这个属性的前提条件是游戏可以区分角色朝向目标背面还是正面。目前来看，较少游戏采用这种设计。数据类型：整型。

22. 移动速度

移动速度是游戏中非常敏感的数值,一般游戏不会加这个属性。数据类型:视情况而定。

23. 晕眩时间减少百分比

可以减少目标晕眩时间的神奇属性,由于属性价值较高,所以要控制投放尺度。数据类型:整型。

24. 暴击增伤百分比

当暴击之后伤害可以增幅的百分比。数据类型:整型。

25. 暴击减伤百分比

被暴击之后可以减免的伤害百分比。数据类型:整型。

26. 暴击增伤固定值

当暴击之后伤害可以增幅的固定值。数据类型:整型。

27. 暴击减伤固定值

被暴击之后可以减免伤害的固定值。数据类型:整型。

28. 物理伤害减免百分比

增幅减免物理伤害的百分比的数值。数据类型:整型。

29. 魔法伤害减免百分比

增幅减免魔法伤害的百分比的数值。数据类型:整型。

30. 物理伤害减免固定值

减免物理伤害的固定值的数值。数据类型:整型。

31. 魔法伤害减免固定值

减免魔法伤害的固定值的数值。数据类型:整型。

32. 攻击回生命

攻击目标后自己恢复的生命值。数据类型:整型。

33. 攻击回魔法

攻击目标后自己恢复的魔法值。数据类型:整型。

34. 攻击吸血

攻击目标后按照伤害或攻击的百分比来恢复自身生命值。数据类型：整型。

35. 攻击吸魔

攻击目标后按照伤害或攻击的百分比来恢复自身魔法值。数据类型：整型。

36. 最大生命值百分比增加生命值上限

按生命值的最大值的百分比增加生命值上限，具体增加的生命值范围视情况而定。数据类型：整型。

37. 最大魔法值百分比增加魔法值上限

按魔法值的最大值的百分比增加魔法值上限，具体增加的魔法值范围视情况而定。数据类型：整型。

38. 最大生命值百分比恢复生命值

按生命值的最大值的百分比来恢复生命值。数据类型：整型。

39. 最大魔法值百分比恢复魔法值

按魔法值的最大值的百分比来恢复魔法值。数据类型：整型。

40. 物理伤害反弹百分比

按自己承受的物理伤害的百分比来反弹伤害给敌方。数据类型：整型。

41. 魔法伤害反弹百分比

按自己承受的魔法伤害的百分比来反弹伤害给敌方。数据类型：整型。

42. 增加某技能等级

增加指定技能的等级。数据类型：整型。

43. 最终伤害减免 ×××（绝对值）

最终伤害的绝对减免。数据类型：整型。

44. 无视目标物理防御 × 点

计算角色攻击造成的物理伤害的时候，降低目标物理防御。数据类型：整型。

45. 无视目标魔法防御 × 点

计算角色攻击造成的魔法伤害的时候，降低目标魔法防御。数据类型：整型。

46. 提高打怪经验值 ×%

早期游戏运用较多的属性，之后的游戏不强调杀怪，所以这个属性目前使用较少。数据类型：整型。

47. 装备描述

描述装备的文本信息。数据类型：文本。

48. 装备品质

描述装备品质的数值，品质越高装备属性价值越高。数据类型：整型。

看到这里大家会发现有些字段的数据类型应该是浮点型数据。这里建议大家尽量不要直接用浮点型数据，因为程序内部的浮点型数据运算有一定的误差。如果我们需要用浮点型数据，可以填充整型，然后让程序在调用这个数据之前除以 100，这样就得到了我们想要的浮点型数据。而有些时候百分位的计算是不能满足设计的需求的，所以我们会设置数据为万分位级别，也就是说我们填充的是万分之几，比如我们填充 100，那代表的是万分之 100，也就是百分之一。

5.2.3　技能表

技能表包含了技能的相关战斗数据，我们在这里不列举技能成长的数据。字段如下。

1. 技能 ID

技能在该表中的唯一标识编号，不能有重复编号。数据类型：视项目情况来决定，一般来说是整型。

2. 技能名称

技能用于显示的名称，可以有相同名称的技能。数据类型：文本。

3. 技能基础 ID

这个字段用来标示属于同一系列的技能，具体使用情况视项目需求来决定。数据类型：视项目情况来决定。

4. 技能等级

用于标示技能的等级。数据类型：整型。

5. 技能描述

描述技能的文本信息。数据类型：文本。

6. 技能分类

按系统划分的技能分类。数据类型：整型。对应关系如下。

0：基础技能

1：职业技能

2：帮会技能

3：生活技能

4：宠物技能

5：怪物技能

6：修真技能

7. 技能类型

按功能划分的技能分类。数据类型：整型。对应关系如下。

0：主动技能

1：被动技能

2：骑乘技能

3：回城技能

4：召唤宠物

5：手动技能

6：召唤技能

7：打坐技能

8：反击技能

8. 目标类型

对技能的目标分类。数据类型：整型。对应关系如下。

0：自己

1：友好目标

2：敌对目标

3：死亡目标

4：主人

9. 施法类型

技能释放的类型。数据类型：整型。对应关系如下。

0：瞬发技能

1：吟唱技能

2：引导技能

3：移动吟唱技能

4：移动引导技能

5：持续攻击陷阱

6：触发式陷阱

7：无

10. 技能范围类型

技能范围的类型区分。数据类型：整型。对应关系如下。

0：单体技能

1：自己周围 AOE 技能

2：自己周围一定角度 AOE 技能

3：选中目标周围的 AOE 技能

4：某个坐标周围的 AOE 技能

11. 是否是引导类技能

是否是引导类技能。数据类型：布尔。

12. 是否是骑乘时可释放的技能

当角色骑乘坐骑时是否可使用该技能。数据类型：布尔。

13. 是否是投掷类技能

是否是投掷类技能。数据类型：布尔。

14. 是否是冲锋类技能

是否是冲锋类技能。数据类型：布尔。

15. 是否是瞬移类技能

是否是瞬移类技能。数据类型：布尔。

16. 是否是跳跃类技能

是否是跳跃类技能。数据类型：布尔。

17. 是否是拉人类技能

是否是拉人类技能。数据类型：布尔。

18. 是否是推人类技能

是否是推人类技能。数据类型：布尔。

19. 召唤怪物 ID

如果技能可以召唤怪物的话就在这里填写怪物的相关信息，没有的话不需要填写。数据类型：文本。

20. 背后伤害加成

当技能是面向敌方背后释放的时候会增加的伤害百分比。数据类型：整型。

21. 技能动作资源编号

技能释放时角色对应的动作资源编号，具体情况会根据项目情况做不同处理，比如有些游戏会根据职业、武器等做多套动作集合，这就需要和程序一起商量一个方法来让他们可以解析到数据。数据类型：文本。

22. 动作随机

有些游戏就算对同一种动作也会做不同的随机，这个字段用来配置随机的范围。数据类型：整型。

23. 动作时间

技能动作从开始到结束的时间。数据类型：整型。

24. 技能是否可以被打断

标示技能是否可以被打断。数据类型：布尔。

25. 吟唱时间

技能开始前的吟唱时间。数据类型：整型。

26. 吟唱动作资源编号

吟唱时对应的动作资源编号。数据类型：文本。

27. 吟唱特效资源编号

吟唱时对应的特效资源编号。数据类型：文本。

28. 攻击特效资源编号

攻击时对应的特效资源编号。数据类型：文本。

29. 轨迹特效资源编号

如果技能附带轨迹的话，是轨迹对应的特效资源编号。数据类型：文本。

30. 命中特效资源编号

技能命中目标后对应的特效资源编号。数据类型：文本。

31. 消耗生命值

技能消耗生命值的数值。数据类型：文本。

32. 消耗魔法值

技能消耗魔法值的数值。数据类型：文本。

33. 最小施法距离

释放技能距离目标的最小距离。数据类型：文本。

34. 最大施法距离

释放技能距离目标的最大距离。数据类型：文本。

35. 最大目标数量

技能可以攻击到目标的数量上限。数据类型：文本。

36.AOE 半径

范围技能攻击的半径。数据类型：文本。

37.AOE 角度

范围技能的角度。数据类型：文本。

38. 技能冷却类型

技能冷却类型相同的技能会共同进入技能冷却时间，比如大部分游戏会将不同等级瞬时恢复生命的药水设置为同一个技能冷却类型。（道具使用视为释放了一个技能）这样玩家在游戏中使用任一瞬间恢复生命的药水后，其他瞬间恢复生命的药水都会进入冷却时间，从而控制药水对生命的恢复速度。数据类型：整型。

39. 技能冷却时间

技能冷却所需的时间。数据类型：整型。

40. 附加 BUFF

技能附带 BUFF 的编号，可能是多个也可能是一个。数据类型：文本。

41. 附加 BUFF 的概率

附带 BUFF 的概率，数量需要和之前的附带 BUFF 所匹配。数据类型：文本。

42. 附加 BUFF 目标

技能附带 BUFF 的目标选择，数量需要和之前的附带 BUFF 所匹配。数据类型：文本。对应关系如下。

> 0：自己
>
> 1：友好目标
>
> 2：敌对目标
>
> 3：死亡目标
>
> 4：主人

43. 伤害类型

技能造成的伤害是哪种类型，一般游戏分物理和魔法，也有游戏会做更细致的划分。数据类型：整型。

44. 仇恨值

这个字段和怪物 AI 系统有联系，没有仇恨体系的话就不需要这个字段。数据类型：整型。

45. 伤害次数

不同游戏对这个字段的处理差别很大，有些游戏只是将一次伤害分为 N 次显示，有些游戏则是计算 N 次伤害。具体情况要视游戏情况而定。数据类型：整型。

46. 基础百分比

这个字段指技能继承了多少比例的普通攻击的攻击，比如 1.2 就代表技能有 1.2 倍普通攻击的基础攻击，但这并不是最终的技能攻击。数据类型：浮点型。

47. 技能附加最小攻击

技能在计算基础百分比之后的最小攻击固定值增量。数据类型：整型。

48. 技能附加最大攻击

技能在计算基础百分比之后的最大攻击固定值增量。数据类型：整型。

49. 技能图标

技能图标。数据类型：文本。

5.2.4　BUFF 表

BUFF 指的是游戏中的状态，一般代指有益的状态，相对应的 DEBUFF 代指有害的状态。但数据是统一配置在 BUFF 表中的。一般的 BUFF 表会有如下字段。

1. BUFFID

BUFF 在该表中的唯一标识编号，不能有重复编号。数据类型：视项目情况来决定，一般来说是整型。

2. BUFF 名称

BUFF 用于显示的名称，可以有相同名称的 BUFF，但由于某些 BUFF 只附属在技能上，所以并不是所有 BUFF 的名称都会被显示。数据类型：文本。

3. BUFF 等级

用于标示 BUFF 的等级。数据类型：整型。

4. BUFF 的向性类型

用于标示 BUFF 对于角色的作用。数据类型：整型。对应关系如下。

　0：BUFF

　1：DEBUFF

　2：被动 BUFF

5. BUFF 的显示信息

描述 BUFF 的文本信息。数据类型：文本。

6. BUFF 的图标资源

BUFF 对应的图标资源，由于不同游戏的显示需求不同，具体配置几个图标要根据项目需求而定。数据类型：文本。

7. BUFF 的特效资源

不同游戏的 BUFF 特效实现机制不同会带来不同的配置方式，比如有些游戏会在角色脚下、胸前、头顶都有特效，这就需要美术、程序来一起制定一个实现和配置方案。数据类型：文本。

8. BUFF 的互斥类型

同一类型的 BUFF 不能同时存在，它们互为互斥关系。数据类型：整型。

9. BUFF 的持续时间

BUFF 存在的时间。数据类型：整型。

10. BUFF 的作用时间

BUFF 每隔多久生效一次的时间。数据类型：整型。

11. BUFF 禁用技能列表

这里用来填写 BUFF 可以对哪些技能产生禁用效果。有些游戏甚至会做进一步细分，比如禁用药水或禁用某种类型的技能。运用过程中，可视具体情况来划分数值表示的技能 ID 的范围。数据类型：整型。

12. 是否可以被移动打断

移动是否可以打断 BUFF 的持续。数据类型：整型。

13. 是否可以被攻击打断

攻击是否可以打断 BUFF 的持续。数据类型：整型。

14. 是否死亡消失

死亡是否可以打断 BUFF 的持续。数据类型：整型。

15. 属性池编号

属性池是指游戏中所有属性的集合，为了方便使用，我们给不同属性赋予不同的编号。数据类型：整型。属性池编号示例如图 5-4 所示。

	A	B	C	D
1	流水号	中文名	字段名	价值
2	1	力量	Str	50
3	2	灵气	Int	50
4	3	体质	Vit	50
5	4	定力	Sta	50
6	5	身法	Dex	50
7	6	最小物理攻击	MinPhyAtk	20
8	7	最大物理攻击	MaxPhyAtk	20
9	8	最小魔法攻击	MinMagAtk	20
10	9	最大魔法攻击	MaxMagAtk	20
11	10	物理防御	PhyDef	15
12	11	魔法防御	MagDef	15
13	12	命中	HIT	20
14	13	闪避	Dodge	20
15	14	地元素攻击	ElementAtk1	60
16	15	水元素攻击	ElementAtk2	60
17	16	风元素攻击	ElementAtk3	60
18	17	火元素攻击	ElementAtk4	60
19	18	地元素防御	ElementDef1	80
20	19	水元素防御	ElementDef2	80
21	20	风元素防御	ElementDef3	80

图 5-4　属性池编号示例

16. 属性池属性值

表示对应的属性值是多少。比如属性池编号对应的是防御，属性值字段对应 100，就代表提升防御 100。数据类型：整型。

17. 属性池参数

备用字段，根据游戏的特殊需求而使用的字段。数据类型：整型。

5.2.5　怪物表

怪物表中包含了普通怪物和 BOSS 怪物的数据，字段如下。

1. 怪物 ID

怪物在该表中的唯一标识编号，不能有重复编号。数据类型：视项目情况来决定，一般来说是整型。

2. 怪物名称

怪物用于显示的名称，可以有相同名称的怪物。数据类型：文本。

3. 标注

用于策划自己对怪物的描述，在游戏中不会被调用。数据类型：文本。

4. 强度

根据游戏需求对怪物强度的划分，常规做法分 3 挡：普通怪、精英怪和 BOSS 怪。数据类型：整型。

5. 称号

怪物头顶上的称号。数据类型：文本。

6.AI 行为

根据游戏 AI 设计来划分，一般做法分为主动怪和被动怪。数据类型：整型。

7. 阵营

相同阵营的怪物不会互相攻击，不同阵营的怪物可以互相攻击，所以一定要划分好不同阵营的编号。数据类型：整型。

8. 类型

怪物的类型划分，这里是广义的怪物划分。数据类型：整型。

0：普通怪

1：多次采集怪

2：单次采集怪

3：建筑怪

4：尸体

9. 掉落编号

用来标示怪物掉落物品集合的编号。数据类型：整型。

10. 模型路径

怪物模型的路径，用于控制怪物的外观形象。数据类型：文本。

11. 头像

怪物的头像。数据类型：文本。

12. 攻击间隔

怪物两次普通攻击之间的攻击间隔时间。数据类型：整型。

13. 怪物音效

怪物在不同时间会触发不同的音效，具体情况视项目情况来填充。数据类型：文本。

14. 复活时间

怪物死亡后距离下次出生的时间。数据类型：整型。

15. 追击半径

AI 相关字段，追击玩家角色超过这个半径之后，怪物会回归自己原来的位置。数据类型：整型。

16. 怪物视野

AI 相关字段，决定怪物可以看到玩家并发动攻击的距离。数据类型：整型。

17. 怪物等级

怪物等级。数据类型：整型。

18. 经验值

怪物附带的经验值。数据类型：整型。

19. 移动速度

怪物的移动速度。数据类型：整型。

20. 技能编号

怪物可以使用的技能编号，可能是多个技能也可能是一个技能。数据类型：整型。

21. 技能概率

用于标示对上述技能发动的概率，数据要和技能数量匹配。数据类型：整型。

22. 附带脚本

AI 相关字段，有特殊行为的怪物会拥有自己的专属脚本。数据类型：文本。

小结：

虽然以上列举了较多属性，但是也不可能满足所有游戏的需求，静态数据中的字段设计要结合具体的项目需求，大家要活学活用，千万不要人云亦云。

5.3　实战设计

5.3.1　确定设计方向

如果把做游戏看成是一场"战争"的话，设计方向就是战略决策，而数值的细节设计就是战术决策。战略就是要对全局性、高层次的重大问题进行指导的方针；而战术则是围绕战略，准备和实施战斗的理论与实践。就像策划领会了项目立项所确定的设计大方向一样，结合这个大方向设计出具体的实现方案，然后向程序和美术下达"战斗任务"，项目管理人员再根据大家的反馈时间来制订计划，此外还要考虑需要哪些资源来保证这场"战争"可以按时完成。

下面模拟一个简易版 MMORPG 游戏的制作过程，做出一个战斗数值表格模型。

在这里说明一下，下面用到的字段都是和数值相关的，资源类的配置暂时不考虑。

我们先来明确几个设计前提。

1. 游戏拥有 4 个职业：战士、法师、牧师、刺客。

2. 角色用到的字段如下：等级、生命值上限、魔法值上限、最小物理攻击、最大物理攻击、最小魔法攻击、最大魔法攻击、物理防御、魔法防御、命中、闪避。

3. 装备用到的字段如下：装备 ID、装备名称、装备类型、装备品质、职业需求、生命值上限、魔法值上限、最小物理攻击、最大物理攻击、最小魔法攻击、最大魔法攻击、物理防御、魔法防御、命中、闪避、暴击。

4. 技能用到的字段如下：技能 ID、技能名称、技能等级、技能类型、目标类型、施法类型、技能范围类型、动作时间、吟唱时间、消耗魔法值、施法距离、AOE 半径、技能冷却时间、附加 BUFF、附加 BUFF 的概率、附加 BUFF 目标、伤害类型、命中、暴击、基础百分比、技能附加最小攻击、技能附加最大攻击。

5. BUFF 用到的字段如下：BUFFID、BUFF 名称、BUFF 等级、BUFF 的向性类型、BUFF 的互斥类型、BUFF 的持续时间、BUFF 的作用时间、生命值上限、魔法值上限、最小物理攻击、最大物理攻击、最小魔法攻击、最大魔法攻击、物理防御、魔法防御、命中、闪避、暴击。

6. 怪物用到的字段如下：怪物 ID、怪物名称、强度、类型、攻击间隔、怪物等级、技能编号、技能概率、生命值上限、魔法值上限、最小物理攻击、最大物理攻击、最小魔法攻击、最大魔法攻击、物理防御、魔法防御、命中、闪避、暴击。

7. 人物等级上限为 60 级。

5.3.2 角色属性

RPG 游戏的成长都是"以人为本"的，角色属性是其他属性设计的基础。之前的章节我们提到过职业定位的设计，我们游戏的职业定位如图 5-5 所示。

能力->	生命值	攻击力	输出能力	回复能力	控制能力	辅助能力	综合评分		评级	分值
职业									A	120
战士	A	A	B	C	C	C	650		B	110
法师	C	A	A	C	A	B	670		C	100
刺客	B	B	B	C	C	B	670			
牧师	C	C	C	A	B	A	650			

图 5-5　游戏的职业定位

接下来按属性次序逐个设计，最先设计的是生命值和攻击这两个属性。为什么要先设计这两个属性？因为它们是影响战斗时间的基础参数。

试想一下基础战斗：两个没有任何装备，不用任何技能的 1 级角色互相 PK，此时它们所有的属性都被初始化为 0，我们开始依次设置属性的值，这就是最原始的战斗模型。

站在玩家角度考虑，他们最希望的战斗结果是怎样的？相信大部分玩家都是喜欢一刀秒杀的感觉。这是由战斗最核心的因素战斗时间来控制的，战斗时间是指角色在和敌方对战时，直到一方死亡所用的时间。由于战斗双方的技能和装备的限制，会出现很多种不同强度属性的战斗时间。在设计之初，我们按没有防御，不用任何技能设置，只有攻击值和生命值两个属性而设计的战斗时间为基础战斗时间。之后我们会考虑装备、技能等因素计算出更为真实的战斗时间，然后修改相关的数据来调整数值的平衡。

1. 生命值上限

在这里我们将基础战斗时间设置为 60 秒。为了方便计算，将所有职业的基础攻击时间设置为 1 秒，可以得出"标准裸体人"生命值和攻击值的比值为 60 倍。我们先设置"标准裸体人"生命初始值为 360，之后每级提升 5% 的生命值，每个职业对应"标准裸体人"有一个换算系数，如图 5-6 所示。

	A	B	C	D	E	F	G	H	I	J	K	L
		战士	法师	牧师	刺客		class	标准人	战士	法师	牧师	刺客
1												
2	系数	1	0.85	0.88	0.9		1	360	360	306	317	324
3							2	378	378	321	333	340
4	基础值	360					3	396	396	337	348	356
5	成长值	18					4	414	414	352	364	373
6							5	432	432	367	380	389
7							6	450	450	383	396	405
8							7	468	468	398	412	421
9							8	486	486	413	428	437
10							9	504	504	428	444	454
11							10	522	522	444	459	470
12							11	540	540	459	475	486
13							12	558	558	474	491	502
14							13	576	576	490	507	518
15							14	594	594	505	523	535
16							15	612	612	520	539	551
17							16	630	630	536	554	567
18							17	648	648	551	570	583
19							18	666	666	566	586	599
20							19	684	684	581	602	616
21							20	702	702	597	618	632

图 5-6　各等级各职业对应的生命值上限

从图 5-6 中可以看到，我们按等级罗列了标准人的生命值，再根据之前的职业定位，给出各个职业的对应系数。最高的是战士，依次是刺客、牧师和法师。

在这里设置的系数之间的差距并不是太大，因为我们并不想在基础属性上做太大的职业差异。

而在等级成长上，我们采用了线性的增长模式，因为我们不希望在人物属性上做阶段式的爆发成长。一般来说，这种爆发成长都是做在其他成长系统中的，这样可以刺激玩家对其他成长系统的追求。

2. 魔法值上限

接下来设计魔法值上限，魔法值上限是一个比较特殊的属性，一般情况下它对战斗没有直接影响，它的作用在于影响技能的使用，从而影响之前所说的技能序列。所以设计它的关键因素不在于数值自身的大小，而在于它的消耗速率和补给速率。如果游戏本身不希望对魔法值做一些策略玩法，那么我们大可把补给速率设置得大于消耗速率。在这里，先设置一个值，后面再对这个消耗速率和补给速率来进行专门的设计。

我们设置"标准裸体人"魔法初始值为200，之后每级提升5%的魔法值，每个职业对应"标准裸体人"有一个换算系数，如图5-7所示。

	A	B	C	D	E	F	G	H	I	J	K	L	M	N
		战士	法师	牧师	刺客		class	标准人	战士	法师	牧师	刺客		平均
1														
2	系数	0.7	1.2	1.1	0.85		1	200	140	240	220	170		192.5
3							2	210	147	252	231	179		202.25
4	基础值	200					3	220	154	264	242	187		211.75
5	成长值	10					4	230	161	276	253	196		221.5
6							5	240	168	288	264	204		231
7							6	250	175	300	275	213		240.75
8							7	260	182	312	286	221		250.25
9							8	270	189	324	297	230		260
10							9	280	196	336	308	238		269.5
11							10	290	203	348	319	247		279.25
12							11	300	210	360	330	255		288.75
13							12	310	217	372	341	264		298.5
14							13	320	224	384	352	272		308
15							14	330	231	396	363	281		317.75
16							15	340	238	408	374	289		327.25
17							16	350	245	420	385	298		337
18							17	360	252	432	396	306		346.5
19							18	370	259	444	407	315		356.25
20							19	380	266	456	418	323		365.75
21							20	390	273	468	429	332		375.5

图5-7　各等级各职业对应的魔法值上限

3. 最小物理攻击和最大物理攻击

根据之前生命值和攻击值的比值可以得出"标准裸体人"的攻击初始值为6，之后每级提升5%的攻击值。这里的物理攻击其实是预期的平均攻击，而实际的攻击是有最大物理攻击和最小物理攻击两个值的，我们设置两个系数对应最大物理攻击和最小物理攻击，分别为120%和80%，如图5-8所示。

	A	B	C	D	E	F	G	H	I	J	K	L	M	N	O	P	Q	R	S	T	U	V	W	X
1		战士	法师	牧师	刺客		class	标准人	战士	法师	牧师	刺客		max	战士	法师	牧师	刺客		min	战士	法师	牧师	刺客
2	系数	1.1	0.7	0.7	0.9		1	6	6.6	4.2	4.2	5.4		8	5	5	6			5	3	3	4
3							2	6.3	6.93	4.41	4.41	5.67		8	5	5	6			5	4	4	5
4	基础值	6					3	6.6	7.26	4.62	4.62	5.94		9	6	6	7			6	4	4	5
5	成长值	0.3					4	6.9	7.59	4.83	4.83	6.21		9	6	6	7			6	4	4	5
6							5	7.2	7.92	5.04	5.04	6.48		10	6	6	8			6	4	4	5
7	最大系数	120%					6	7.5	8.25	5.25	5.25	6.75		10	6	6	8			6	4	4	5
8	最小系数	80%					7	7.8	8.58	5.46	5.46	7.02		10	7	7	8			7	4	4	5
9							8	8.1	8.91	5.67	5.67	7.29		11	7	7	9			7	5	5	6
10							9	8.4	9.24	5.88	5.88	7.56		11	7	7	9			7	5	5	6
11							10	8.7	9.57	6.09	6.09	7.83		11	7	7	9			7	5	5	6
12							11	9	9.9	6.3	6.3	8.1		12	8	8	10			8	5	5	6
13							12	9.3	10.23	6.51	6.51	8.37		12	8	8	10			8	5	5	6
14							13	9.6	10.56	6.72	6.72	8.64		13	8	8	10			8	5	5	7
15							14	9.9	10.89	6.93	6.93	8.91		13	8	8	11			9	6	6	7
16							15	10.2	11.22	7.14	7.14	9.18		13	9	9	11			9	6	6	7

图5-8　各等级各职业对应的物理攻击、最大物理攻击和最小物理攻击

在职业定位中我们对物理攻击能力的评估，并不是单单对物理攻击力的衡量，而是对物理攻击能力的整体衡量，我们会在其他系统数值上来平衡整体的物理攻击能力。按一般游戏的惯例，战士的攻击比刺客要高，并且这也符合玩家对这两个职业的认知，所以这里将战士的系数设置为最高。

4. 最小魔法攻击和最大魔法攻击

在我们的设计中，物理攻击和魔法攻击是等价的，魔法的攻击初始值也为 6，之后每级提升 5% 的攻击值，系数也是和物理攻击一样，如图 5-9 所示。

左侧参数

	战士	法师	牧师	刺客
系数	0.5	1.2	0.9	0.55
基础值	6			
成长值	0.3			
最大系数	120%			
最小系数	80%			

class	标准人	战士	法师	牧师	刺客	max 战士	法师	牧师	刺客	min 战士	法师	牧师	刺客
1	6	3	7.2	5.4	3.3	4	9	7	4	3	6	5	3
2	6.3	3.15	7.56	5.67	3.47	4	9	7	4	3	6	5	3
3	6.6	3.3	7.92	5.94	3.63	4	10	7	4	3	7	5	3
4	6.9	3.45	8.28	6.21	3.8	4	10	7	5	3	7	5	3
5	7.2	3.6	8.64	6.48	3.96	4	10	8	5	3	7	5	3
6	7.5	3.75	9	6.75	4.13	5	11	8	5	3	7	6	3
7	7.8	3.9	9.36	7.02	4.29	5	11	8	5	3	7	6	3
8	8.1	4.05	9.72	7.29	4.46	5	12	8	5	3	8	6	4
9	8.4	4.2	10.08	7.56	4.62	5	12	9	6	3	8	6	4
10	8.7	4.35	10.44	7.83	4.79	5	13	9	6	3	8	6	4
11	9	4.5	10.8	8.1	4.95	5	13	10	6	4	9	7	4
12	9.3	4.65	11.16	8.37	5.12	6	13	10	6	4	9	7	4
13	9.6	4.8	11.52	8.64	5.28	6	14	11	7	4	10	7	4
14	9.9	4.95	11.88	8.91	5.45	6	14	11	7	4	10	7	4
15	10.2	5.1	12.24	9.18	5.61	6	15	11	7	4	10	7	4

图 5-9　各等级各职业对应的魔法攻击、最大魔法攻击、最小魔法攻击

这里魔法攻击最高的肯定是法师，而牧师由于其自身有其他职业不具备的恢复能力，所以魔法攻击能力被我们略有打压。

5. 物理防御

由于还没有设计战斗公式，所以物理防御减伤的价值不好衡量，我们先搭建数据出来，然后根据公式价值来调整物理防御。设置物理防御初始值为 20，之后每级提升 5%，如图 5-10 所示。

	战士	法师	牧师	刺客
系数	1.05	0.8	0.81	0.9
基础值	20			
成长值	1			

class	标准人	战士	法师	牧师	刺客
1	20	21	16	16	18
2	21	22	17	17	19
3	22	23	18	18	20
4	23	24	18	19	21
5	24	25	19	19	22
6	25	26	20	20	23
7	26	27	21	21	23
8	27	28	22	22	24
9	28	29	22	23	25
10	29	30	23	23	26
11	30	32	24	24	27
12	31	33	25	25	28
13	32	34	26	26	29
14	33	35	27	27	30
15	34	36	27	28	31

图 5-10　各等级各职业对应的物理防御

6. 魔法防御

和物理防御一样，我们设置魔法防御初始值为20，之后每级提升5%，如图5-11所示。

	A	B	C	D	E	F	G	H	I	J	K	L
1		战士	法师	牧师	刺客		class	标准人	战士	法师	牧师	刺客
2	系数	0.7	1.2	1.1	0.85		1	20	14	24	22	17
3							2	21	15	25	23	18
4	基础值	20					3	22	15	26	24	19
5	成长值	1					4	23	16	28	25	20
6							5	24	17	29	26	20
7							6	25	18	30	28	21
8							7	26	18	31	29	22
9							8	27	19	32	30	23
10							9	28	20	34	31	24
11							10	29	20	35	32	25
12							11	30	21	36	33	26
13							12	31	22	37	34	26
14							13	32	22	38	35	27
15							14	33	23	40	36	28
16							15	34	24	41	37	29

图 5-11　各等级各职业对应的魔法防御

7. 命中

同样我们也无法衡量命中的价值，先设置命中初始值为100，之后每级提升5%，如图 5-12 所示。

	A	B	C	D	E	F	G	H	I	J	K	L
1		战士	法师	牧师	刺客		class	标准人	战士	法师	牧师	刺客
2	系数	0.85	0.95	1.05	0.95		1	100	85	95	105	95
3							2	105	89	100	110	100
4	基础值	100					3	110	94	105	116	105
5	成长值	5					4	115	98	109	121	109
6							5	120	102	114	126	114
7							6	125	106	119	131	119
8							7	130	111	124	137	124
9							8	135	115	128	142	128
10							9	140	119	133	147	133
11							10	145	123	138	152	138
12							11	150	128	143	158	143
13							12	155	132	147	163	147
14							13	160	136	152	168	152
15							14	165	140	157	173	157
16							15	170	145	162	179	162

图 5-12　各等级各职业对应的命中

8. 闪避

同样设置闪避初始值为100，之后每级提升5%，如图5-13所示。

	A	B	C	D	E	F	G	H	I	J	K	L
1		战士	法师	牧师	刺客		class	标准人	战士	法师	牧师	刺客
2	系数	1	1	0.9	1.1		1	100	100	100	90	110
3							2	105	105	105	95	116
4	基础值	100					3	110	110	110	99	121
5	成长值	5					4	115	115	115	104	127
6							5	120	120	120	108	132
7							6	125	125	125	113	138
8							7	130	130	130	117	143
9							8	135	135	135	122	149
10							9	140	140	140	126	154
11							10	145	145	145	131	160
12							11	150	150	150	135	165
13							12	155	155	155	140	171
14							13	160	160	160	144	176
15							14	165	165	165	149	182
16							15	170	170	170	153	187

图 5-13　各等级各职业对应的闪避

5.3.3　战斗公式

1. 战斗流程

接下来是战斗公式的设计。首先考虑战斗流程，考虑的因素如下。

①命中和闪避是否是分命中事件和闪避事件两个事件单独计算的，还是统一在一个事件中计算。

②采用哪种流程来判断各事件的发生概率，是逐步判断还是“圆桌理论”。

③是否还有其他特殊事件。比如神圣一击事件等。

先来看第一个因素。在早期的游戏中，命中和闪避分两个事件计算的情况较多，这和《龙与地下城》规则影响是分不开的。但慢慢地，设计者把它们合在一个事件中处理了，因为多次计算不利于控制最终的结果，而命中事件对玩家来说非常敏感，我们不想让玩家过多地未命中目标，这种体验是非常不友好的（一些特殊情况除外）。在此我们也采用一个事件结算。

第二个因素在前面也介绍过，在此采用逐步判断的方法进行设计。逐步判断的流程较为清晰，适合新人在开始的时候学习。

对于第三个因素来说，在这里就不做其他特殊事件处理了。大家只要掌握好基础模型，后续的特殊事件其实和暴击事件是一样的原理。

在思考了上述的 3 个因素之后，我们有了自己的方案，接下来再统计一下有哪些结果会出现在游戏中。

①攻击命中或攻击未命中。

②暴击或普通攻击。

此时就可以得出一个战斗流程，如图 5-14 所示。

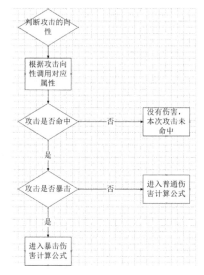

图 5-14　战斗流程

通过这个战斗流程，可以看到我们需要描述以下几个公式。

①判断攻击的向性公式。

②判断命中的公式。

③判断暴击的公式。

④普通攻击的伤害计算公式。

⑤暴击攻击的伤害计算公式。

由于我们的攻击分为物理和魔法两种向性，所以对应的②、③、④、⑤的公式需要一式两份，但我们并不想把物理和魔法两个属性的公式差异做得过大，所以采用公式模型相同而系数不同的设计。

2. 攻击的向性公式

在技能的字段中有一个伤害类型的字段，这就是判断攻击向性的依据。在游戏中的对应关系是：

1：物理攻击

2：魔法攻击

在有些游戏中会有一些特殊的属性攻击，并且特殊属性会附加在物理攻击或魔法攻击上，还有些游戏甚至物理攻击会附带魔法攻击。一般来说这种混合攻击是按主属性的向性去判断命中的，然后在判断攻击的时候会单独计算各种属性各自的伤害，最后汇总所有伤害得出最终伤害。我们在这里的设计是物理和魔法两种攻击属性共用同一命中和闪避的判断方式。

3. 命中公式

公　式
Formula1=X1+ArmsHit1+Y1+Level1
Y1=Hit1/（Hit1+Miss1）
Hit1 = PlayerHit1+ Item1 +Skill1+State1
Level1=（LV2-LV1）*K1

Formula1：

这个公式表示攻击方的物理攻击击中目标的概率。数值保留小数点后 4 位有效数字。如果一个玩家发动物理攻击时的 Formula1=0.8132，就表示该玩家的此次物理攻击有81.32% 的概率击中当前目标，18.68% 的概率被防御方（被攻击方）躲闪。

另外我们不希望玩家的命中过低，导致一直打不到目标，所以我们设置最低值为 0.2，也就是 20% 的保底物理命中。

X1=0.00

在这里将角色的基础物理击中率设置为 0，因为我们想突出属性的价值。

ArmsHit1：攻击方装备物理攻击命中率

攻击方装备物理攻击命中率指攻击方装备字段"命中率"所对应的数值之和，一般情况只有武器才会配置这个数值。我们游戏中没有这个字段，因为游戏中不涉及切换武器，也不想强调武器的命中差异。

Y1：物理命中对应击中率的公式

这个公式是之前章节中所讲述的闪避公式，我们采用命中率 = 命中 /（命中 + 闪避）这个模型。

Hit1：攻击方物理命中总值

攻击方物理命中总值指攻击方人物在当前状态下的所有物理命中总和。

Miss1：防御方物理闪避总值

防御方物理闪避总值指防御方人物在当前状态下的所有物理闪避总和。

PlayerHit1：攻击方角色物理命中总值

攻击方角色物理命中总值指攻击方角色自身物理命中的总和，其中包括一级属性和二级属性的影响。

Item1：攻击方装备物理命中总值

攻击方装备物理命中总值指攻击方人物身上所有装备对应物理命中这个字段的数值总和。

Skill1：攻击方技能物理命中

攻击方技能物理命中总值指攻击方当前使用的技能对应的物理命中这个字段的数值。

State1：攻击方 BUFF 对应物理命中总值

攻击方 BUFF 对应物理命中总值指攻击方在目前 BUFF 影响下物理命中的数值总和。

Level1：等级差造成的命中率

等级差造成的命中率指由于双方等级差所造成的命中率影响，这个数值一般要看游戏自身是否强调等级的重要性及等级带来的压制性。这个值的取值范围设置为 −0.5~0.1，LV2 代表攻击方等级，LV1 代表防御方等级，K1 等于 0.02。也就是说玩家面对每高一级的敌人，命中率就降低 0.02；每低一级的敌人，命中率就增加 0.02；玩家最多可以获得 0.1 的命中率加成，因为我们不想让玩家在等级领先之后不提升装备就可以获得大量的命中率加成。而由于等级造成的命中率惩罚可以达到 −0.5，因为我们不想让玩家可以击杀高于玩家等级过高的怪物。

4. 暴击公式

公　　式
Formula2=K2*(Cri1/(Cri1+Lv2*K3+K4))
Cri1= Item2+Skill2+State2

Formula2：

这个公式表示攻击方的物理攻击产生暴击的概率。数值保留小数点后 4 位有效数字。如果一个玩家发动物理攻击时的 Formula2=0.1541，就表示该玩家的此次物理攻击有 15.41% 的概率产生物理攻击的暴击伤害。

Cri1：攻击方物理暴击总值

攻击方物理暴击总值指攻击方人物在当前状态下的所有物理暴击的总和，其中包括一级属性和二级属性的影响。

Lv2：攻击方等级

K2、K3、K4：公式系数

K2 值为 0.75，K3 值为 10，K4 值为 80。

Item2：攻击方装备物理暴击总值

攻击方装备物理暴击总值指攻击方人物身上所有装备对应物理暴击这个字段的数值总和。

Skill2：攻击方技能物理暴击

攻击方技能物理暴击指攻击方当前使用的技能对应的物理暴击这个字段的数值。

State2：攻击方 BUFF 对应物理暴击总值

攻击方 BUFF 对应物理暴击总值指攻击方在目前 BUFF 影响下物理暴击的数值总和。

5. 普通攻击的伤害计算公式

公式 1
最大物理攻击 = (PlayerAttMax+Item3+State3)*SkillCri+Skill3
最小物理攻击 = (PlayerAttMin+Item4+State4)*SkillCri+Skill4
物理攻击 = [最小物理攻击 , 最大物理攻击]

物理攻击

物理攻击是从最小物理攻击到最大物理攻击之间的取值，物理攻击最终的结果将用于计算物理伤害。

最大物理攻击

最大物理攻击指攻击方人物在当前状态下的所有的最大物理攻击总和。

最小物理攻击

最小物理攻击指攻击方人物在当前状态下的所有的最小物理攻击总和。

PlayerAttMax：攻击方角色最大物理攻击

攻击方角色最大物理攻击指攻击方角色自身最大物理攻击的总和，其中包括一级属性和二级属性的影响。

SkillCri：攻击方技能攻击百分比

攻击方技能攻击百分比指攻击方的技能可以从角色自身、装备以及 BUFF 的物理攻击之和中获得的百分比的物理攻击的增幅值。

Item3：攻击方装备最大物理攻击总值

攻击方装备最大物理攻击总值指攻击方人物身上所有装备对应最大物理攻击这个字段的数值总和。

State3：攻击方 BUFF 对应最大物理攻击总值

攻击方 BUFF 对应最大物理攻击总值指攻击方在目前 BUFF 影响下最大物理攻击的数值总和。

Skill3：攻击方技能最大物理攻击

攻击方技能最大物理攻击指攻击方当前使用的技能对应的最大物理攻击这个字段的数值。

PlayerAttMin：攻击方最小物理攻击

攻击方最小物理攻击指攻击方角色自身最小物理攻击的总和，其中包括一级属性和二级属性的影响。

Item4：攻击方装备最小物理攻击总值

攻击方装备最小物理攻击总值指攻击方人物身上所有装备对应最小物理攻击这个字段的数值总和。

State4：攻击方 BUFF 对应最小物理攻击总值

攻击方 BUFF 对应最小物理攻击总值指攻击方在目前 BUFF 影响下最小物理攻击的数值总和。

Skill4：攻击方技能最小物理攻击

攻击方技能最小物理攻击指攻击方当前使用的技能对应的最小物理攻击这个字段的数值。

公式 2
物理伤害 = 物理攻击 *(1- 物理攻击减免百分比)
物理攻击减免百分比 =K7*(Def1/(Def1+Lv2*K5+K6)
Def1=PlayerDef1+Item5+ State5

物理伤害

物理伤害的值是指最终扣除防御方生命值的数值。

物理攻击减免百分比

物理攻击减免百分比是指防御方角色可以减免物理攻击的百分比的值。

Def1：防御方物理防御总值

防御方物理防御总值是指防御方角色自身在当前状态下的所有物理防御的总和。

PlayerDef1：防御方角色物理防御总值

防御方角色物理防御总值指防御方角色自身物理防御的总和，其中包括一级属性和二级属性的影响。

Item5：防御方装备物理防御总值

防御方装备物理防御总值指防御方人物身上所有装备对应物理防御这个字段的数值总和。

State5：防御方 BUFF 对应物理防御总值

防御方 BUFF 对应物理防御总值指防御方在目前 BUFF 影响下物理防御的数值总和。

K5、K6、K7：公式系数

K5 值为 25，K6 值为 300，K7 值为 0.75。

6. 暴击攻击的伤害计算公式

公　式
暴击物理伤害 = 普通物理伤害 *(1+K8)

暴击物理伤害

暴击物理伤害的值是指物理攻击暴击之后计算的物理伤害。它是根据普通物理伤害计算而来的。

K8：物理暴击增幅系数

物理暴击增幅系数是指物理攻击暴击之后在原有普通物理伤害基础上可以增幅的物理伤害百分比。K8 的值为 150%。

小结：

魔法的公式和物理的大同小异，在这里就不再介绍了。我们这里采用的是和真实游戏设计过程同样的流程，过程中有些属性和系数并不一定在后续过程中会运用到，所以我们主要是为了给大家拓展思路和培养大家的思维宽度，千万不要被模式限制死。

5.3.4　公式曲线与设计思路

根据之前的战斗公式，下面来看几个公式的曲线图，这和设计是息息相关的。而公式本身系数设定也要结合曲线图的趋势。

1. 命中公式曲线

如图 5-15 所示就是命中公式曲线，在这里，我们不考虑等级差的影响，先考虑等级相同的情况。

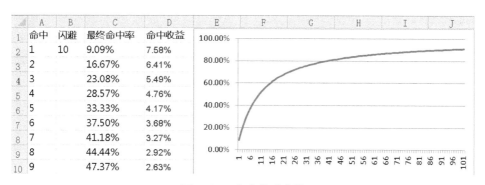

图 5-15　命中公式曲线

根据命中公式，我们发现了几个关键点。当命中等于闪避的时候，命中率为 50%；当命中等于 3 倍闪避的时候，命中率为 75%；当命中等于 4 倍闪避的时候，命中率为 80%；当命中等于 9 倍闪避的时候，命中率为 90%。

我们在投放属性时，按同品质装备情况下，（按绿色品质的装备来计算）命中等于 9 倍闪避的比例来投放，换句话说就是我们期望玩家的命中率为 90%。因为在大部分普通玩家间的战斗中，我们不希望攻击的时候命中率太低。而为了保证高品质装备的价值，我们会把命中率压制在更低的命中率区间。

这里发现有什么问题吗？还记得我说要对数值敏感吗？之前的公式中我们的设计是命中率最低为 20%，而图 5-15 中明显不符合这个设计。

2. 暴击公式曲线

如图 5-16 所示就是暴击公式曲线。

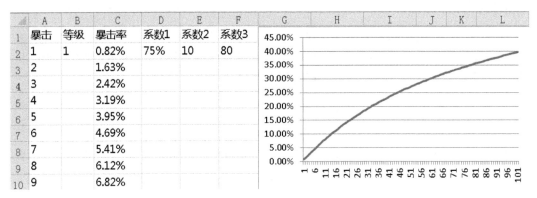

	A	B	C	D	E	F
1	暴击	等级	暴击率	系数1	系数2	系数3
2	1	1	0.82%	75%	10	80
3	2		1.63%			
4	3		2.42%			
5	4		3.19%			
6	5		3.95%			
7	6		4.69%			
8	7		5.41%			
9	8		6.12%			
10	9		6.82%			

图 5-16　暴击公式曲线

根据暴击公式，当玩家等级为 1，暴击等于 10 的时候，暴击率为 7.5%；暴击等于 60 的时候，暴击率为 30%。

我们在投放属性时，要考虑到暴击是没有属性可以抵抗的，所有要注意投放的尺度。按标准同品质装备情况下，（按中档品质的装备来计算）将暴击率控制在 10% 来投放，而高品质装备的暴击率控制在 30% 来投放。此外由于人物等级也会对最终暴击率有影响，所以综合各个系数的影响，将暴击率控制在一个合理范围内。

3. 普通攻击伤害计算公式曲线

如图 5-17 所示是普通攻击伤害计算公式曲线。

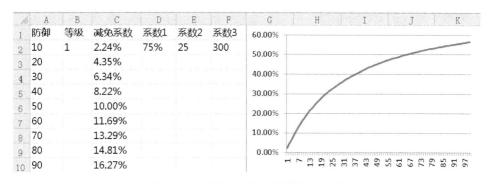

图 5-17　普通攻击伤害计算公式曲线

根据伤害公式，当玩家等级为 1，防御等于 80 的时候，减免率为 14.81%；防御等于 650 的时候，减免率为 50%。

我们在投放属性时，按标准同品质装备情况下，（按中档品质的装备来计算）将减免系数控制在 15% 来投放，而高品质装备的减免率控制在 50% 来投放。

5.3.5　装备设计思路

1. 装备位置

首先确定一下我们的装备一共有哪些部位。目前主流的 MMORPG 游戏装备数量基本都在 10 件以上，我们在这里设置 11 类装备，共 13 件武器。

在这里没有设计主、副或是双手武器，这种设计需要平衡主手武器加副手武器和双手武器的关系。目前主流的 MMORPG 的设计目标是让玩家获取更高级的武器，并且围绕武器进行强化，并不是追求不同的武器，所以我们只做一件武器，不分主副武器。

装备和编号对应关系如下。

11：武器（只有一件武器，没有主副手之分）（区分职业）

1：手套（唯一）（区分职业）

2：项链（唯一）（区分职业）

3：头盔（唯一）（区分职业）

4：衣服（唯一）（区分职业）

5：护肩（唯一）（区分职业）

6：裤子（唯一）（区分职业）

7：鞋子（唯一）（区分职业）

8：腰带（唯一）（区分职业）

21：戒指（两个）（区分职业）

22：首饰（两个）（区分职业）

将装备都设置为有职业限制的，这样可以方便我们控制各个职业的属性强度，过多的通用性装备会让我们无法控制职业的属性强度。

2. 主属性和装备向性

接下来确定装备的主属性和装备向性，对应关系如图 5-18 所示。

	A	B	C	D	E
1	部件	数量	类别	基础属性	
2	武器	1	攻击部件	攻击力	命中
3	手套	1	攻击部件	暴击	
4	项链	1	攻击部件	命中	闪避
5	戒指	2	攻击部件	暴击	
6	首饰	2	攻击部件	攻击力	
7	头盔	1	防御部件	物理防御	魔法防御
8	衣服	1	防御部件	物理防御	魔法防御
9	护肩	1	防御部件	生命值	魔法值
10	裤子	1	防御部件	物理防御	魔法防御
11	鞋子	1	防御部件	闪避	
12	腰带	1	防御部件	生命值	魔法值

图 5-18 装备的主属性和装备向性

我们要确保各种属性加成的装备数量是大致相当的。各基础属性对应装备如下。

- 攻击力：武器、首饰。
- 暴击：手套、戒指。
- 命中：武器、项链。
- 闪避：项链、鞋子。
- 物理防御：头盔、衣服、裤子。
- 魔法防御：头盔、衣服、裤子。
- 生命值：护肩、腰带。
- 魔法值：护肩、腰带。

从这里可以看到，各属性加成的装备数量都是两到三项，并且攻击部件和防御部件的数量也是大致相等的。

3. 装备等级

装备等级代表人物可以穿戴此装备的人物等级。MMORPG 游戏会按间隔固定等级来替换装备，有按 10 级划分也有按 15 级划分的情况，而现在的游戏更多的用升级时间来衡量替换装备的等级。我们在此按 10 级划分来设计，一共设计到 60 级，共 7 个档次的装备。

5.3.6   装备数值设计

我们在角色属性设计章节确定了角色相关属性，而装备数值是基于角色属性数值的，我们按角色某一单项属性乘以固定系数得出装备某一单项属性整体的加成总数值，然后再按装备各自占有该属性的百分比来划分加成总数值。

下面开始我们的流程。

1. 创建一个文件夹存放所有表格。

2. 为属性依次创建出一个单独的表，这里没有将所有属性放在一张表中进行处理，因为想对单个属性进行单独的细致分析，此外单独创建表也方便衡量针对单属性拓展的系统功能。比如先创建一个生命值的表，这里用 HP 表示生命值，之后我们都是用字母表示属性，如图 5-19 所示。

图 5-19   用 HP 表示生命值创建表

接下来依次设计各个属性的表格。

1. 生命值（HP）

在"HP"这张表格中会设置如图 5-20 所示的几种表单。

⟨⟨ ⟨ ⟩ ⟩⟩／人物基础HP／HP各系统比重／HP装备分成／HP模拟／

图 5-20   生命值表格

其对应功能如下。

"人物基础HP"表：之前角色属性章节介绍过人物自身的生命值，是用来衡量其他系统加成生命值的数值价值基础。

"HP各系统比重"表：将人物自身的生命值按比例划分到其他系统中，用于总体衡量各个系统分配到的生命值的比例和各个系统之间的比例。而在我们的游戏中，固定影响属性数值的只有装备系统，所以我们主要针对装备系统进行设计，如图5-21所示。

等级	HP	白装	绿装	蓝装	紫装	橙装
1	360	100%	120%	150%	200%	260%
2	378	100%	120%	150%	200%	260%
3	396	100%	120%	150%	200%	260%
4	414	100%	120%	150%	200%	260%
5	432	100%	120%	150%	200%	260%
6	450	100%	120%	150%	200%	260%
7	468	100%	120%	150%	200%	260%
8	486	100%	120%	150%	200%	260%
9	504	100%	120%	150%	200%	260%
10	522	100%	120%	150%	200%	270%
11	540	100%	120%	150%	200%	270%
12	558	100%	120%	150%	200%	270%
13	576	100%	120%	150%	200%	270%
14	594	100%	120%	150%	200%	270%
15	612	100%	120%	150%	200%	270%
16	630	100%	120%	150%	200%	270%
17	648	100%	120%	150%	200%	270%
18	666	100%	120%	150%	200%	270%
19	684	100%	120%	150%	200%	270%
20	702	110%	135%	175%	235%	310%

等级	白装	绿装	蓝装	紫装	橙装
1	360	432	540	720	936
10	522	626	783	1044	1409
20	772	947	1228	1649	2176
30	1058	1323	1764	2381	3087
40	1433	1805	2336	3186	4248
50	1863	2484	3726	5589	8073
60	2844	4266	6399	9243	14220

差值	白装	绿装	蓝装	紫装	橙装
10-1	162	194	243	324	473
20-10	250	321	445	605	767
30-20	286	376	536	732	911
40-30	375	482	572	805	1161
50-40	430	679	1390	2403	3825
60-50	981	1782	2673	3654	6147

装备升级	提升比例
0	100%
1	105%
2	110%
3	120%
4	130%
5	150%
6	170%
7	190%
8	220%
9	260%
10	300%

图5-21 "HP各系统比重"表

先来看B列HP这一列，这列的数据就是之前的"标准人"的基础HP。建议大家用公式链接到"人物基础HP"那张表中，这样在后面调整的时候可以联动起来。

C列到G列是我们对目前装备品质的划分，按主流的划分标准：白、绿、蓝、紫、橙，分别对应数值1、2、3、4、5。

在这里再给大家介绍一下目前MMORPG主流的划分标准是灰、白、绿、蓝、紫、橙、红。

其中灰色装备通常是垃圾装备，普通怪物就会大量产出。

白色装备是普通装备，普通怪物会产出，是过渡性的装备。

绿色装备是优秀装备，普通怪物会少量产出，精英怪物会产出，任务也会奖励。绿色装备是玩家在到达装备等级后，非常容易获取到的一类装备，可以说是玩家最容易普及的装备，所以我们衡量怪物强度也往往以角色装备上绿色装备来作为设计的模板。

蓝色装备是精良装备，普通怪物非常少量产出，精英怪物少量产出，BOSS怪物会产出，难度高的任务会奖励。这类装备是玩家在进行一定努力之后可以获取到的装备，一般游戏的设计上绿色装备和蓝色装备不会有过大数值差异，因为玩家很快可以过渡到蓝色装备。

如果蓝色装备比绿色装备提升过大会导致：

①杀怪效率提升过大，对经济有影响。

②由于考虑性价比问题，后续装备品质不好设计。

紫色装备是极品装备，普通怪物几乎不产出，精英怪物非常少量产出，BOSS 怪物会少量产出。这类装备几乎是普通玩家追求的终极装备，往往要消耗玩家大量的时间或金钱才能获取到。紫色装备的数值要比蓝色装备有较大提升，因为这样才能体现它的价值。

橙色装备是比紫色装备还要高级的装备，是非付费玩家几乎无法获取到的装备。

红色装备是作为补充的装备品质，一般游戏在开始是没有这种品质装备的，当游戏进入后期，玩家对装备无需求的时候，才会投放这种装备。

我们在这里不做灰色装备和红色装备，因为灰色装备几乎就是兑换游戏内货币的装备，而红色装备是后期才会考虑的装备。

随着游戏的发展，越来越多的游戏提升了初始投放装备的品质，很多游戏甚至开始就是绿色装备。为什么他们要这么做呢？这就是一个对比问题，其他游戏开始投放的是白色装备，而你投放的是绿色装备，你就可以和玩家说我们的游戏是多么友善，开始就送绿装。玩家也会觉得这个游戏不错，装备开始就是绿色的，真好。这样在无形中就赢得了玩家的口碑。而其实在数值上的投放差异不大，因为最低品质装备对应属性的比例是固定的。

好，说完装备的品质问题，下面再来看按装备品质划分之后所对应的数值。首先说明，下面这里所填写的比例是对应当前人物等级的属性比例，比如 1 级装备对应的是 1 级人物的生命值，20 级装备对应的是 20 级人物的生命值。

从图 5-21 中可以看到我们目前设置的装备品质和系数对应关系如下。

白色装备：100%

绿色装备：120%

蓝色装备：150%

紫色装备：200%

橙色装备：300%

粗略一看，这个设计没问题，高品质的装备属性比低品质的装备属性比例高，并且增速也是递进的。让我们先来看下装备 1 对比，即图 5-21 中的 I 列到 N 列，如图 5-22 所示。

等级	白装	绿装	蓝装	紫装	橙装
1	360	432	540	720	1080
10	522	626	783	1044	1566
20	702	842	1053	1404	2106
30	882	1058	1323	1764	2646
40	1062	1274	1593	2124	3186
50	1242	1490	1863	2484	3726
60	1422	1706	2133	2844	4266

差值	白装	绿装	蓝装	紫装	橙装
10-1	162	194	243	324	486
20-10	180	216	270	360	540
30-20	180	216	270	360	540
40-30	180	216	270	360	540
50-40	180	216	270	360	540
60-50	180	216	270	360	540

图 5-22　装备的对比数值

上面的区域是装备分配到的生命值，下面的区域是各相邻等级装备的生命值差值。我们会发现几个问题。

①低等级高品质的装备强度略高，30 级的紫色装备几乎和 60 级的绿色装备的数值强度是相等的，这样会导致玩家换装备的动力不是特别强，不利于玩家对装备的追求。

②装备成长过于线性。我们可以看出从 10 级装备之后，装备的成长都是线性的，这是不合理的，应该是渐进的。

基于这两个问题，我们针对系数进行一轮调整。调整之后的系数如图 5-23 所示。

等级	HP	白装	绿装	蓝装	紫装	橙装
1	360	100%	120%	150%	200%	260%
2	378	100%	120%	150%	200%	260%
3	396	100%	120%	150%	200%	260%
4	414	100%	120%	150%	200%	260%
5	432	100%	120%	150%	200%	260%
6	450	100%	120%	150%	200%	260%
7	468	100%	120%	150%	200%	260%
8	486	100%	120%	150%	200%	260%
9	504	100%	120%	150%	200%	260%
10	522	100%	120%	150%	200%	270%
11	540	100%	120%	150%	200%	270%
12	558	100%	120%	150%	200%	270%
13	576	100%	120%	150%	200%	270%
14	594	100%	120%	150%	200%	270%
15	612	100%	120%	150%	200%	270%
16	630	100%	120%	150%	200%	270%
17	648	100%	120%	150%	200%	270%
18	666	100%	120%	150%	200%	270%
19	684	100%	120%	150%	200%	270%
20	702	110%	135%	175%	235%	310%

等级	白装	绿装	蓝装	紫装	橙装
1	360	432	540	720	936
10	522	626	783	1044	1409
20	772	947	1228	1649	2176
30	1058	1323	1764	2381	3087
40	1433	1805	2336	3186	4248
50	1863	2484	3726	5589	8073
60	2844	4266	6399	9243	14220

差值	白装	绿装	蓝装	紫装	橙装
10-1	162	194	243	324	473
20-10	250	321	445	605	767
30-20	286	376	536	732	911
40-30	375	482	572	805	1161
50-40	430	679	1390	2403	3825
60-50	981	1782	2673	3654	6147

图 5-23　调整之后的系数

由于篇幅关系，我们只截取前 20 级的系数，想查看完整表格，请查看本书的下载资源。

下面再来谈谈关于低等级高品质和高等级低品质之间的平衡，按最新的调整之后，可以发现 30 级紫色装备和 40 级蓝色装备、50 级绿色装备的强度大致相当。这是比较主流的做法，装备数值强度大致等于高一个等级低一个品质的装备数值强度。但由于不同游戏的升级速率不同，还要考虑玩家在这一等级停留的时间，综合决定装备的强度，比如这里 60 级的装备提升是最大的，因为玩家会在这个等级停留的时间最长，他对这个等级段的装备的追求兴趣就会更大。所以我们一定要结合自己游戏的设计需求来决定这些数值的差异，千万不要照葫芦画瓢。

最后来看图 5-21 中的 R 列到 S 列，这是我们对装备升级的描述。按装备可以升级 10 次，并且提升都是基于属性来设计的。升级提升属性比例是逐步提升的，严格来说，提升的属性的价值还和所消耗的升级材料有关。但在这里，我们只考虑战斗影响。

"HP 装备分成"表：将之前装备所分配到的生命值数值划分给每个装备，如图 5-24 所示。

C 列到 G 列是装备所分配到的属性数值。由于只有护肩和腰带，所以我们只需要分配这两个装备即可，这里给护肩的比值比腰带高一些，这个设计主要看装备位置对于玩家认知来说哪个更为强大，由于我们会受到真实世界的影响，所以一般来说，物件越大属性越为强大，比如护肩肯定比腰带大，如果小小的腰带加成的数值比护肩多，这明显让玩家不易接受，所以我们让护肩所占的属性比腰带更多。

等级	HP	装备						等级	白色装备HP	护肩比重	腰带比重		护肩HP	腰带HP
		白装	绿装	蓝装	紫装	橙装		1	360	55.0%	45.0%		198	162
1	360	360	432	540	720	936		10	522	55.0%	45.0%		287	235
2	378	360	432	540	720	936		20	772	55.0%	45.0%		425	347
3	396	360	432	540	720	936		30	1058	55.0%	45.0%		582	476
4	414	360	432	540	720	936		40	1433	55.0%	45.0%		788	645
5	432	360	432	540	720	936		50	1863	55.0%	45.0%		1025	838
6	450	360	432	540	720	936		60	2844	55.0%	45.0%		1564	1280
7	468	360	432	540	720	936								
8	486	360	432	540	720	936		等级	绿色装备HP	护肩比重	腰带比重		护肩HP	腰带HP
9	504	360	432	540	720	936		1	432	55.0%	45.0%		238	194
10	522	522	626	783	1044	1409		10	522	55.0%	45.0%		344	282
11	540	522	626	783	1044	1409		20	947	55.0%	45.0%		521	426
12	558	522	626	783	1044	1409		30	1323	55.0%	45.0%		728	595
13	576	522	626	783	1044	1409		40	1805	55.0%	45.0%		993	812
14	594	522	626	783	1044	1409		50	2484	55.0%	45.0%		1366	1118
15	612	522	626	783	1044	1409		60	4266	55.0%	45.0%		2346	1920
16	630	522	626	783	1044	1409								
17	648	522	626	783	1044	1409		等级	蓝色装备HP	护肩比重	腰带比重		护肩HP	腰带HP
18	666	522	626	783	1044	1409		1	540	55.0%	45.0%		297	243
19	684	522	626	783	1044	1409		10	783	55.0%	45.0%		431	352
20	702	772	947	1228	1649	2176		20	1228	55.0%	45.0%		675	553
21	720	772	947	1228	1649	2176		30	1764	55.0%	45.0%		970	794
22	738	772	947	1228	1649	2176		40	2336	55.0%	45.0%		1285	1051
23	756	772	947	1228	1649	2176		50	3726	55.0%	45.0%		2049	1677
24	774	772	947	1228	1649	2176		60	6399	55.0%	45.0%		3519	2880

图 5-24 "HP 装备分成"表

"HP 模拟"表：这张表的作用在于汇总所有生命值的数值，我们可以通过这张表看到角色在指定的装备强度下的各个等级的生命值总量，如图 5-25 所示。

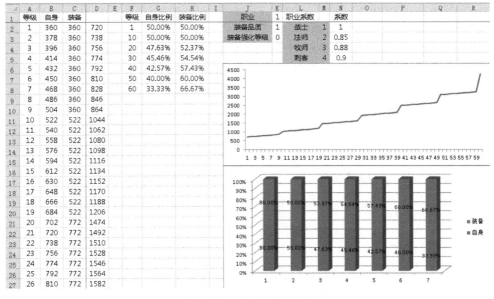

图 5-25 "HP 模拟"表

B 列是"标准人"自身的生命值。

C 列是装备的生命值。

D 列是生命值的总和。

G 列和 H 列是自身和装备在总和之中所占的比例。

J 列和 K 列是指对应的职业、装备品质和装备强化等级，我们可以按不同职业、不同品质和不同强化等级来查看图形的变化。比如图中 K1 等于 1，表示这是战士；K2 等于 1，表示当前装备品质为白色；K3 等于 0，表示当前装备强化等级为 0。

M 列是职业的对应编号。

N 列是各职业对应的 HP 系数。

折线图对应的是等级对应的生命值曲线。柱形图表示各系统的生命值在不同等级的分配比例。

2. 魔法值（MP）

"MP"表格和之前的"HP"表格结构是一样的，结构如下。

"人物基础 MP"表：人物自身的魔法值，用来衡量其他系统加成魔法值的数值价值基础。

"MP 各系统比重"表：将人物自身的魔法值按比例划分到其他系统中，用于总体衡量各个系统分配到的魔法值的比例和各个系统之间的比例。我们沿用之前"HP"表格的"HP 各系统比重"表中所使用的系数，如图 5-26 所示。

左侧表：

等级	MP	白装	绿装	蓝装	紫装	橙装
1	200	100%	120%	150%	200%	260%
2	210	100%	120%	150%	200%	260%
3	220	100%	120%	150%	200%	260%
4	230	100%	120%	150%	200%	260%
5	240	100%	120%	150%	200%	260%
6	250	100%	120%	150%	200%	260%
7	260	100%	120%	150%	200%	260%
8	270	100%	120%	150%	200%	260%
9	280	100%	120%	150%	200%	260%
10	290	100%	120%	150%	200%	270%
11	300	100%	120%	150%	200%	270%
12	310	100%	120%	150%	200%	270%
13	320	100%	120%	150%	200%	270%
14	330	100%	120%	150%	200%	270%
15	340	100%	120%	150%	200%	270%
16	350	100%	120%	150%	200%	270%
17	360	100%	120%	150%	200%	270%
18	370	100%	120%	150%	200%	270%
19	380	100%	120%	150%	200%	270%
20	390	110%	135%	175%	235%	310%

右侧表：

等级	白装	绿装	蓝装	紫装	橙装
1	200	240	300	400	520
10	290	348	435	580	783
20	429	526	682	916	1209
30	588	735	980	1323	1715
40	796	1003	1298	1770	2360
50	1035	1380	2070	3105	4485
60	1580	2370	3555	5135	7900

差值	白装	绿装	蓝装	紫装	橙装
10-1	90	108	135	180	263
20-10	139	178	247	336	426
30-20	159	209	298	407	506
40-30	208	268	318	447	645
50-40	239	377	772	1335	2125
60-50	545	990	1485	2030	3415

装备升级	提升比例
0	100%
1	105%
2	110%
3	120%
4	130%
5	150%
6	170%
7	190%
8	220%
9	260%
10	300%

图 5-26　"MP 各系统比重"表

"MP 装备分成"表：将之前装备所分配到的魔法值数值划分给每个装备，如图 5-27 所示。

左侧表：

等级	MP	白装	绿装	蓝装	紫装	橙装
1	200	200	240	300	400	520
2	210	200	240	300	400	520
3	220	200	240	300	400	520
4	230	200	240	300	400	520
5	240	200	240	300	400	520
6	250	200	240	300	400	520
7	260	200	240	300	400	520
8	270	200	240	300	400	520
9	280	200	240	300	400	520
10	290	290	348	435	580	783
11	300	290	348	435	580	783
12	310	290	348	435	580	783
13	320	290	348	435	580	783
14	330	290	348	435	580	783
15	340	290	348	435	580	783
16	350	290	348	435	580	783
17	360	290	348	435	580	783
18	370	290	348	435	580	783
19	380	290	348	435	580	783
20	390	429	526	682	916	1209
21	400	429	526	682	916	1209
22	410	429	526	682	916	1209
23	420	429	526	682	916	1209
24	430	429	526	682	916	1209

右侧表：

等级	白色装备HP	护肩比重	腰带比重	护肩HP	腰带HP
1	200	55.0%	45.0%	110	90
10	290	55.0%	45.0%	160	131
20	429	55.0%	45.0%	236	193
30	588	55.0%	45.0%	323	265
40	796	55.0%	45.0%	438	358
50	1035	55.0%	45.0%	569	466
60	1580	55.0%	45.0%	869	711

等级	绿色装备HP	护肩比重	腰带比重	护肩HP	腰带HP
1	240	55.0%	45.0%	132	108
10	348	55.0%	45.0%	191	157
20	526	55.0%	45.0%	289	237
30	735	55.0%	45.0%	404	331
40	1003	55.0%	45.0%	552	451
50	1380	55.0%	45.0%	759	621
60	2370	55.0%	45.0%	1304	1067

等级	蓝色装备HP	护肩比重	腰带比重	护肩HP	腰带HP
1	300	55.0%	45.0%	165	135
10	435	55.0%	45.0%	239	196
20	682	55.0%	45.0%	375	307
30	980	55.0%	45.0%	539	441
40	1298	55.0%	45.0%	714	584
50	2070	55.0%	45.0%	1139	932
60	3555	55.0%	45.0%	1955	1600

图 5-27　"MP 装备分成"表

"MP 模拟"表：这张表的作用在于汇总所有魔法值的数值，我们可以通过这张表看到角色在指定的装备强度下的各个等级的魔法值总量，如图 5-28 所示。

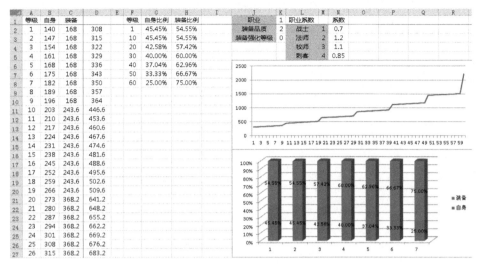

图 5-28 "MP 模拟"表

3. 物理攻击（AD）

"AD"表格结构如下。

"人物基础 AD"表：人物自身的物理攻击，用来衡量其他系统加成物理攻击的数值的价值基础。

"AD 各系统比重"表：将人物自身的物理攻击按比例划分到其他系统中，用于总体衡量各个系统分配到的物理攻击的比例和各个系统之间的比例。我们沿用之前"HP"表格的"HP 各系统比重"表中所使用的系数，如图 5-29 所示。

等级	AD	白装	绿装	蓝装	紫装	橙装
1	6	100%	120%	150%	200%	260%
2	6.3	100%	120%	150%	200%	260%
3	6.6	100%	120%	150%	200%	260%
4	6.9	100%	120%	150%	200%	260%
5	7.2	100%	120%	150%	200%	260%
6	7.5	100%	120%	150%	200%	260%
7	7.8	100%	120%	150%	200%	260%
8	8.1	100%	120%	150%	200%	260%
9	8.4	100%	120%	150%	200%	260%
10	8.7	100%	120%	150%	200%	270%
11	9	100%	120%	150%	200%	270%
12	9.3	100%	120%	150%	200%	270%
13	9.6	100%	120%	150%	200%	270%
14	9.9	100%	120%	150%	200%	270%
15	10.2	100%	120%	150%	200%	270%
16	10.5	100%	120%	150%	200%	270%
17	10.8	100%	120%	150%	200%	270%
18	11.1	100%	120%	150%	200%	270%
19	11.4	100%	120%	150%	200%	270%
20	11.7	110%	135%	175%	235%	310%

等级	白装	绿装	蓝装	紫装	橙装
1	6	7	9	12	15
10	8	10	13	17	23
20	12	15	20	27	36
30	17	22	29	39	51
40	23	30	38	53	70
50	31	41	62	93	134
60	47	71	106	154	237

差值	白装	绿装	蓝装	紫装	橙装
10-1	2	3	4	5	8
20-10	4	5	7	10	13
30-20	5	7	9	12	15
40-30	6	8	9	14	19
50-40	8	11	24	40	64
60-50	16	30	44	61	103

装备升级	提升比例
0	100%
1	105%
2	110%
3	120%
4	130%
5	150%
6	170%
7	190%
8	220%
9	260%
10	300%

图 5-29 "AD 各系统比重"表

"AD 装备分成"表：将之前装备所分配到的物理攻击数值划分给每个装备，如图 5-30 所示。

等级	AD	装备						等级	白色装备AD	武器比重	首饰比重	武器AD	首饰AD
		白装	绿装	蓝装	紫装	橙装		1	6	70.0%	15.0%	4	1
1	6	6	7	9	12	15		10	8	70.0%	15.0%	6	1
2	6.3	6	7	9	12	15		20	12	70.0%	15.0%	8	2
3	6.6	6	7	9	12	15		30	17	70.0%	15.0%	12	3
4	6.9	6	7	9	12	15		40	23	70.0%	15.0%	16	3
5	7.2	6	7	9	12	15		50	31	70.0%	15.0%	22	5
6	7.5	6	7	9	12	15		60	47	70.0%	15.0%	33	7
7	7.8	6	7	9	12	15							
8	8.1	6	7	9	12	15		等级	绿色装备AD	武器比重	首饰比重	武器Aad	首饰AD
9	8.4	6	7	9	12	15		1	7	70.0%	15.0%	5	1
10	8.7	8	10	13	17	23		10	10	70.0%	15.0%	7	2
11	9	8	10	13	17	23		20	15	70.0%	15.0%	11	2
12	9.3	8	10	13	17	23		30	22	70.0%	15.0%	15	3
13	9.6	8	10	13	17	23		40	30	70.0%	15.0%	21	5
14	9.9	8	10	13	17	23		50	41	70.0%	15.0%	29	6
15	10.2	8	10	13	17	23		60	71	70.0%	15.0%	50	11
16	10.5	8	10	13	17	23							
17	10.8	8	10	13	17	23		等级	蓝色装备AD	武器比重	首饰比重	武器AD	首饰AD
18	11.1	8	10	13	17	23		1	9	70.0%	15.0%	6	1
19	11.4	8	10	13	17	23		10	13	70.0%	15.0%	9	2
20	11.7	12	15	20	27	36		20	20	70.0%	15.0%	14	3
21	12	12	15	20	27	36		30	29	70.0%	15.0%	20	4
22	12.3	12	15	20	27	36		40	38	70.0%	15.0%	27	6
23	12.6	12	15	20	27	36		50	62	70.0%	15.0%	43	9
24	12.9	12	15	20	27	36		60	106	70.0%	15.0%	74	16

图 5-30　"AD 装备分成"表

我们把物理攻击的 70% 份额给了武器，因为不管在任何的 MMORPG 游戏中玩家对武器的追求都是第一位的。首饰由于玩家同时可以装备两件，为了方便后续计算，所以填写的是一件的数值。

在这里我们会发现一个问题，高等级首饰增加的数值和低等级首饰增加的数值是相同的。这是由于分配给首饰的绝对值过小导致，解决这个问题有两种方式。

①调整生命值和攻击的基数，基数大了之后就不会再出现这个问题。

②手动调节前期首饰装备数值。

我们目前先不调整，后面根据整体情况来调整。

"AD 模拟"表：这张表的作用在于汇总所有物理攻击的数值，我们可以通过这张表看到角色在指定的装备强度下的各个等级的物理攻击总量。由于法师和牧师几乎是不依靠物理输出的，所以并不需要对他们的物理攻击特别关注。

我们选择了战士装备绿色装备时的物理攻击模拟，如图 5-31 所示。

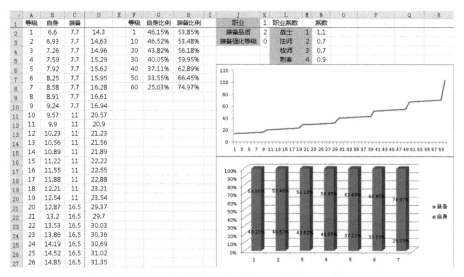

图 5-31　战士装备绿色装备时的物理攻击模拟

4. 魔法攻击（AP）

"AP"表格结构如下。

"人物基础 AP"表：人物自身的魔法攻击，用来衡量其他系统加成魔法攻击的数值的价值基础。

"AP 各系统比重"表：将人物自身的魔法攻击按比例划分到其他系统中，用于总体衡量各个系统分配到的魔法攻击的比例和各个系统之间的比例。我们沿用之前"HP"表格的"HP 各系统比重"表中所使用的系数，如图 5-32 所示。

等级	AP	装备						等级	白装	绿装	蓝装	紫装	橙装		装备升级	提升比例
		白装	绿装	蓝装	紫装	橙装									0	100%
1	6	100%	120%	150%	200%	260%		1	6	7	9	12	15		1	105%
2	6.3	100%	120%	150%	200%	260%		10	8	10	13	17	23		2	110%
3	6.6	100%	120%	150%	200%	260%		20	12	15	20	27	36		3	120%
4	6.9	100%	120%	150%	200%	260%		30	17	22	29	39	51		4	130%
5	7.2	100%	120%	150%	200%	260%		40	23	30	38	53	70		5	150%
6	7.5	100%	120%	150%	200%	260%		50	31	41	62	93	134		6	170%
7	7.8	100%	120%	150%	200%	260%		60	47	71	106	154	237		7	190%
8	8.1	100%	120%	150%	200%	260%									8	220%
9	8.4	100%	120%	150%	200%	260%									9	260%
10	8.7	100%	120%	150%	200%	270%		差值	白装	绿装	蓝装	紫装	橙装		10	300%
11	9	100%	120%	150%	200%	270%		10-1	2	3	4	5	8			
12	9.3	100%	120%	150%	200%	270%		20-10	4	5	7	10	13			
13	9.6	100%	120%	150%	200%	270%		30-20	5	7	9	12	15			
14	9.9	100%	120%	150%	200%	270%		40-30	6	8	9	14	19			
15	10.2	100%	120%	150%	200%	270%		50-40	8	11	24	40	64			
16	10.5	100%	120%	150%	200%	270%		60-50	16	30	44	61	103			
17	10.8	100%	120%	150%	200%	270%										
18	11.1	100%	120%	150%	200%	270%										
19	11.4	100%	120%	150%	200%	270%										
20	11.7	110%	135%	175%	235%	310%										

图 5-32　"AP 各系统比重"表

"AP 装备分成"表：将之前装备所分配到的魔法攻击数值划分给每个装备，如图 5-33 所示。

等级	AP	白装	绿装	蓝装	紫装	橙装		等级	白色装备AP	武器比重	首饰比重	武器AP	首饰AP
1	6	6	7	9	12	15		1	6	70.0%	15.0%	4	1
2	6.3	6	7	9	12	15		10	8	70.0%	15.0%	6	1
3	6.6	6	7	9	12	15		20	12	70.0%	15.0%	8	2
4	6.9	6	7	9	12	15		30	17	70.0%	15.0%	12	3
5	7.2	6	7	9	12	15		40	23	70.0%	15.0%	16	3
6	7.5	6	7	9	12	15		50	31	70.0%	15.0%	22	5
7	7.8	6	7	9	12	15		60	47	70.0%	15.0%	33	7
8	8.1	6	7	9	12	15							
9	8.4	6	7	9	12	15		等级	绿色装备AP	武器比重	首饰比重	武器AP	首饰AP
10	8.7	8	10	13	17	23		1	7	70.0%	15.0%	5	1
11	9	8	10	13	17	23		10	10	70.0%	15.0%	7	2
12	9.3	8	10	13	17	23		20	15	70.0%	15.0%	11	2
13	9.6	8	10	13	17	23		30	22	70.0%	15.0%	15	3
14	9.9	8	10	13	17	23		40	30	70.0%	15.0%	21	5
15	10.2	8	10	13	17	23		50	41	70.0%	15.0%	29	6
16	10.5	8	10	13	17	23		60	71	70.0%	15.0%	50	11
17	10.8	8	10	13	17	23							
18	11.1	8	10	13	17	23		等级	蓝色装备AP	武器比重	首饰比重	武器AP	首饰AP
19	11.4	8	10	13	17	23		1	9	70.0%	15.0%	6	1
20	11.7	12	15	20	27	36		10	13	70.0%	15.0%	9	2
21	12	12	15	20	27	36		20	20	70.0%	15.0%	14	3
22	12.3	12	15	20	27	36		30	29	70.0%	15.0%	20	4
23	12.6	12	15	20	27	36		40	38	70.0%	15.0%	27	6
24	12.9	12	15	20	27	36		50	62	70.0%	15.0%	43	9
								60	106	70.0%	15.0%	74	16

图 5-33 "AP 装备分成"表

"AP 模拟"表：这张表的作用在于汇总所有魔法攻击的数值，我们可以通过这张表看到角色在指定的装备强度下的各个等级的魔法攻击总量。

我们选择了法师装备绿色装备时的魔法攻击模拟，如图 5-34 所示。

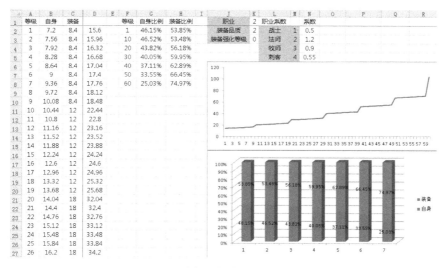

图 5-34 法师装备绿色装备时的物理攻击模拟

5. 物理防御（DM）

"DM"表格比之前的表格多一张表，表格结构如下。

"人物基础DM"表：人物自身的物理防御，用来衡量其他系统加成物理防御的数值的价值基础。

"DM各系统比重"表：将人物自身的物理防御按比例划分到其他系统中，用于总体衡量各个系统分配到的物理防御的比例和各个系统之间的比例。我们沿用之前"HP"表格的"HP各系统比重"表中所使用的系数，如图5-35所示。

等级	DM	装备 白装	绿装	蓝装	紫装	橙装
1	20	100%	120%	150%	200%	260%
2	21	100%	120%	150%	200%	260%
3	22	100%	120%	150%	200%	260%
4	23	100%	120%	150%	200%	260%
5	24	100%	120%	150%	200%	260%
6	25	100%	120%	150%	200%	260%
7	26	100%	120%	150%	200%	260%
8	27	100%	120%	150%	200%	260%
9	28	100%	120%	150%	200%	260%
10	29	100%	120%	150%	200%	270%
11	30	100%	120%	150%	200%	270%
12	31	100%	120%	150%	200%	270%
13	32	100%	120%	150%	200%	270%
14	33	100%	120%	150%	200%	270%
15	34	100%	120%	150%	200%	270%
16	35	100%	120%	150%	200%	270%
17	36	100%	120%	150%	200%	270%
18	37	100%	120%	150%	200%	270%
19	38	100%	120%	150%	200%	270%
20	39	110%	135%	175%	235%	310%

等级	白装	绿装	蓝装	紫装	橙装
1	20	24	30	40	52
10	29	34	43	58	78
20	42	52	68	91	120
30	58	73	98	132	171
40	79	100	129	177	236
50	103	138	207	310	448
60	158	237	355	513	790

差值	白装	绿装	蓝装	紫装	橙装
10-1	9	10	13	18	26
20-10	13	18	25	33	42
30-20	16	21	30	41	51
40-30	21	27	31	45	65
50-40	24	38	78	133	212
60-50	55	99	148	203	342

装备升级	提升比例
0	100%
1	105%
2	110%
3	120%
4	130%
5	150%
6	170%
7	190%
8	220%
9	260%
10	300%

图5-35　"DM各系统比重"表

"DM装备分成"表：将之前装备所分配到的物理防御数值划分给每个装备，如图5-36所示。

等级	DM	装备 白装	绿装	蓝装	紫装	橙装
1	20	60	72	90	120	156
2	21	60	72	90	120	156
3	22	60	72	90	120	156
4	23	60	72	90	120	156
5	24	60	72	90	120	156
6	25	60	72	90	120	156
7	26	60	72	90	120	156
8	27	60	72	90	120	156
9	28	60	72	90	120	156
10	29	87	104	130	174	234
11	30	87	104	130	174	234
12	31	87	104	130	174	234
13	32	87	104	130	174	234
14	33	87	104	130	174	234
15	34	87	104	130	174	234
16	35	87	104	130	174	234
17	36	87	104	130	174	234
18	37	87	104	130	174	234
19	38	87	104	130	174	234
20	39	128	157	204	274	362
21	40	128	157	204	274	362
22	41	128	157	204	274	362
23	42	128	157	204	274	362
24	43	128	157	204	274	362

等级	白色装备DM	头部比重	衣服比重	裤子比重	头部DM	衣服DM	裤子DM
1	60	33.0%	35.0%	32.0%	19.8	21	19.2
10	87	33.0%	35.0%	32.0%	28.71	30.45	27.84
20	128	33.0%	35.0%	32.0%	42.24	44.8	40.96
30	176	33.0%	35.0%	32.0%	58.08	61.6	56.32
40	238	33.0%	35.0%	32.0%	78.54	83.3	76.16
50	310	33.0%	35.0%	32.0%	102.3	108.5	99.2
60	474	33.0%	35.0%	32.0%	156.42	165.9	151.68

等级	绿色装备DM	头部比重	衣服比重	裤子比重	头部DM	衣服DM	裤子DM
1	72	33.0%	35.0%	32.0%	23.76	25.2	23.04
10	104	33.0%	35.0%	32.0%	34.32	36.4	33.28
20	157	33.0%	35.0%	32.0%	51.81	54.95	50.24
30	220	33.0%	35.0%	32.0%	72.6	77	70.4
40	300	33.0%	35.0%	32.0%	99	105	96
50	414	33.0%	35.0%	32.0%	136.62	144.9	132.48
60	711	33.0%	35.0%	32.0%	234.63	248.85	227.52

等级	蓝色装备DM	头部比重	衣服比重	裤子比重	头部DM	衣服DM	裤子DM
1	90	33.0%	35.0%	32.0%	29.7	31.5	28.8
10	130	33.0%	35.0%	32.0%	42.9	45.5	41.6
20	204	33.0%	35.0%	32.0%	67.32	71.4	65.28
30	294	33.0%	35.0%	32.0%	97.02	102.9	94.08
40	389	33.0%	35.0%	32.0%	128.37	136.15	124.48
50	621	33.0%	35.0%	32.0%	204.93	217.35	198.72
60	1066	33.0%	35.0%	32.0%	351.78	373.1	341.12

图5-36　"DM装备分成"表

"DM 模拟"表：这张表的作用在于汇总所有物理防御的数值，我们可以通过这张表看到角色在指定的装备强度下的各个等级的物理防御总量，如图 5-37 所示。

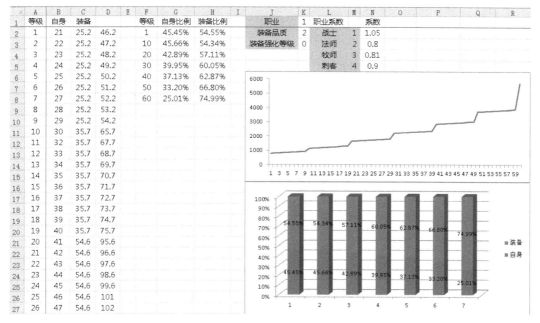

图 5-37　"DM 模拟"表

"DM 减伤比例"表：是用来衡量物理防御带来减伤能力的表格，这是非常重要的一张表，它衡量了物理防御最终的收益价值，如图 5-38 所示。

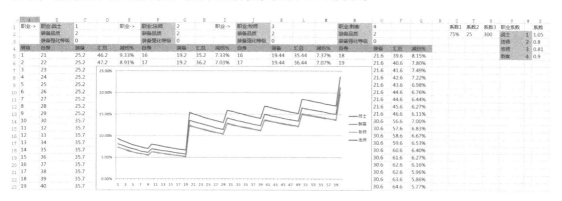

图 5-38　"DM 减伤比例"表

A 列表示所有职业的等级。

B 列到 E 列是战士在指定条件下的物理防御总和以及减伤比例。

F 列到 I 列是法师在指定条件下的物理防御总和以及减伤比例。

J 列到 M 列是牧师在指定条件下的物理防御总和以及减伤比例。

N 列到 Q 列是刺客在指定条件下的物理防御总和以及减伤比例。

S 列到 U 列是战斗公式的参数。

W 列是职业的对应编号。

X 列是各职业对应的 DM 系数。

我们来看各个职业的物理减伤比例这张图。角色装备了绿色装备之后的减伤比例非常低，物理防御的价值略小。此时需要调整物理防御的价值。增加物理防御有如下方法。

①调整战斗公式参数。

②增加物理防御投放。

首先排除第一种做法，之前我们也看到曲线是非常合理的，如果提升每点物理防御提升的减伤比例，这会让后续数值没有价值，并使物理防御成长的空间也小很多，因为很快就会成长到性价比的临界点。

我们选择第二种做法来提升物理防御的价值。这里需要考虑的一个问题就是提升物理防御的投放是放在人物身上还是装备身上，为了突出装备的重要性，我们还是把数值放在装备上。

按照圈内的经验，我们大致将绿色装备的减伤控制在 15%~20% 之间。根据这个需求重新调整 "DM 各系统比重" 表中的系数，如图 5-39 所示。

等级	DM	装备						等级	白装	绿装	蓝装	紫装	橙装
		白装	绿装	蓝装	紫装	橙装							
1	20	300%	360%	450%	600%	780%		1	60	72	90	120	156
2	21	300%	360%	450%	600%	780%		10	87	104	130	174	234
3	22	300%	360%	450%	600%	780%		20	128	157	204	274	362
4	23	300%	360%	450%	600%	780%		30	176	220	294	396	514
5	24	300%	360%	450%	600%	780%		40	238	300	389	531	708
6	25	300%	360%	450%	600%	780%		50	310	414	621	931	1345
7	26	300%	360%	450%	600%	780%		60	474	711	1066	1540	2370
8	27	300%	360%	450%	600%	780%							
9	28	300%	360%	450%	600%	780%							
10	29	300%	360%	450%	600%	810%		差值	白装	绿装	蓝装	紫装	橙装
11	30	300%	360%	450%	600%	810%		10-1	27	32	40	54	78
12	31	300%	360%	450%	600%	810%		20-10	41	53	74	100	128
13	32	300%	360%	450%	600%	810%		30-20	48	63	90	122	152
14	33	300%	360%	450%	600%	810%		40-30	62	80	95	135	194
15	34	300%	360%	450%	600%	810%		50-40	72	114	232	400	637
16	35	300%	360%	450%	600%	810%		60-50	164	297	445	609	1025
17	36	300%	360%	450%	600%	810%							
18	37	300%	360%	450%	600%	810%							
19	38	300%	360%	450%	600%	810%							
20	39	330%	405%	525%	705%	930%							

图 5-39　重新调整后的 "DM 各系统比重" 表

然后重新调整"DM 减伤比例"表，如图 5-40 所示。

职业->	战士	1		职业->	法师	2		职业->	牧师	3		职业->	刺客	4			系数1	系数2	系数3		职业系数		系数
装备品质	2			装备品质	2			装备品质	2			装备品质	2			75%	25	300		战士	1	1.05
装备强化等级	0			装备强化等级	0			装备强化等级	0			装备强化等级	0							法师	2	0.8
等级	自身	装备	汇总	减伤%	自身	装备	汇总	减伤%	自身	装备	汇总	减伤%	自身	装备	汇总	减伤%				牧师	3	0.81
1	21	75.6	96.6	17.18%	16	57.6	73.6	13.85%	16	58.32	74.32	13.96%	18	64.8	82.8	15.23%				刺客	4	0.9
2	22	75.6	97.6	16.35%	17	57.6	74.6	13.18%	17	58.32	75.32	13.28%	19	64.8	83.8	14.49%
3	23	75.6												64.8	84.8	13.83%
4	24	75.6												64.8	85.8	13.25%
5	25	75.6												64.8	86.8	12.72%
6	26	75.6												64.8	87.8	12.24%
7	27	75.6												64.8	87.8	11.70%
8	28	75.6												64.8	88.8	11.31%
9	29	75.6												64.8	89.8	10.95%
10	30	109.2												93.6	119.6	13.40%
11	32	109.2												93.6	120.6	13.00%
12	33	109.2												93.6	121.6	12.64%
13	34	109.2												93.6	122.6	12.30%
14	36	109.2												93.6	123.6	11.98%
15	36	109.2												93.6	124.6	11.69%
16	37	109.2												93.6	125.6	11.41%
17	38	109.2												93.6	125.6	11.07%
18	39	109.2												93.6	126.6	10.83%
19	40	109.2												93.6	127.6	10.60%

图 5-40　重新调整后的"DM 伤减比例"表

6. 魔法防御（PM）

"PM"表格和"DM"表格的结构相似，结构如下。

"人物基础 PM"表：人物自身的魔法防御，用来衡量其他系统加成魔法防御的数值的价值基础。

"PM 各系统比重"表：将人物自身的魔法防御按比例划分到其他系统中，用于总体衡量各个系统分配到的魔法防御的比例和各个系统之间的比例，如图 5-41 所示。

等级	PM	白装	绿装	蓝装	紫装	橙装		等级	白装	绿装	蓝装	紫装	橙装		装备升级	提升比例
				装备											0	100%
1	20	300%	360%	450%	600%	780%		1	60	72	90	120	156		1	105%
2	21	300%	360%	450%	600%	780%		10	87	104	130	174	234		2	110%
3	22	300%	360%	450%	600%	780%		20	128	157	204	274	362		3	120%
4	23	300%	360%	450%	600%	780%		30	176	220	294	396	514		4	130%
5	24	300%	360%	450%	600%	780%		40	238	300	389	531	708		5	150%
6	25	300%	360%	450%	600%	780%		50	310	414	621	931	1345		6	170%
7	26	300%	360%	450%	600%	780%		60	474	711	1066	1540	2370		7	190%
8	27	300%	360%	450%	600%	780%									8	220%
9	28	300%	360%	450%	600%	780%									9	260%
10	29	300%	360%	450%	600%	810%		差值	白装	绿装	蓝装	紫装	橙装		10	300%
11	30	300%	360%	450%	600%	810%		10-1	27	32	40	54	78
12	31	300%	360%	450%	600%	810%		20-10	41	53	74	100	128
13	32	300%	360%	450%	600%	810%		30-20	48	63	90	122	152
14	33	300%	360%	450%	600%	810%		40-30	62	80	95	135	194
15	34	300%	360%	450%	600%	810%		50-40	72	114	232	400	637
16	35	300%	360%	450%	600%	810%		60-50	164	297	445	609	1025
17	36	300%	360%	450%	600%	810%
18	37	300%	360%	450%	600%	810%
19	38	300%	360%	450%	600%	810%
20	39	330%	405%	525%	705%	930%

图 5-41　"PM 各系统比重"表

"PM 装备分成"表：将之前装备所分配到的魔法防御数值划分给每个装备，如图 5-42 所示。

等级	PM	装备				
		白装	绿装	蓝装	紫装	橙装
1	20	60	72	90	120	156
2	21	60	72	90	120	156
3	22	60	72	90	120	156
4	23	60	72	90	120	156
5	24	60	72	90	120	156
6	25	60	72	90	120	156
7	26	60	72	90	120	156
8	27	60	72	90	120	156
9	28	60	72	90	120	156
10	29	87	104	130	174	234
11	30	87	104	130	174	234
12	31	87	104	130	174	234
13	32	87	104	130	174	234
14	33	87	104	130	174	234
15	34	87	104	130	174	234
16	35	87	104	130	174	234
17	36	87	104	130	174	234
18	37	87	104	130	174	234
19	38	87	104	130	174	234
20	39	128	157	204	274	362
21	40	128	157	204	274	362
22	41	128	157	204	274	362
23	42	128	157	204	274	362
24	43	128	157	204	274	362

等级	白色装备PM	头部比重	衣服比重	裤子比重	头部PM	衣服PM	裤子PM
1	60	33.0%	35.0%	32.0%	19.8	21	19.2
10	87	33.0%	35.0%	32.0%	28.71	30.45	27.84
20	128	33.0%	35.0%	32.0%	42.24	44.8	40.96
30	176	33.0%	35.0%	32.0%	58.08	61.6	56.32
40	238	33.0%	35.0%	32.0%	78.54	83.3	76.16
50	310	33.0%	35.0%	32.0%	102.3	108.5	99.2
60	474	33.0%	35.0%	32.0%	156.42	165.9	151.68

等级	绿色装备PM	头部比重	衣服比重	裤子比重	头部PM	衣服PM	裤子PM
1	72	33.0%	35.0%	32.0%	23.76	25.2	23.04
10	104	33.0%	35.0%	32.0%	34.32	36.4	33.28
20	157	33.0%	35.0%	32.0%	51.81	54.95	50.24
30	220	33.0%	35.0%	32.0%	72.6	77	70.4
40	300	33.0%	35.0%	32.0%	99	105	96
50	414	33.0%	35.0%	32.0%	136.62	144.9	132.48
60	711	33.0%	35.0%	32.0%	234.63	248.85	227.52

等级	蓝色装备PM	头部比重	衣服比重	裤子比重	头部PM	衣服PM	裤子PM
1	90	33.0%	35.0%	32.0%	29.7	31.5	28.8
10	130	33.0%	35.0%	32.0%	42.9	45.5	41.6
20	204	33.0%	35.0%	32.0%	67.32	71.4	65.28
30	294	33.0%	35.0%	32.0%	97.02	102.9	94.08
40	389	33.0%	35.0%	32.0%	128.37	136.15	124.48
50	621	33.0%	35.0%	32.0%	204.93	217.35	198.72
60	1066	33.0%	35.0%	32.0%	351.78	373.1	341.12

图 5-42　"PM 装备分成"表

"PM 模拟"表：这张表的作用在于汇总所有魔法防御的数值，我们可以通过这张表看到角色在指定的装备强度下的各个等级的魔法防御总量，如图 5-43 所示。

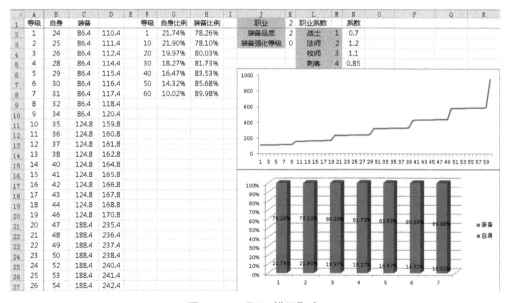

图 5-43　"PM 模拟"表

"PM 减伤比例"表：是用来衡量魔法防御带来减伤能力的表格，如图 5-44 所示。

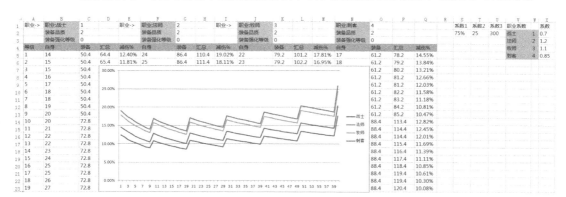

图 5-44　"PM 减伤比例"表

7. 命中（HIT）

"人物基础 HIT"表：人物自身的命中，用来衡量其他系统加成命中数值的价值基础。

"HIT 各系统比重"表：将人物自身的命中按比例划分到其他系统中，用于总体衡量各个系统分配到的命中的比例和各个系统之间的比例，如图 5-45 所示。

等级	HIT	装备						等级	白装	绿装	蓝装	紫装	橙装				装备升级	提升比例
		白装	绿装	蓝装	紫装	橙装											0	100%
1	100	100%	120%	150%	200%	260%		1	100	120	150	200	260				1	105%
2	105	100%	120%	150%	200%	260%		10	145	174	217	290	391				2	110%
3	110	100%	120%	150%	200%	260%		20	214	263	341	458	604				3	120%
4	115	100%	120%	150%	200%	260%		30	294	367	490	661	857				4	130%
5	120	100%	120%	150%	200%	260%		40	398	501	649	885	1180				5	150%
6	125	100%	120%	150%	200%	260%		50	517	690	1035	1552	2242				6	170%
7	130	100%	120%	150%	200%	260%		60	790	1185	1777	2567	3950				7	190%
8	135	100%	120%	150%	200%	260%											8	220%
9	140	100%	120%	150%	200%	260%											9	260%
10	145	100%	120%	150%	200%	270%		差值	白装	绿装	蓝装	紫装	橙装				10	300%
11	150	100%	120%	150%	200%	270%		10-1	45	54	67	90	131					
12	155	100%	120%	150%	200%	270%		20-10	69	89	124	168	213					
13	160	100%	120%	150%	200%	270%		30-20	80	104	149	203	253					
14	165	100%	120%	150%	200%	270%		40-30	104	134	159	224	323					
15	170	100%	120%	150%	200%	270%		50-40	119	189	386	667	1062					
16	175	100%	120%	150%	200%	270%		60-50	273	495	742	1015	1708					
17	180	100%	120%	150%	200%	270%												
18	185	100%	120%	150%	200%	270%												
19	190	100%	120%	150%	200%	270%												
20	195	110%	135%	175%	235%	310%												

图 5-45　"HIT 各系统比重"表

"HIT 装备分成"表：将之前装备所分配到的命中数值划分给每个装备，如图 5-46 所示。

等级	HIT	装备				
		白装	绿装	蓝装	紫装	橙装
1	100	100	120	150	200	260
2	105	100	120	150	200	260
3	110	100	120	150	200	260
4	115	100	120	150	200	260
5	120	100	120	150	200	260
6	125	100	120	150	200	260
7	130	100	120	150	200	260
8	135	100	120	150	200	260
9	140	100	120	150	200	260
10	145	145	174	217	290	391
11	150	145	174	217	290	391
12	155	145	174	217	290	391
13	160	145	174	217	290	391
14	165	145	174	217	290	391
15	170	145	174	217	290	391
16	175	145	174	217	290	391
17	180	145	174	217	290	391
18	185	145	174	217	290	391
19	190	145	174	217	290	391
20	195	214	263	341	458	604
21	200	214	263	341	458	604
22	205	214	263	341	458	604
23	210	214	263	341	458	604
24	215	214	263	341	458	604

等级	白色装备HIT	武器比重	项链比重	武器HIT	项链HIT
1	100	60.0%	40.0%	60	40
10	145	60.0%	40.0%	87	58
20	214	60.0%	40.0%	128	86
30	294	60.0%	40.0%	176	118
40	398	60.0%	40.0%	239	159
50	517	60.0%	40.0%	310	207
60	790	60.0%	40.0%	474	316

等级	绿色装备HIT	武器比重	项链比重	武器HIT	项链HIT
1	120	60.0%	40.0%	72	48
10	174	60.0%	40.0%	104	70
20	263	60.0%	40.0%	158	105
30	367	60.0%	40.0%	220	147
40	501	60.0%	40.0%	301	200
50	690	60.0%	40.0%	414	276
60	1185	60.0%	40.0%	711	474

等级	蓝色装备HIT	武器比重	项链比重	武器HIT	项链HIT
1	150	60.0%	40.0%	90	60
10	217	60.0%	40.0%	130	87
20	341	60.0%	40.0%	205	136
30	490	60.0%	40.0%	294	196
40	649	60.0%	40.0%	389	260
50	1035	60.0%	40.0%	621	414
60	1777	60.0%	40.0%	1066	711

图 5-46 "HIT 装备分成"表

"HIT 模拟"表：这张表的作用在于汇总所有命中的数值，我们可以通过这张表看到角色在指定的装备强度下的各个等级的命中总量，如图 5-47 所示。

等级	自身	装备		等级	自身比例	装备比例
1	85	102	187	1	45.45%	54.55%
2	89	102	191	10	45.40%	54.60%
3	94	102	196	20	42.61%	57.39%
4	98	102	200	30	40.00%	60.00%
5	102	102	204	40	37.08%	62.92%
6	106	102	208	50	33.31%	66.69%
7	111	102	213	60	25.01%	74.99%
8	115	102	217			
9	119	102	221			
10	123	148	271			
11	128	148	276			
12	132	148	280			
13	136	148	284			
14	140	148	288			
15	145	148	293			
16	149	148	297			
17	153	148	301			
18	157	148	305			
19	162	148	310			
20	166	224	390			
21	170	224	394			
22	174	224	398			
23	179	224	403			
24	183	224	407			
25	187	224	411			
26	191	224	415			

职业	1	职业系数	系数
装备品质	2	战士 1	0.85
装备强化等级	0	法师 2	0.95
		牧师 3	1.05
		刺客 4	0.95

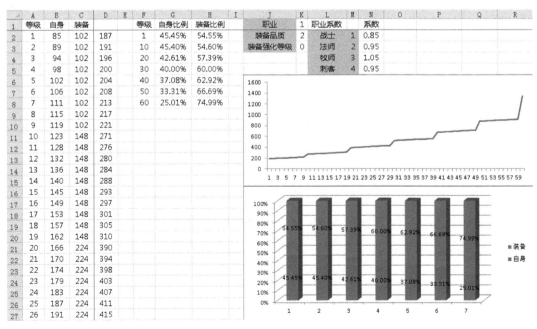

图 5-47 "HIT 模拟"表

8. 闪避（MISS）

"人物基础MISS"表：人物自身的闪避，用来衡量其他系统加成闪避数值的价值基础。

"MISS 各系统比重"表：将人物自身的闪避按比例划分到其他系统中，用于总体衡量各个系统分配到的闪避的比例和各个系统之间的比例。这里的闪避已经按之前和命中比例为 1:9 进行了投放，如图 5-48 所示。

等级	MISS	白装	绿装	蓝装	紫装	橙装
1	11	100%	120%	150%	200%	260%
2	11.6	100%	120%	150%	200%	260%
3	12.1	100%	120%	150%	200%	260%
4	12.7	100%	120%	150%	200%	260%
5	13.2	100%	120%	150%	200%	260%
6	13.8	100%	120%	150%	200%	260%
7	14.3	100%	120%	150%	200%	260%
8	14.9	100%	120%	150%	200%	260%
9	15.4	100%	120%	150%	200%	260%
10	16	100%	120%	150%	200%	270%
11	16.5	100%	120%	150%	200%	270%
12	17.1	100%	120%	150%	200%	270%
13	17.6	100%	120%	150%	200%	270%
14	18.2	100%	120%	150%	200%	270%
15	18.7	100%	120%	150%	200%	270%
16	19.3	100%	120%	150%	200%	270%
17	19.8	100%	120%	150%	200%	270%
18	20.4	100%	120%	150%	200%	270%
19	20.9	100%	120%	150%	200%	270%
20	21.5	110%	135%	175%	235%	310%

等级	白装	绿装	蓝装	紫装	橙装
1	11	13	16	22	28
10	15	19	23	31	43
20	23	28	37	50	66
30	32	40	53	72	94
40	43	55	71	97	129
50	56	75	113	170	246
60	86	130	195	282	434

差值	白装	绿装	蓝装	紫装	橙装
10-1	4	6	7	9	15
20-10	8	9	14	19	23
30-20	9	12	16	22	28
40-30	11	15	18	25	35
50-40	13	20	42	73	117
60-50	30	55	82	112	188

装备升级	提升比例
0	100%
1	105%
2	110%
3	120%
4	130%
5	150%
6	170%
7	190%
8	220%
9	260%
10	300%

图 5–48　"MISS 各系统比重"表

"MISS 装备分成"表：将之前装备所分配到的闪避数值划分给每个装备，如图 5-49 所示。

等级	MISS	白装	绿装	蓝装	紫装	橙装
1	11	11	13	16	22	28
2	11.55	11	13	16	22	28
3	12.1	11	13	16	22	28
4	12.65	11	13	16	22	28
5	13.2	11	13	16	22	28
6	13.75	11	13	16	22	28
7	14.3	11	13	16	22	28
8	14.85	11	13	16	22	28
9	15.4	11	13	16	22	28
10	15.95	15	19	23	31	43
11	16.5	15	19	23	31	43
12	17.05	15	19	23	31	43
13	17.6	15	19	23	31	43
14	18.15	15	19	23	31	43
15	18.7	15	19	23	31	43
16	19.25	15	19	23	31	43
17	19.8	15	19	23	31	43
18	20.35	15	19	23	31	43
19	20.9	15	19	23	31	43
20	21.45	23	28	37	50	66
21	22	23	28	37	50	66
22	22.55	23	28	37	50	66
23	23.1	23	28	37	50	66
24	23.65	23	28	37	50	66

等级	白色装备MISS	鞋子比重	项链比重	鞋子MISS	项链MISS
1	11	70.0%	30.0%	8	3
10	15	70.0%	30.0%	11	5
20	23	70.0%	30.0%	16	7
30	32	70.0%	30.0%	22	10
40	43	70.0%	30.0%	30	13
50	56	70.0%	30.0%	39	17
60	86	70.0%	30.0%	60	26

等级	绿色装备MISS	鞋子比重	项链比重	鞋子MISS	项链MISS
1	13	70.0%	30.0%	9	4
10	19	70.0%	30.0%	13	6
20	28	70.0%	30.0%	20	8
30	40	70.0%	30.0%	28	12
40	55	70.0%	30.0%	39	17
50	75	70.0%	30.0%	53	23
60	130	70.0%	30.0%	91	39

等级	蓝色装备MISS	鞋子比重	项链比重	鞋子MISS	项链MISS
1	16	70.0%	30.0%	11	5
10	23	70.0%	30.0%	16	7
20	37	70.0%	30.0%	26	11
30	53	70.0%	30.0%	37	16
40	71	70.0%	30.0%	50	21
50	113	70.0%	30.0%	79	34
60	195	70.0%	30.0%	137	59

图 5–49　"MISS 装备分成"表

"MISS 模拟"表：这张表的作用在于汇总所有闪避的数值，我们可以通过这张表看到角色在指定的装备强度下的各个等级的闪避总量，如图 5-50 所示。

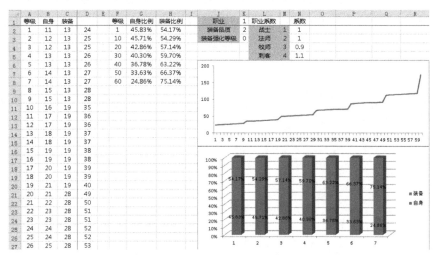

图 5-50 "MISS 模拟"表

9. 暴击（CRI）

"人物基础 CRI"表：在之前的设计中我们曾介绍过，角色是没有自身暴击的，可这里为什么又要有这样的一张表呢？其实这是我们假设出来的属性，用来给其他系统作为设计参考的，当然也有同行采用的是其他设计方法，这里就不一一介绍了。

"CRI 各系统比重"表：将人物自身的暴击按比例划分到其他系统中，用于总体衡量各个系统分配到的暴击的比例和各个系统之间的比例，如图 5-51 所示。

"CRI装备分成"表：将之前装备所分配到的暴击数值划分给每个装备，如图 5-52 所示。

图 5-51 "CRI 各系统比重"表

等级	CRI	装备						等级	白色装备CRI	手套比重	戒指比重		手套CRI	戒指CRI
		白装	绿装	蓝装	紫装	橙装		1	20	60.0%	20.0%		12	4
1	20	20	24	30	40	52		10	29	60.0%	20.0%		17	6
2	21	20	24	30	40	52		20	42	60.0%	20.0%		25	8
3	22	20	24	30	40	52		30	58	60.0%	20.0%		35	12
4	23	20	24	30	40	52		40	79	60.0%	20.0%		47	16
5	24	20	24	30	40	52		50	103	60.0%	20.0%		62	21
6	25	20	24	30	40	52		60	158	60.0%	20.0%		95	32
7	26	20	24	30	40	52								
8	27	20	24	30	40	52		等级	绿色装备CRI	手套比重	戒指比重		手套CRI	戒指CRI
9	28	20	24	30	40	52		1	24	60.0%	20.0%		14	5
10	29	29	34	43	58	78		10	34	60.0%	20.0%		20	7
11	30	29	34	43	58	78		20	52	60.0%	20.0%		31	10
12	31	29	34	43	58	78		30	73	60.0%	20.0%		44	15
13	32	29	34	43	58	78		40	100	60.0%	20.0%		60	20
14	33	29	34	43	58	78		50	138	60.0%	20.0%		83	28
15	34	29	34	43	58	78		60	237	60.0%	20.0%		142	47
16	35	29	34	43	58	78								
17	36	29	34	43	58	78		等级	蓝色装备CRI	手套比重	戒指比重		手套CRI	戒指CRI
18	37	29	34	43	58	78		1	30	60.0%	20.0%		18	6
19	38	29	34	43	58	78		10	43	60.0%	20.0%		26	9
20	39	42	52	68	91	120		20	68	60.0%	20.0%		41	14
21	40	42	52	68	91	120		30	98	60.0%	20.0%		59	20
22	41	42	52	68	91	120		40	129	60.0%	20.0%		77	26
23	42	42	52	68	91	120		50	207	60.0%	20.0%		124	41
24	43	42	52	68	91	120		60	355	60.0%	20.0%		213	71

图 5-52　"CRI 装备分成"表

"CRI 模拟"表：这张表的作用在于汇总所有暴击的数值，我们可以通过这张表看到角色在指定的装备强度下的各个等级的暴击总量。这里由于自身的数值是虚拟出来的，所以这部分不计算进去，如图 5-53 所示。

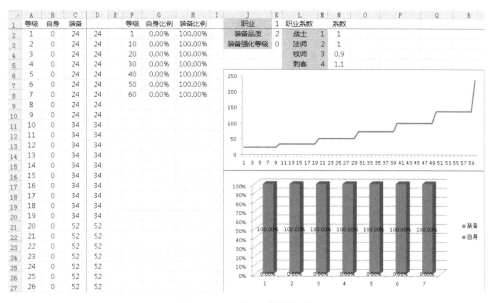

图 5-53　"CRI 模拟"表

5.3.7 初步战斗模拟

完成了上述的几个属性表之后，接下来就可以去完成一个初步战斗模拟了。我们将从暴击、命中、纯伤害 3 个方面来衡量战斗的平衡性，最后以最终伤害整体衡量战斗。

首先回顾一下我们的文件夹，之前创建了 9 张属性表，再加上我们新创建的 4 张表格，一共就有 13 张表格，如图 5-54 所示。

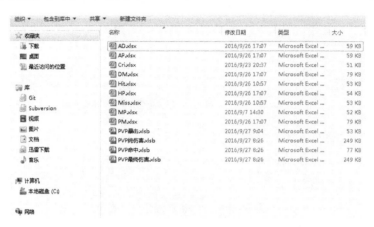

图 5-54　文件夹中的属性表

1.PVP 暴击

在"PVP 暴击"这张表格中我们会设置如图 5-55 所示的几种表。

图 5-55　PVP 暴击表格

"基础属性"表：汇总之前虚构的人物暴击，如图 5-56 所示。

等级	暴击	战士	法师	牧师	刺客
1		20	20	18	22
2		21	21	19	23
3		22	22	20	24
4		23	23	21	25
5		24	24	22	26
6		25	25	23	28
7		26	26	23	29
8		27	27	24	30
9		28	28	25	31
10		29	29	26	32

图 5-56　"基础属性"表

"装备"表：将之前"CRI"表格中装备加成的数值体现出来，并附带职业系数和装备升级对应的比例，如图 5-57 所示。

	A	B	C	D	E	F	G	H	I	J	K	L	M	N	O	P
1	等级	CRI	装备								职业系数		系数		装备升级	提升比例
2			白装	绿装	蓝装	紫装	橙装									
3	1	20	20	24	30	40	52				战士	1	1		0	100%
4	2	21	20	24	30	40	52				法师	2	1		1	105%
5	3	22	20	24	30	40	52				牧师	3	0.9		2	110%
6	4	23	20	24	30	40	52				刺客	4	1.1		3	120%
7	5	24	20	24	30	40	52								4	130%
8	6	25	20	24	30	40	52								5	150%
9	7	26	20	24	30	40	52								6	170%
10	8	27	20	24	30	40	52								7	190%
11	9	28	20	24	30	40	52								8	220%
12	10	29	29	34	43	58	78								9	260%
13	11	30	29	34	43	58	78								10	300%

图 5–57　“装备”表

“攻击方暴击”表：汇总不同职业在不同装备属性强度下的暴击数值，如图 5-58 所示。

	A	B	C	D	E	F	G	H	I	J	K	L
1	攻	职业	1				攻	职业	2			
2	装备品质	1	2	3	4	5	装备品质	1	2	3	4	5
3	装备强化	0	0	0	0	0	装备强化	0	0	0	0	0
4	等级						等级					
5	1	20	24	30	40	52	1	20	24	30	40	52
6	2	20	24	30	40	52	2	20	24	30	40	52
7	3	20	24	30	40	52	3	20	24	30	40	52
8	4	20	24	30	40	52	4	20	24	30	40	52
9	5	20	24	30	40	52	5	20	24	30	40	52
10	6	20	24	30	40	52	6	20	24	30	40	52
11	7	20	24	30	40	52	7	20	24	30	40	52
12	8	20	24	30	40	52	8	20	24	30	40	52
13	9	20	24	30	40	52	9	20	24	30	40	52
14	10	29	34	43	58	78	10	29	34	43	58	78

	M	N	O	P	Q	R	S	T	U	V	W	X
1	攻	职业	3				攻	职业	4			
2	装备品质	1	2	3	4	5	装备品质	1	2	3	4	5
3	装备强化	0	0	0	0	0	装备强化	0	0	0	0	0
4	等级						等级					
5	1	18	22	27	36	47	1	22	26	33	44	57
6	2	18	22	27	36	47	2	22	26	33	44	57
7	3	18	22	27	36	47	3	22	26	33	44	57
8	4	18	22	27	36	47	4	22	26	33	44	57
9	5	18	22	27	36	47	5	22	26	33	44	57
10	6	18	22	27	36	47	6	22	26	33	44	57
11	7	18	22	27	36	47	7	22	26	33	44	57
12	8	18	22	27	36	47	8	22	26	33	44	57
13	9	18	22	27	36	47	9	22	26	33	44	57
14	10	26.1	31	39	52	70	10	31.9	37	47	64	86

图 5–58　“攻击方暴击”表

- A1 到 C1 表示攻击职业为战士。
- A2 到 F3 表示角色的不同装备强度。
- A5 到 F64 表示在不同装备强度下的暴击总值。

同理，后续依次展示了法师、牧师和刺客的暴击总值。在这里按没有强化等级并且品质逐步递进的方式展示暴击数值。

“暴击率”表：是将之前暴击数值转换为真实概率的表格，如图 5-59 所示。

	A	B	C	D	E	F
1		系数1	系数2	系数3		
2		75%	10	80		
3	职业	1				
4	等级	暴击率	暴击率	暴击率	暴击率	暴击率
53	49	9.13%	11.19%	13.84%	17.77%	21.96%
54	50	11.31%	14.42%	19.73%	26.12%	32.68%
55	51	11.15%	14.22%	19.48%	25.83%	32.37%
56	52	10.99%	14.02%	19.24%	25.55%	32.06%
57	53	10.83%	13.84%	19.00%	25.27%	31.76%
58	54	10.68%	13.65%	18.77%	25.00%	31.46%
59	55	10.54%	13.48%	18.55%	24.73%	31.17%
60	56	10.40%	13.30%	18.33%	24.47%	30.88%
61	57	10.26%	13.13%	18.12%	24.22%	30.60%
62	58	10.12%	12.97%	17.91%	23.97%	30.32%
63	59	9.99%	12.81%	17.70%	23.72%	30.05%
64	60	14.14%	19.38%	25.72%	32.25%	40.31%

图 5–59　“暴击率”表

从图 5-59 中可以发现一个问题。等级越高暴击率越高，60 级的橙色装备在没有任何强化的情况下达到了 40% 的暴击率，这样的做法会带来两个问题：

①玩家追求其他属性性价比远不及暴击。

②后期如果加入其他系统增加暴击率，提升的空间不大。

结合上述两点，我们要调整数值。目标是将 60 级的暴击率控制在 20% 左右。这里说明一下前期暴击的概率其实可以略低，因为玩家在刚开始游戏时最为关注的肯定是攻击，并且前期升级速度快，装备更换频率也高。我们将系数 2 由 10 变为 20，系数 3 由 80 变为 1000。调整之后的数值如图 5-60 所示。

	系数1	系数2	系数3														
	75%	20	1000														
职业	1					职业	2					职业	3				
等级	暴击率	暴击率	暴击率	暴击率	暴击率	等级	暴击率	暴击率	暴击率	暴击率	暴击率	等级	暴击率	暴击率	暴击率	暴击率	暴击率
49	2.88%	3.61%	4.59%	6.15%	7.99%	49	2.88%	3.61%	4.59%	6.15%	7.99%	49	2.60%	3.26%	4.15%	5.58%	7.27%
50	3.67%	4.84%	7.03%	10.06%	13.73%	50	3.67%	4.84%	7.03%	10.06%	13.73%	50	3.32%	4.39%	6.39%	9.18%	12.58%
51	3.64%	4.80%	6.97%	9.98%	13.61%	51	3.64%	4.80%	6.97%	9.98%	13.61%	51	3.29%	4.34%	6.33%	9.10%	12.48%
52	3.60%	4.75%	6.91%	9.89%	13.50%	52	3.60%	4.75%	6.91%	9.89%	13.50%	52	3.26%	4.30%	6.28%	9.02%	12.38%
53	3.57%	4.71%	6.85%	9.81%	13.40%	53	3.57%	4.71%	6.85%	9.81%	13.40%	53	3.23%	4.26%	6.22%	8.95%	12.28%
54	3.54%	4.67%	6.79%	9.73%	13.29%	54	3.54%	4.67%	6.79%	9.73%	13.29%	54	3.20%	4.23%	6.17%	8.87%	12.18%
55	3.51%	4.62%	6.73%	9.65%	13.19%	55	3.51%	4.62%	6.73%	9.65%	13.19%	55	3.17%	4.19%	6.11%	8.80%	12.08%
56	3.48%	4.58%	6.67%	9.57%	13.08%	56	3.48%	4.58%	6.67%	9.57%	13.08%	56	3.14%	4.15%	6.06%	8.72%	11.98%
57	3.44%	4.54%	6.61%	9.49%	12.98%	57	3.44%	4.54%	6.61%	9.49%	12.98%	57	3.11%	4.11%	6.01%	8.65%	11.89%
58	3.41%	4.50%	6.56%	9.41%	12.88%	58	3.41%	4.50%	6.56%	9.41%	12.88%	58	3.09%	4.08%	5.96%	8.58%	11.80%
59	3.38%	4.47%	6.50%	9.34%	12.79%	59	3.38%	4.47%	6.50%	9.34%	12.79%	59	3.06%	4.04%	5.90%	8.51%	11.71%
60	5.03%	7.29%	10.42%	14.18%	19.82%	60	5.03%	7.29%	10.42%	14.18%	19.82%	60	4.55%	6.63%	9.51%	13.01%	18.32%

图 5-60 调整之后的数值

这里篇幅有限，所以只截取了 3 个职业的数值。大家可以看到此时的暴击率已经控制在一个合理的范围内了。如果项目需要拉暴击或是要突出抗暴击的重要性，那么就要根据需求去设计暴击的投放。

2.PVP 命中

"基础属性" 表：汇总了不同职业的命中和闪避基础数值，如图 5-61 所示。

等级	命中				闪避			
	战士	法师	牧师	刺客	战士	法师	牧师	刺客
1	85	95	105	95	11	11	10	12
2	89	100	110	100	12	12	10	13
3	94	105	116	105	12	12	11	13
4	98	109	121	109	13	13	11	14
5	102	114	126	114	13	13	12	15
6	106	119	131	119	14	14	12	15
7	111	124	137	124	14	14	13	16
8	115	128	142	128	15	15	13	16
9	119	133	147	133	15	15	14	17
10	123	138	152	138	16	16	14	18

图 5-61 "基础属性" 表

"装备" 表：将之前 "HIT" 表格中装备加成的数值体现出来，并附带职业系数和装备升级对应的比例，如图 5-62 所示。

等级	HIT	装备								职业系数		系数			装备升级	提升比例
		白装	绿装	蓝装	紫装	橙装										
1	100	100	120	150	200	260				战士	1	0.85			0	100%
2	105	100	120	150	200	260				法师	2	0.95			1	105%
3	110	100	120	150	200	260				牧师	3	1.05			2	110%
4	115	100	120	150	200	260				刺客	4	0.95			3	120%
5	120	100	120	150	200	260									4	130%
6	125	100	120	150	200	260									5	150%
7	130	100	120	150	200	260									6	170%
8	135	100	120	150	200	260									7	190%
9	140	100	120	150	200	260									8	220%
10	145	145	174	217	290	391									9	260%
11	150	145	174	217	290	391									10	300%

图 5-62 "装备"表

"攻击方命中"表：汇总指定职业在不同装备属性强度下的命中数值，如图 5-63 所示。

	A	B	C	D	E	F	G	H	I	J
1	装备品质	1	2	3	4	5		攻	职业	1
2	装备强化	0	0	0	0	0				
3	等级									
4	1	170	187	212.5	255	306				
5	2	174	191	216.5	259	310				
6	3	179	196	221.5	264	315				
7	4	183	200	225.5	268	319				
8	5	187	204	229.5	272	323				
9	6	191	208	233.5	276	327				
10	7	196	213	238.5	281	332				
11	8	200	217	242.5	285	336				
12	9	204	221	246.5	289	340				
13	10	246.25	270.9	307.45	369.5	455.35				

图 5-63 "攻击方命中"表

"防御方闪避"表：汇总不同职业在不同装备属性强度下的闪避数值，如图 5-64 所示。

	A	B	C	D	E	F	G	H	I	J	K	L	M	N	O	P	Q	R	S	T	U	V	W	X
1	职业	1					职业	2					职业	3					职业	4				
2	品质	1	2	3	4	5	品质	1	2	3	4	5	品质	1	2	3	4	5	品质	1	2	3	4	5
3	强化	0	0	0	0	0	强化	0	0	0	0	0	强化	0	0	0	0	0	强化	0	0	0	0	0
4	等级	闪避	闪避	闪避	闪避	闪避	等级	闪避	闪避	闪避	闪避	闪避	等级	闪避	闪避	闪避	闪避	闪避	等级	闪避	闪避	闪避	闪避	闪避
5	1	22	24	27	33	39	1	22	24	27	33	39	1	19.9	21.7	24.4	29.8	35.2	1	24.1	26.3	29.6	36.2	42.8
6	2	23	25	28	34	40	2	23	25	28	34	40	2	19.9	21.7	24.4	29.8	35.2	2	24.1	26.3	29.6	36.2	42.8
7	3	23	25	28	34	40	3	23	25	28	34	40	3	20.9	22.7	25.4	30.8	36.2	3	25.1	27.3	30.6	37.2	43.8
8	4	24	26	29	35	41	4	24	26	29	35	41	4	20.9	22.7	25.4	30.8	36.2	4	25.1	27.3	30.6	37.2	43.8
9	5	24	26	29	35	41	5	24	26	29	35	41	5	21.9	23.7	26.4	31.8	37.2	5	27.1	29.3	32.6	39.2	45.8
10	6	25	27	30	36	42	6	25	27	30	36	42	6	21.9	23.7	26.4	31.8	37.2	6	27.1	29.3	32.6	39.2	45.8
11	7	25	27	30	36	42	7	25	27	30	36	42	7	22.9	24.7	27.4	32.8	38.2	7	28.1	30.3	33.6	40.2	46.8
12	8	26	28	31	37	43	8	26	28	31	37	43	8	22.9	24.7	27.4	32.8	38.2	8	28.1	30.3	33.6	40.2	46.8
13	9	26	28	31	37	43	9	26	28	31	37	43	9	23.9	25.7	28.4	33.8	39.2	9	29.1	31.3	34.6	41.2	47.8
14	10	31	35	39	47	59	10	31	35	39	47	59	10	27.5	31.1	34.7	41.9	52.7	10	34.5	38.9	43.3	52.1	65.3

图 5-64 "防御方闪避"表

"命中率"表：是将之前命中数值转换为真实概率的表格，如图 5-65 所示。

职业1 等级	命中率	命中率	命中率	命中率	命中率	职业2 等级	命中率	命中率	命中率	命中率	命中率	职业3 等级	命中率	命中率	命中率	命中率	命中率	职业4 等级	命中率	命中率	命中率	命中率	命中率
1	88.54%	88.63%	88.73%	88.54%	88.70%	1	88.54%	88.63%	88.73%	88.54%	88.70%	1	89.52%	89.60%	89.70%	89.54%	89.68%	1	87.58%	87.67%	87.77%	87.57%	87.73%
2	88.32%	88.43%	88.55%	88.40%	88.57%	2	88.32%	88.43%	88.55%	88.40%	88.57%	2	89.74%	89.80%	89.87%	89.69%	89.80%	2	87.39%	87.49%	87.62%	87.44%	87.62%
3	88.61%	88.78%	88.69%	88.78%	88.73%	3	88.61%	88.78%	88.69%	88.59%	88.73%	3	89.54%	89.62%	89.71%	89.55%	89.69%	3	87.70%	87.77%	87.86%	87.65%	87.79%
4	88.41%	88.50%	88.61%	88.45%	88.61%	4	88.41%	88.50%	88.61%	88.45%	88.61%	4	89.75%	89.81%	89.88%	89.69%	89.81%	4	87.52%	87.60%	87.71%	87.52%	87.69%
5	88.63%	88.70%	88.78%	88.60%	88.74%	5	88.63%	88.70%	88.78%	88.60%	88.74%	5	89.52%	89.59%	89.68%	89.67%	89.67%	5	87.34%	87.44%	87.56%	87.40%	87.58%
6	88.43%	88.51%	88.61%	88.46%	88.62%	6	88.43%	88.51%	88.61%	88.46%	88.62%	6	89.71%	89.77%	89.84%	89.67%	89.79%	6	87.57%	87.65%	87.75%	87.56%	87.71%
7	88.69%	88.75%	88.83%	88.64%	88.77%	7	88.69%	88.75%	88.83%	88.64%	88.77%	7	89.54%	89.61%	89.70%	89.55%	89.68%	7	87.46%	87.55%	87.65%	87.48%	87.65%
8	88.50%	88.57%	88.67%	88.51%	88.65%	8	88.50%	88.57%	88.67%	88.51%	88.65%	8	89.73%	89.78%	89.85%	89.68%	89.79%	8	87.68%	87.75%	87.83%	87.65%	87.77%
9	88.70%	88.76%	88.83%	88.65%	88.77%	9	88.70%	88.76%	88.74%	88.72%	88.53%	9	89.51%	89.58%	89.67%	89.53%	89.66%	9	87.52%	87.59%	87.69%	87.52%	87.67%
10	88.82%	88.56%	88.74%	88.72%	88.53%	10	88.82%	88.56%	88.74%	88.72%	88.53%	10	89.95%	89.70%	89.86%	89.82%	89.63%	10	87.71%	87.44%	87.66%	87.64%	87.46%

图 5-65　"命中率"表

我们可以看到，命中率在相同强度下几乎维持在 88% 左右，非常稳定。目前的设计在命中这块还是以求稳为主，命中不会因为装备数值压制而有非常大的变动。我们希望在攻防血上体现属性数值压制，而不是在命中上。当然如果你想在自己的游戏中体现出命中的差异，那就需要调整命中的相关系数来达到目的，造成更大差异。

3.PVP 纯伤害

"基础属性"表：汇总了不同职业的生命、物理攻击、魔法攻击、物理防御和魔法防御的基础数值，如图 5-66 所示。

等级	hp 战士	法师	牧师	刺客	ad 战士	法师	牧师	刺客	ap 战士	法师	牧师	刺客	dm 战士	法师	牧师	刺客	pm 战士	法师	牧师	刺客
1	360	306	317	324	6.6	4.2	4.2	5.4	3	7.2	5.4	3.3	21	16	16	18	14	24	22	17
2	378	321	333	340	6.93	4.41	4.41	5.67	3.15	7.56	5.67	3.47	22	17	17	19	15	25	23	18
3	396	337	348	356	7.26	4.62	4.62	5.94	3.3	7.92	5.94	3.63	23	18	18	20	15	26	24	19
4	414	352	364	373	7.59	4.83	4.83	6.21	3.45	8.28	6.21	3.8	24	18	19	21	16	28	25	20
5	432	367	380	389	7.92	5.04	5.04	6.48	3.6	8.64	6.48	3.96	25	19	19	22	17	29	26	20
6	450	383	396	405	8.25	5.25	5.25	6.75	3.75	9	6.75	4.13	26	20	20	23	18	30	28	21
7	468	398	412	421	8.58	5.46	5.46	7.02	3.9	9.36	7.02	4.29	27	21	21	23	18	31	29	22
8	486	413	428	437	8.91	5.67	5.67	7.29	4.05	9.72	7.29	4.46	28	22	22	24	19	32	30	23
9	504	428	444	454	9.24	5.88	5.88	7.56	4.2	10.1	7.56	4.62	29	22	23	25	20	34	31	24
10	522	444	459	470	9.57	6.09	6.09	7.83	4.35	10.4	7.83	4.79	30	23	23	25	20	35	32	25

图 5-66　"基础属性"表

"装备 HP"表：将之前"HP"表格中装备加成的数值体现出来，并附带职业系数和装备升级对应的比例，如图 5-67 所示。

等级	HP	白装	绿装	蓝装	紫装	橙装	职业系数	系数	系数	装备升级	提升比例
1	360	360	432	540	720	936	战士	1	1	0	100%
2	378	360	432	540	720	936	法师	2	0.85	1	105%
3	396	360	432	540	720	936	牧师	3	0.88	2	110%
4	414	360	432	540	720	936	刺客	4	0.9	3	120%
5	432	360	432	540	720	936				4	130%
6	450	360	432	540	720	936				5	150%
7	468	360	432	540	720	936				6	170%
8	486	360	432	540	720	936				7	190%
9	504	360	432	540	720	936				8	220%
10	522	522	626	783	1044	1409				9	260%
11	540	522	626	783	1044	1409				10	300%

图 5-67　"装备 HP"表

"装备 AD"表：将之前"AD"表中装备加成的数值体现出来，并附带职业系数和装备升级对应的比例，如图 5-68 所示。

等级	AD	装备							职业系数		系数			装备升级	提升比例
		白装	绿装	蓝装	紫装	橙装									
1	6	6	7	9	12	15			战士	1	1.1			0	100%
2	6.3	6	7	9	12	15			法师	2	0.7			1	105%
3	6.6	6	7	9	12	15			牧师	3	0.7			2	110%
4	6.9	6	7	9	12	15			刺客	4	0.9			3	120%
5	7.2	6	7	9	12	15								4	130%
6	7.5	6	7	9	12	15								5	150%
7	7.8	6	7	9	12	15								6	170%
8	8.1	6	7	9	12	15								7	190%
9	8.4	6	7	9	12	15								8	220%
10	8.7	8	10	13	17	23								9	260%
11	9	8	10	13	17	23								10	300%

图 5-68　"装备 AD"表

"装备 AP"表：将之前"AP"表格中装备加成的数值体现出来，并附带职业系数和装备升级对应的比例，如图 5-69 所示。

等级	AP	装备							职业系数		系数			装备升级	提升比例
		白装	绿装	蓝装	紫装	橙装									
1	6	6	7	9	12	15			战士	1	0.5			0	100%
2	6.3	6	7	9	12	15			法师	2	1.2			1	105%
3	6.6	6	7	9	12	15			牧师	3	0.9			2	110%
4	6.9	6	7	9	12	15			刺客	4	0.55			3	120%
5	7.2	6	7	9	12	15								4	130%
6	7.5	6	7	9	12	15								5	150%
7	7.8	6	7	9	12	15								6	170%
8	8.1	6	7	9	12	15								7	190%
9	8.4	6	7	9	12	15								8	220%
10	8.7	8	10	13	17	23								9	260%
11	9	8	10	13	17	23								10	300%

图 5-69　"装备 AP"表

"装备 DM"表：将之前"DM"表格中装备加成的数值体现出来，并附带职业系数和装备升级对应的比例，如图 5-70 所示。

等级	DM	装备							职业系数		系数			装备升级	提升比例
		白装	绿装	蓝装	紫装	橙装									
1	20	60	72	90	120	156			战士	1	1.05			0	100%
2	21	60	72	90	120	156			法师	2	0.8			1	105%
3	22	60	72	90	120	156			牧师	3	0.81			2	110%
4	23	60	72	90	120	156			刺客	4	0.9			3	120%
5	24	60	72	90	120	156								4	130%
6	25	60	72	90	120	156								5	150%
7	26	60	72	90	120	156								6	170%
8	27	60	72	90	120	156								7	190%
9	28	60	72	90	120	156								8	220%
10	29	87	104	130	174	234								9	260%
11	30	87	104	130	174	234								10	300%

图 5-70　"装备 DM"表

"装备 PM"表：将之前"PM"表格中装备加成的数值体现出来，并附带职业系数和装备升级对应的比例，如图 5-71 所示。

图 5-71　"装备 PM"表

等级	PM	白装	绿装	蓝装	紫装	橙装
1	20	60	72	90	120	156
2	21	60	72	90	120	156
3	22	60	72	90	120	156
4	23	60	72	90	120	156
5	24	60	72	90	120	156
6	25	60	72	90	120	156
7	26	60	72	90	120	156
8	27	60	72	90	120	156
9	28	60	72	90	120	156
10	29	87	104	130	174	234
11	30	87	104	130	174	234

职业系数	系数
战士 1	0.7
法师 2	1.2
牧师 3	1.1
刺客 4	0.85

装备升级	提升比例
0	100%
1	105%
2	110%
3	120%
4	130%
5	150%
6	170%
7	190%
8	220%
9	260%
10	300%

"总攻击"表：汇总指定职业在不同装备属性强度下的攻击数值。需要注意的是不同职业的攻击向性是不一样的，比如战士要计算物理攻击，法师则计算魔法攻击，如图 5-72 所示。

攻	职业	1			
装备品质	1	2	3	4	5
装备强化	0	0	0	0	0
等级					
1	13.2	14.3	16.5	19.8	23.1
2	13.53	14.63	16.83	20.13	23.43
3	13.86	14.96	17.16	20.46	23.76
4	14.19	15.29	17.49	20.79	24.09
5	14.52	15.62	17.82	21.12	24.42
6	14.85	15.95	18.15	21.45	24.75
7	15.18	16.28	18.48	21.78	25.08
8	15.51	16.61	18.81	22.11	25.41
9	15.84	16.94	19.14	22.44	25.74
10	18.37	20.57	23.87	28.27	34.87

图 5-72　"总攻击"表

"总生命"表：汇总不同职业在不同装备属性强度下的生命值数值，如图 5-73 所示。

职业 1

受 / 等级	品质 1	2	3	4	5
强化	0	0	0	0	0
1	720	792	900	1080	1296
2	738	810	918	1098	1314
3	756	828	936	1116	1332
4	774	846	954	1134	1350
5	792	864	972	1152	1368
6	810	882	990	1170	1386
7	828	900	1008	1188	1404
8	846	918	1026	1206	1422
9	864	936	1044	1224	1440
10	1044	1148	1305	1566	1931

职业 2

受 / 等级	品质 1	2	3	4	5
强化	0	0	0	0	0
1	612	673	765	918	1102
2	627	688	780	933	1117
3	643	704	796	949	1133
4	658	719	811	964	1148
5	673	734	826	979	1163
6	689	750	842	995	1179
7	704	765	857	1010	1194
8	719	780	872	1025	1209
9	734	795	887	1040	1224
10	888	976	1110	1331	1642

职业 3

受 / 等级	品质 1	2	3	4	5
强化	0	0	0	0	0
1	634	697	792	950.6	1141
2	650	713	808	966.6	1157
3	665	728	823	981.6	1172
4	681	744	839	997.6	1188
5	697	760	855	1014	1204
6	713	776	871	1030	1220
7	729	792	887	1046	1236
8	745	808	903	1062	1252
9	761	824	919	1078	1268
10	918	1010	1148	1378	1699

职业 4

受 / 等级	品质 1	2	3	4	5
强化	0	0	0	0	0
1	648	713	810	972	1166
2	664	729	826	988	1182
3	680	745	842	1004	1198
4	697	762	859	1021	1215
5	713	778	875	1037	1231
6	729	794	891	1053	1247
7	745	810	907	1069	1263
8	761	826	923	1085	1279
9	778	843	940	1102	1296
10	940	1033	1175	1410	1738

图 5-73　"总生命"表

"总物防"表：汇总不同职业在不同装备属性强度下的物理防御数值以及最终转换的减伤比例，如图 5-74 所示。

受	职业	1					系数1	系数2	系数3	
装备品质	1	2	3	4	5		75%	25	300	
装备强化	0	0	0	0	0					
等级						减伤比例				
1	84	96.6	115.5	147	184.8	15.40%	17.18%	19.67%	23.36%	27.19%
2	85	97.6	116.5	148	185.8	14.66%	16.35%	18.73%	22.29%	26.01%
3	86	98.6	117.5	149	186.8	13.99%	15.61%	17.89%	21.33%	24.94%
4	87	99.6	118.5	150	187.8	13.40%	14.95%	17.14%	20.45%	23.96%
5	88	100.6	119.5	151	188.8	12.87%	14.36%	16.46%	19.66%	23.07%
6	89	101.6	120.5	152	189.8	12.38%	13.81%	15.84%	18.94%	22.25%
7	90	102.6	121.5	153	190.8	11.95%	13.32%	15.28%	18.27%	21.49%
8	91	103.6	122.5	154	191.8	11.55%	12.87%	14.76%	17.66%	20.79%
9	92	104.6	123.5	155	192.8	11.18%	12.46%	14.28%	17.10%	20.14%
10	121.35	139.2	166.5	212.7	275.7	13.56%	15.15%	17.43%	20.92%	25.04%

图 5-74　"总物防"表

图 5-74 中的系数 1、系数 2、系数 3 是计算物理伤害减伤的公式系数。G5 到 K64 表示了防御换算为减伤比例的数值，方便后面计算用。

"总魔防"表：汇总不同职业在不同装备属性强度下的魔法防御数值以及最终转换的减伤比例，如图 5-75 所示。

受	职业	1					系数1	系数2	系数3	
装备品质	1	2	3	4	5		75%	25	300	
装备强化	0	0	0	0	0					
等级						减伤比例				
1	56	64.4	77	98	123.2	11.02%	12.40%	14.37%	17.38%	20.62%
2	57	65.4	78	99	124.2	10.50%	11.81%	13.67%	16.54%	19.64%
3	57	65.4	78	99	124.2	9.90%	11.14%	12.91%	15.66%	18.66%
4	58	66.4	79	100	125.2	9.50%	10.68%	12.37%	15.00%	17.88%
5	59	67.4	80	101	126.2	9.14%	10.27%	11.88%	14.40%	17.17%
6	60	68.4	81	102	127.2	8.82%	9.90%	11.44%	13.86%	16.53%
7	60	68.4	81	102	127.2	8.41%	9.44%	10.93%	13.26%	15.84%
8	61	69.4	82	103	128.2	8.16%	9.14%	10.57%	12.81%	15.31%
9	62	70.4	83	104	129.2	7.92%	8.87%	10.24%	12.40%	14.81%
10	80.9	92.8	111	141.8	183.8	9.62%	10.83%	12.59%	15.37%	18.79%

图 5-75　"总魔防"表

图 5-75 中的系数 1、系数 2、系数 3 是计算魔法伤害减伤的公式系数。

"伤害"表：根据前面的属性来计算出同一职业攻击不同职业所造成的伤害。伤害会根据职业向性而选择对应的攻击和防御，如图 5-76 所示。

职业	1					职业	2					职业	3					职业	4				
等级	伤害	伤害	伤害	伤害	伤害	等级	伤害	伤害	伤害	伤害	伤害	等级	伤害	伤害	伤害	伤害	伤害	等级	伤害	伤害	伤害	伤害	伤害
1	11	12	13	15	17	1	12	12	14	16	18	1	12	13	14	16	18	1	11	12	14	16	17
2	12	12	14	15	17	2	12	12	14	16	18	2	12	13	14	16	18	2	12	13	14	17	18
3	12	13	14	16	18	3	12	13	15	17	19	3	12	13	15	17	19	3	12	13	14	17	18
4	12	13	14	17	19	4	13	13	15	17	19	4	13	13	15	18	19	4	12	13	15	17	19
5	13	14	15	17	19	5	13	14	15	18	20	5	13	14	16	18	20	5	13	14	15	18	20
6	13	14	16	17	19	6	14	14	16	18	20	6	13	15	16	19	20	6	13	14	16	18	20
7	13	14	16	18	20	7	14	15	16	19	21	7	14	15	17	19	21	7	14	14	16	18	20
8	14	15	16	18	20	8	14	15	17	19	21	8	14	15	17	19	22	8	14	15	17	18	21
9	14	15	17	19	21	9	14	15	17	19	22	9	14	16	17	20	22	9	14	15	17	19	21
10	16	17	20	22	26	10	16	18	21	24	28	10	16	18	20	23	26	10	16	18	20	24	27

图 5-76　"伤害"表

4.PVP 最终伤害

"PVP 最终伤害"这张表格将汇总前 3 张表格的数据，形成最终的预期伤害。需要说明的是，这里计算的是理论上只带有普通攻击的战斗模拟，而最终的战斗还会受到技能、药品及 BUFF 等效果的影响。这里的模拟其实是对其他影响效果的依据，如果普通攻击的战斗模拟大幅度超出预期，那么后续设计也就无从谈起了。

"伤害"表：根据之前 3 张表的数据计算出预期伤害。

预期伤害＝命中率＊（伤害＊暴击系数＊暴击率＋伤害＊（1－暴击率））

暴击系数为 1.5 倍，如图 5-77 所示。

职业	1					职业	2					职业	3					职业	4				
等级	伤害	伤害	伤害	伤害	伤害	等级	伤害	伤害	伤害	伤害	伤害	等级	伤害	伤害	伤害	伤害	伤害	等级	伤害	伤害	伤害	伤害	伤害
1	10	11	12	13	15	1	11	13	14	16	1	1	11	11	13	14	16	1	10	11	12	14	15
2	11	11	13	15	16	2	11	12	12	16	2	2	11	12	14	16	17	2	11	12	14	15	16
3	11	13	14	16	3	3	12	13	14	17	3	3	12	12	14	16	17	3	11	12	15	15	16
4	12	13	15	16	3	4	12	13	15	16	3	4	12	13	15	16	17	4	11	13	15	15	17
5	12	12	15	17	5	5	13	13	15	18	5	5	13	13	15	18	18	5	12	12	15	17	18
6	12	13	13	18	6	6	13	14	14	18	6	6	13	14	15	18	18	6	12	13	14	16	18
7	13	13	14	16	18	7	13	13	16	19	7	7	13	13	17	19	19	7	13	13	14	16	18
8	13	13	14	18	8	8	13	13	15	18	8	8	13	13	15	18	19	8	12	13	15	17	19
9	13	13	14	17	19	9	13	15	15	20	9	9	13	13	17	19	19	9	13	13	15	17	19
10	14	15	18	20	24	10	14	16	19	21	25	10	13	18	21	26	10	14	16	18	21	24

图 5-77 　"伤害"表

"百分比"表：最为重要的表格，其实光得出伤害值并不是特别有意义，因为我们无法得知这个量级的伤害对被攻击单位的意义。同样是 100 点伤害，当人物有 1000 点生命上限和 10000 点生命上限所面临的压力是完全不同的。所以我们必须结合伤害占被攻击单位的生命值上限比例来衡量战斗的节奏。"百分比"表如图 5-78 所示。

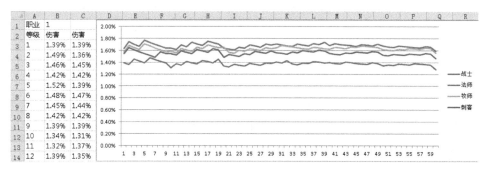

图 5-78 　"百分比"表

图 5-78 中的曲线是我们以绿色装备为基础，攻击者为战士，攻击目标为战士、法师、牧师和刺客，按等级成长得出不同等级伤害占被攻击单位的生命值上限比例的图表。

之前也说过我们的游戏的普通攻击为 1 秒，所以这张图表同时也代表每秒钟损失的生命值。我们也可以根据这个数值得出战斗持续的时间。比如图 5-78 中战士攻击战士每秒大约损失 1.4% 的最大生命值，那战斗时间就等于 100% 除以 1.4%，大概在 71 秒左右的时间。之前预期的战斗时间为 60 秒，以目前普通伤害的数值来看是符合设计预期的，但还有技能、药品和 BUFF 没有考虑。一般来说技能会将普通伤害提升 2~3 倍左右，药品恢复因游戏而不同，大部分游戏会给予少量恢复，小部分游戏几乎没有恢复。BUFF 一般影响较小，有些 BUFF 本身就是从人物自身拿出了一部分属性，所以基本不用考虑。按一般经验来看，这里的普通伤害所得到的战斗时间为预期战斗时间的 2 倍，是较为合理的设计。

5.3.8　技能设计思路

设计好角色属性和装备属性之后，下面来设计职业技能。在这里我们给每个职业只设计基础的 3 个技能来讲解设计思路。

说明：

本节提到的 DPS 从严格意义上讲不是指最终伤害，而是职业的每秒攻击。由于工作过程中都是以具体情况来决定 DPS 所指的是攻击还是输出，所以在这里就不做特殊处理了。

1. 战士

技能的等级跨度为每 10 级学习一次，从设计上来讲我们会把每个等级的技能数值都做出来。如果某些技能从高等级才能学习，那只需截取高等级技能数据即可。

下面先来看一下战士的第一个技能"裂空斩"，如图 5-79 所示。

	A	B	C	D	E	F	G	H	I	J	K	L	M	N
1	等级1	人物DPS	技能系数	技能伤害	增量	dot	dps	备注	法术名字	施展时间	CD时间	攻击百分比	最小攻击	最大攻击
2	1	14.3	60.0%	8.58	19			单体	裂空斩	0	5000	1	43	43
3	10	20.57	60.0%	12.342	26			单体	裂空斩	0	5000	1	62	62
4	20	29.37	60.0%	17.622	33			单体	裂空斩	0	5000	1	88	88
5	30	40.37	60.0%	24.222	36			单体	裂空斩	0	5000	1	121	121
6	40	52.47	60.0%	31.482	47			单体	裂空斩	0	5000	1	157	157
7	50	67.87	60.0%	40.722	109			单体	裂空斩	0	5000	1	204	204
8	60	104.17	60.0%	62.502				单体	裂空斩	0	5000	1	313	313

图 5-79　战士的第一个技能"裂空斩"

A 列表示技能学习需求的人物等级。

B 列表示对应职业在该等级装备强度为绿色时的 DPS。

C 列表示的是技能增幅系数。

D 列表示技能的增量 DPS。

E 列表示技能在成长到下一级时可获得的加成数值。

H 列表示对技能的备注说明。

I 列表示技能的名字。

J 列表示技能施展需要的时间。

K 列表示技能从释放之后到下次可释放之间的时间。

L 列表示技能可以继承普通攻击的攻击比例。

M、N 列表示技能附加的最小和最大攻击。

这里的设计思路是用技能对 DPS 的增量来衡量技能的价值。比如某职业的基础 DPS 为 100，他有一个 A 技能的冷却时间为 3 秒，当 A 技能攻击为 100% 普攻 +90 点攻击时，则该技能对 DPS 的提升为 30。如图 5-80 所示，黑色部分表示了技能的整体攻击量，第 1 排表示技能对输出的增量，第 2 排则是战斗过程中普通攻击的输出量。在这里技能的整个释放时间和普通攻击是相同的（不同的话需要折算为 DPS）。在这个设计思路理念中，我们认为在攻击过程中普通攻击始终都在持续，技能只是在普通攻击输出下对输出提供的增量。

图 5-80　技能设计思路

再举个例子，如果 A 技能攻击为 130% 普攻 +90 点攻击，它对 DPS 的提升即为 10% 普攻 +30 点攻击（每秒的 DPS 提升）。

使用这种设计方法的时候需要冷却时间长的技能的攻击数值。由于采用 DPS 增量算法，所以冷却时间长的技能可获得大量的攻击，容易产生单次攻击过高。但这样的设计也有它的好处，它使技能是否处于冷却状态对战斗结果有非常大的影响。如果从设计角度上不想达到这种效果的话，就需要平衡技能时间和攻击的关系。笔者还是比较喜欢根据职业特性做 30~60 秒左右的技能，这样可以让玩家在 PK 的时候更注意关键技能的释放时机，使游戏的 PK 更具策略性。

这里再解释一下 E 列，这列的作用是展示技能等级之前的数值差值。我们要保证后期成长要高于前期成长，谁都希望自己的技能是越成长数值越高的，这就好比加速度一样，技能的成长也是一样，只会越来越快。从另外一个角度来讲，后期的升级速度会大幅度下降，在玩家非常费力地达到高等级之后，如果技能成长还是等比的，会让玩家难以接受。

M 列和 N 列表示技能附加的最小和最大攻击，我们在这里就不做技能的攻击浮动了。这样的设计会使技能的随机因素更大一些。这不是我们的设计预期，所以这里的最小值和最大值其实是一个数值。

明白了上述原理之后，下面再来讲述一下这张表是如何计算出技能攻击的。拿 1 级来举例，人物 DPS 为 14，技能伤害所造成的增量为人物 DPS 的 60%，即为 8.58。我们在

M2 单元格可通过如下公式得到技能的攻击。

公式：ROUND(D2*K2/1000–(L2–1)*B2,0)

思路是将普攻部分的 DPS 扣除之后，获得技能对 DPS 的增量。在开始计算时，就是按技能每秒都对 DPS 有增量计算的，所以在计算技能攻击的时候将每秒增量乘以时间得出攻击值。即在设计的时候，我们将"裂空斩"这个技能对 DPS 的增量平均到每秒，到最后再反向计算出技能在释放时瞬间的攻击。

这里的技能系数暂定为 60%，通过后面战斗的模拟再来看这个数值是否合理。

战士的第二个技能"蛮力冲击"是一个单体冲锋技能，如图 5-81 所示。

	A	B	C	D	E	F	G	H	I	J	K	L	M	N
1	等级1	人物DPS	技能系数	技能伤害	增量			备注	法术名字	施展时间	CD时间	攻击百分比	最小攻击	最大攻击
2	1	14.3	35.0%	5.005	44			单体+冲锋	蛮力冲击	0	20000	1	100	100
3	10	20.57	35.0%	7.1995	62			单体+冲锋	蛮力冲击	0	20000	1	144	144
4	20	29.37	35.0%	10.2795	77			单体+冲锋	蛮力冲击	0	20000	1	206	206
5	30	40.37	35.0%	14.1295	84			单体+冲锋	蛮力冲击	0	20000	1	283	283
6	40	52.47	35.0%	18.3645	108			单体+冲锋	蛮力冲击	0	20000	1	367	367
7	50	67.87	35.0%	23.7545	254			单体+冲锋	蛮力冲击	0	20000	1	475	475
8	60	104.17	35.0%	36.4595				单体+冲锋	蛮力冲击	0	20000	1	729	729

图 5-81　战士的第二个技能"蛮力冲击"

由于"蛮力冲击"在造成伤害的同时也具备了"冲锋"这一特性，所以我们折损了一部分伤害来平衡特效给这个技能带来的价值。一般来说拥有特性的技能都会比普通输出性技能的伤害低一些（这里指的是增量，而不是技能自身攻击的大小），一个技能的伤害性和功能性如果都很强大，就会导致这个技能过于强势，当然这也是结合我们游戏对技能的定位，如果需求就是要打造某些特别强大的技能，也是可以这样去设计的，否则尽量避免设计这种技能。

"蛮力冲击"的定位就在于让战士这种行动力略显笨重的角色有办法快速接近攻击目标。但考虑到如果使用这个技能过于频繁，那其他职业就会受到非常大的威胁，所以技能的冷却时间我们定在了 20 秒。

战士的第三个技能"战八方"是一个范围伤害技能，如图 5-82 所示。

	A	B	C	D	E	F	G	H	I	J	K	L	M	N	O	P			
1	等级1	人物DPS	技能系数	技能伤害	增量	dot	dps	备注	法术名字	施展时间	CD时间	攻击百分比	最小攻击	最大攻击		MP值	消耗MP比例	总蓝量	每秒耗蓝	每秒回蓝
2	1	14.3	20.0%	2.86	5			AOE	战八方	0	3000	0.8	11	11		12	4.0%	308	4	7
3	10	20.57	20.0%	4.114	7			AOE	战八方	0	3000	0.8	16	16		20	4.5%	446	6.67	13
4	20	29.37	20.0%	5.874	9			AOE	战八方	0	3000	0.8	23	23		32	5.0%	641	10.67	27
5	30	40.37	20.0%	8.074	10			AOE	战八方	0	3000	0.8	32	32		47	5.5%	857	15.67	53
6	40	52.47	20.0%	10.494	12			AOE	战八方	0	3000	0.8	42	42		66	6.0%	1115	22	107
7	50	67.87	20.0%	13.574	29			AOE	战八方	0	3000	0.8	54	54		101	7.0%	1449	33.67	160
8	60	104.17	20.0%	20.834				AOE	战八方	0	3000	0.8	83	83		176	8.0%	2212	58.67	213

图 5-82　战士的第三个技能"战八方"

"战八方"是一个 AOE 技能，所以在技能系数上只有 20%。这里要说明一下，我们没有考虑 AOE 技能的范围，因为一般 MMORPG 游戏中的 AOE 技能范围是差不多的，所以除非有特殊需要，否则都不会考虑 AOE 技能范围因素。只有在 MOBA 类游戏中，对技能的设计会更为严格和精妙，才会考虑技能的范围。

2. 法师

下面再看看法师的技能，首先是一个单体输出技能"召雷术"，如图5-83所示。

	A	B	C	D	E	F	G	H	I	J	K	L	M	N
1	等级1	人物DPS	技能系数	技能伤害	增量	dot	dps	备注	法术名字	施展时间	CD时间	攻击百分比	最小攻击	最大攻击
2	1	15.6	60.0%	9.36	12			单体	召雷术	0	3000	1	28	28
3	10	22.44	60.0%	13.464	18			单体	召雷术	0	3000	1	40	40
4	20	32.04	60.0%	19.224	21			单体	召雷术	0	3000	1	58	58
5	30	44.04	60.0%	26.424	24			单体	召雷术	0	3000	1	79	79
6	40	57.24	60.0%	34.344	30			单体	召雷术	0	3000	1	103	103
7	50	74.04	60.0%	44.424	72			单体	召雷术	0	3000	1	133	133
8	60	113.64	60.0%	68.184				单体	召雷术	0	3000	1	205	205

图5-83　法师的第一个技能"召雷术"

这里由于我们希望法师输出间隔时间短一些，所以"召雷术"的冷却时间比之前战士的"裂空斩"要短。

法师的第二个技能"蜀山剑诀"也是一个输出技能，它的定位在于加强法师输出，我们希望法师在技能冷却之后就可以造成大量伤害，如图5-84所示。

	A	B	C	D	E	F	G	H	I	J	K	L	M	N
1	等级1	人物DPS	技能系数	技能伤害	增量	dot	dps	备注	法术名字	施展时间	CD时间	攻击百分比	最小攻击	最大攻击
2	1	15.6	60.0%	9.36	50			单体	蜀山剑诀	0	12000	1	112	112
3	10	22.44	60.0%	13.464	69			单体	蜀山剑诀	0	12000	1	162	162
4	20	32.04	60.0%	19.224	86			单体	蜀山剑诀	0	12000	1	231	231
5	30	44.04	60.0%	26.424	95			单体	蜀山剑诀	0	12000	1	317	317
6	40	57.24	60.0%	34.344	121			单体	蜀山剑诀	0	12000	1	412	412
7	50	74.04	60.0%	44.424	285			单体	蜀山剑诀	0	12000	1	533	533
8	60	113.64	60.0%	68.184				单体	蜀山剑诀	0	12000	1	818	818

图5-84　法师的第二个技能"蜀山剑诀"

法师的第三个技能"九召天雷"是一个AOE技能，技能系数同样为20%，如图5-85所示。

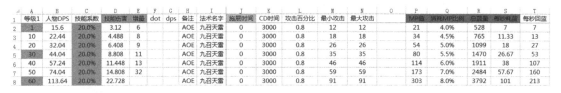

	A	B	C	D	E	F	G	H	I	J	K	L	M	N	O	P	Q	R	S	T
1	等级1	人物DPS	技能系数	技能伤害	增量	dot	dps	备注	法术名字	施展时间	CD时间	攻击百分比	最小攻击	最大攻击		MP值	消耗MP比例	总蓝量	每秒耗蓝	每秒回蓝
2	1	15.6	20.0%	3.12	6			AOE	九召天雷	0	3000	0.8	12	12		21	4.0%	528	7	7
3	10	22.44	20.0%	4.488	8			AOE	九召天雷	0	3000	0.8	18	18		34	4.5%	765	11.33	13
4	20	32.04	20.0%	6.408	9			AOE	九召天雷	0	3000	0.8	26	26		54	5.0%	1099	18	27
5	30	44.04	20.0%	8.808	11			AOE	九召天雷	0	3000	0.8	35	35		80	5.5%	1470	26.67	53
6	40	57.24	20.0%	11.448	13			AOE	九召天雷	0	3000	0.8	46	46		114	6.0%	1911	38	107
7	50	74.04	20.0%	14.808	32			AOE	九召天雷	0	3000	0.8	59	59		173	7.0%	2484	57.67	160
8	60	113.64	20.0%	22.728				AOE	九召天雷	0	3000	0.8	91	91		303	8.0%	3792	101	213

图5-85　法师的第三个技能"九召天雷"

3. 牧师

牧师的第一个技能也是一个单体输出技能"灭罪忏"，如图5-86所示。

等级1	人物DPS	技能系数	技能伤害	增量	dot	dps	备注	法术名字	施展时间	CD时间	攻击百分比	最小攻击	最大攻击
1	11.7	60.0%	7.02	9			单体	灭罪忏	0	3000	1	21	21
10	16.83	60.0%	10.098	13			单体	灭罪忏	0	3000	1	30	30
20	24.03	60.0%	14.418	16			单体	灭罪忏	0	3000	1	43	43
30	33.03	60.0%	19.818	18			单体	灭罪忏	0	3000	1	59	59
40	42.93	60.0%	25.758	23			单体	灭罪忏	0	3000	1	77	77
50	55.53	60.0%	33.318	53			单体	灭罪忏	0	3000	1	100	100
60	85.23	60.0%	51.138				单体	灭罪忏	0	3000	1	153	153

图 5-86　牧师的第一个技能"灭罪忏"

牧师的第二个技能"渡邪咒"是一个 BUFF 技能，它和其他直接伤害技能不同，延时生效的技能会比同时长的直接伤害技能的伤害总量高。

为什么 BUFF 技能会比直接伤害技能带来的伤害总量高呢？举一个最简单的例子，两个角色互相战斗，他们都只剩 100 生命值了，一个角色的技能是直接伤害技能，伤害数值 100，而另一个角色的技能是 BUFF 技能，伤害数值同样是 100。结果显而易见，直接伤害技能会直接击杀玩家，而身中 BUFF 技能的玩家可能被队友或药品救下性命。所以一般来说，BUFF 技能会比直接伤害技能伤害总量高。

我们将"渡邪咒"的技能系数定在了 70%，如图 5-87 所示。

等级1	人物DPS	技能系数	技能伤害	增量	dot	dps	备注	法术名字	施展时间	CD时间	作用时间	最小攻击	最大攻击
1	11.7	70.0%	8.19	10			dot技能	渡邪咒	15000	15000	3000	25	25
10	16.83	70.0%	11.781	15			dot技能	渡邪咒	15000	15000	3000	35	35
20	24.03	70.0%	16.821	19			dot技能	渡邪咒	15000	15000	3000	50	50
30	33.03	70.0%	23.121	21			dot技能	渡邪咒	15000	15000	3000	69	69
40	42.93	70.0%	30.051	27			dot技能	渡邪咒	15000	15000	3000	90	90
50	55.53	70.0%	38.871	62			dot技能	渡邪咒	15000	15000	3000	117	117
60	85.23	70.0%	59.661				dot技能	渡邪咒	15000	15000	3000	179	179

图 5-87　牧师的第二个技能"渡邪咒"

这里的施展时间代表的是 BUFF 持续的时间，作用时间代表 BUFF 每间隔多久作用一次。

牧师的第三个技能是职业特性技能——加血技能"回天术"。其原理和直接伤害技能是一样的，不过目标不是敌人而是自己，并且不用计算自身的防御（如果游戏有特殊的增加治疗的属性则按恢复公式计算），如图 5-88 所示。

等级1	人物DPS	技能系数	技能伤害	增量	dot	dps	备注	法术名字	施展时间	CD时间	攻击百分比	最小攻击	最大攻击	MP值	消耗MP比例	总治量	每秒耗蓝	每秒回蓝
1	11.7	60.0%	7.02	18			治疗	回天术	0	5000	0.5	41	41	19	4.0%	484	3.8	7
10	16.83	60.0%	10.098	25			治疗	回天术	0	5000	0.5	59	59	31	4.5%	701	6.2	13
20	24.03	60.0%	14.418	32			治疗	回天术	0	5000	0.5	84	84	50	5.0%	1007	10	27
30	33.03	60.0%	19.818	34			治疗	回天术	0	5000	0.5	116	116	74	5.5%	1347	14.8	53
40	42.93	60.0%	25.758	44			治疗	回天术	0	5000	0.5	150	150	105	6.0%	1752	21	107
50	55.53	60.0%	33.318	104			治疗	回天术	0	5000	0.5	194	194	159	7.0%	2277	31.8	160
60	85.23	60.0%	51.138				治疗	回天术	0	5000	0.5	298	298	278	8.0%	3476	55.6	213

图 5-88　牧师的第三个技能"回天术"

4. 刺客

刺客的第一个技能也是一个单体输出技能"修罗刃击"，如图 5-89 所示。

等级1	人物DPS	技能系数	技能伤害	增量	dot	dps	备注	法术名字	施展时间	CD时间	攻击百分比	最小攻击	最大攻击
1	10.5	80.0%	8.4	11			单体	修罗刃击	0	3000	1	25	25
10	15.09	80.0%	12.072	16			单体	修罗刃击	0	3000	1	36	36
20	21.69	80.0%	17.352	20			单体	修罗刃击	0	3000	1	52	52
30	30.09	80.0%	24.072	23			单体	修罗刃击	0	3000	1	72	72
40	39.39	80.0%	31.512	28			单体	修罗刃击	0	3000	1	95	95
50	51.39	80.0%	41.112	70			单体	修罗刃击	0	3000	1	123	123
60	80.49	80.0%	64.392				单体	修罗刃击	0	3000	1	193	193

图 5-89　刺客的第一个技能"修罗刃击"

我们希望刺客的输出能力和法师差不多，在观察其他 3 个职业的输出后，我们将"修罗刃击"的技能系数定在 80%。

刺客的第二个技能同样是一个单体输出技能"碎神击"，这个技能的定位在于加强刺客的输出能力，如图 5-90 所示。

等级1	人物DPS	技能系数	技能伤害	增量	dot	dps	备注	法术名字	施展时间	CD时间	攻击百分比	最小攻击	最大攻击
1	10.5	80.0%	8.4	55			单体	碎神击	0	15000	1	126	126
10	15.09	80.0%	12.072	79			单体	碎神击	0	15000	1	181	181
20	21.69	80.0%	17.352	101			单体	碎神击	0	15000	1	260	260
30	30.09	80.0%	24.072	112			单体	碎神击	0	15000	1	361	361
40	39.39	80.0%	31.512	144			单体	碎神击	0	15000	1	473	473
50	51.39	80.0%	41.112	349			单体	碎神击	0	15000	1	617	617
60	80.49	80.0%	64.392				单体	碎神击	0	15000	1	966	966

图 5-90　刺客的第二个技能"碎神击"

刺客的第三个技能是一个控制技能"万刃慑心"，在造成伤害的同时眩晕目标，如图 5-91 所示。

等级1	人物DPS	技能系数	技能伤害	增量	dot	dps	备注	法术名字	施展时间	CD时间	攻击百分比	最小攻击	最大攻击	眩晕时间
1	10.5	10.0%	1.05	9			单体击晕	万刃慑心	0	20000	1	21	21	2000
10	15.09	10.0%	1.509	13			单体击晕	万刃慑心	0	20000	1	30	30	2000
20	21.69	10.0%	2.169	17			单体击晕	万刃慑心	0	20000	1	43	43	2000
30	30.09	10.0%	3.009	19			单体击晕	万刃慑心	0	20000	1	60	60	2000
40	39.39	10.0%	3.939	24			单体击晕	万刃慑心	0	20000	1	79	79	2000
50	51.39	10.0%	5.139	58			单体击晕	万刃慑心	0	20000	1	103	103	2000
60	80.49	10.0%	8.049				单体击晕	万刃慑心	0	20000	1	161	161	2000

图 5-91　刺客的第三个技能"万刃慑心"

由于眩晕技能带来的收益较大，所以技能系数只有 10%，并且冷却时间不宜太短，眩晕时间不宜太长。冷却时间定为 20 秒，眩晕时间定为 2 秒，这样就相对于敌方每 20 秒就有 2 秒无法输出，变相地让敌方的输出只有正常的 90%。

小结：

本节虽然只设计了 3 个基础技能，但这 3 个基础技能可以组成最基本的技能序列。后续章节我们会按照这个技能序列来模拟各个职业间的战斗。

5.3.9　药品恢复设计

在游戏中除了技能可以带来生命和魔法的数值变化外,还有药品可以补充生命和魔法。

如果是补充生命的药品,要严格注意数值不能过高,一旦恢复量超过伤害量,就会造成玩家相互之间难以杀死对方。但同时恢复量也不能过小,这样玩家使用药品会毫无意义。

目前的主流做法是有做两种生命药水,一种药水可以随时服用不会受到战斗状态的影响,这种药水往往恢复量非常少;而另一种药水则恢复量很大,但是一旦进入战斗状态就会停止恢复。这样设计的定位非常清晰,第一种药水承担的是战斗中应急的作用,这样设计其实高等级玩家会更有优势,因为高等级的药水往往恢复量更大;第二种药水用来恢复战斗给角色带来的血量消耗,性价比高,杀怪时几乎都是使用这种药品恢复。

补充魔法的药品的设计则需要考虑和玩家技能消耗量的平衡。一般来说,MMORPG游戏的魔法补充速度会大于技能消耗速度,也有一些游戏保证角色在使用一个技能的时候,补充速度可以跟上消耗,但使用多个技能的时候,补充速度跟不上消耗。

1. 魔法值药水

我们把药水设计为 7 个等级,对应从 1~60 的人物等级。玩家可以在每升 10 级后替换服用新的药水。药水的冷却时间被设置为 30 秒,并且是一次性恢复魔法值,如图 5-92 所示。

	A	B	C	D	E	F	G
1	id	名字	恢复量	使用等级	冷却时间	每秒恢复	描述
2	81201	1级蓝药	200	1	30	7	【使用效果】:恢复200点魔法值
3	81202	10级蓝药	400	10	30	13	【使用效果】:恢复400点魔法值。
4	81203	20级蓝药	800	20	30	27	【使用效果】:恢复800点魔法值。
5	81204	30级蓝药	1600	30	30	53	【使用效果】:恢复1600点魔法值。
6	81205	40级蓝药	3200	40	30	107	【使用效果】:恢复3200点魔法值。
7	81206	50级蓝药	4800	50	30	160	【使用效果】:恢复4800点魔法值。
8	81207	60级蓝药	6400	60	30	213	【使用效果】:恢复6400点魔法值。

图 5-92　魔法值药水

A 列表示药品的编号。

B 列表示药品的名字。

C 列表示药品可以恢复的总量。如果是一次性恢复就等于恢复数值,如果是间隔恢复则表示药品在整个过程的恢复量。

D 列表示药品需要的人物等级限制。

E 列表示该药品的冷却时间。

F 列表示药品平均到每秒的恢复量。

G 列表示对药品的描述。

这里的数值是已经根据目前的各职业魔法值情况调整过的数值，下面再来看一下它和技能的关系。首先来看战士的第一个技能"裂空斩"，如图 5-93 所示。

H	I	P	Q	R	S	T
备注	法术名字	MP值	消耗MP比例	总蓝量	每秒耗蓝	每秒回蓝
单体	裂空斩	9	3.0%	308	1.8	7
单体	裂空斩	15	3.5%	446	3	13
单体	裂空斩	25	4.0%	641	5	27
单体	裂空斩	38	4.5%	857	7.6	53
单体	裂空斩	55	5.0%	1115	11	107
单体	裂空斩	79	5.5%	1449	15.8	160
单体	裂空斩	132	6.0%	2212	26.4	213

图 5-93　战士"裂空斩"技能的魔法值情况

R 列表示战士在当前等级的魔法值上限。

Q 列表示技能消耗魔法占魔法上限的百分比。

P 列表示按 R、Q 两列计算出的消耗魔法值。

S 列表示按 P 列计算出的魔法值平摊到技能冷却时间内每秒消耗的魔法值。

T 列表示当前等级人物可以使用的药品每秒可恢复的魔法值，即我们在之前的药品表中对应的恢复量。

这里我们不希望技能消耗太多魔法，所以技能消耗魔法比例相对都是比较低的，并且消耗速度远远小于回蓝速度。

再来看一下战士的第二个技能"蛮力冲击"，如图 5-94 所示。

H	I	P	Q	R	S	T
备注	法术名字	MP值	消耗MP比例	总蓝量	每秒耗蓝	每秒回蓝
单体+冲锋	蛮力冲击	18	6.0%	308	0.9	7
单体+冲锋	蛮力冲击	31	7.0%	446	1.55	13
单体+冲锋	蛮力冲击	51	8.0%	641	2.55	27
单体+冲锋	蛮力冲击	77	9.0%	857	3.85	53
单体+冲锋	蛮力冲击	111	10.0%	1115	5.55	107
单体+冲锋	蛮力冲击	173	12.0%	1449	8.65	160
单体+冲锋	蛮力冲击	309	14.0%	2212	15.45	213

图 5-94　战士"蛮力冲击"技能的魔法值情况

"蛮力冲击"的消耗比之前的"裂空斩"要高一些，但总体来说还是消耗速度远远小于回蓝速度。

最后是战士的第三个技能"战八方"，如图 5-95 所示。

H	I	P	Q	R	S	T
备注	法术名字	MP值	消耗MP比例	总蓝量	每秒耗蓝	每秒回蓝
AOE	战八方	12	4.0%	308	4	7
AOE	战八方	20	4.5%	446	6.67	13
AOE	战八方	32	5.0%	641	10.67	27
AOE	战八方	47	5.5%	857	15.67	53
AOE	战八方	66	6.0%	1115	22	107
AOE	战八方	101	7.0%	1449	33.67	160
AOE	战八方	176	8.0%	2212	58.67	213

图 5-95　战士"战八方"技能的魔法值情况

第三个技能为 AOE 技能，将消耗定位于第一个和第二个技能之间。

其他职业的技能消耗我们就不一一介绍了，其原理都是相通的。总的设计思路就是消耗速度远远小于补给速度。在正常的消耗条件下，不需要玩家思考魔法的消耗和补给策略。

2. 生命值药水

生命值药水的表格设计和魔法值药水是一样的，如图 5-96 所示。

	A	B	C	D	E	F	G	H
1	id	名字	恢复量	使用等级	冷却时间	每秒恢复	描述	PVP平均伤害
2	81101	1级红药	100	1	30	3.33	【使用效果】：恢复100点生命值。	11
3	81102	10级红药	200	10	30	6.67	【使用效果】：恢复200点生命值。	15.75
4	81103	20级红药	400	20	30	13.33	【使用效果】：恢复400点生命值。	22.75
5	81104	30级红药	800	30	30	26.67	【使用效果】：恢复800点生命值。	31.5
6	81105	40级红药	1600	40	30	53.33	【使用效果】：恢复1600点生命值。	40.5
7	81106	50级红药	2400	50	30	80	【使用效果】：恢复2400点生命值。	51.75
8	81107	60级红药	3200	60	30	106.67	【使用效果】：恢复3200点生命值。	75.75

图 5-96　生命值药水

生命值药水的数值是按固定比例成长的，我们可以从和 PVP 平均伤害的对比中看到，30 级之前伤害速度是高于回血速度的，但之后回血速度大于伤害速度。这里先不调整，后续看过战斗模拟效果之后再进行调整。

5.3.10　怪物属性设计

当确定了角色属性之后，我们就可以来设计怪物的属性了，主要以控制战斗时长和角色消耗生命值为主。

普通怪物的设计一共包含 5 张表。

首先是"怪物命中"，要想得到怪物的命中，我们就需要通过角色的闪避来反向计算，如图 5-97 所示。

	A	B	C	D	E	F	G	H	I	J
1	等级	战士闪避	法师闪避	牧师闪避	刺客闪避	闪避平均值	预期对怪闪避	怪物命中	修正值	最终值
2	1	31.4	31.4	29.295	33.505	31.4	15%	178	0	178
3	2	32.8675	32.8675	29.7625	34.9725	32.6175	15%	185	0	185
4	3	33.335	33.335	31.23	35.44	33.335	15%	189	0	189
5	4	34.8025	34.8025	31.6975	36.9075	34.5525	15%	196	0	196
6	5	35.27	35.27	33.165	38.375	35.52	15%	201	0	201
7	6	36.7375	36.7375	33.6325	38.8425	36.4875	15%	207	0	207
8	7	37.205	37.205	35.1	40.31	37.455	15%	212	0	212
9	8	38.6725	38.6725	35.5675	40.7775	38.4225	15%	218	0	218
10	9	39.14	39.14	37.035	42.245	39.39	15%	223	0	223
11	10	45.7075	45.7075	42.0925	49.3225	45.7075	15%	259	0	259

图 5–97   通过角色的闪避反向计算怪物命中

A 列表示人物和怪物的等级。

B 到 E 列表示不同职业的闪避。

F 列表示闪避的平均值。

G 列表示预期人物对怪物的闪避率。

H 列表示在预期闪避率下的怪物命中。

I 列表示对命中修正的数值。

J 列表示修正之后的命中数值。

在这里先求出了各个职业的闪避平均值，然后根据这个平均值和预期的闪避率求出怪物的命中值。再根据项目需求做额外的数值调整，并得到最终的命中数值。

接下来是"怪物闪避"表，我们根据人物的命中来求出怪物的闪避，如图 5-98 所示。

	A	B	C	D	E	F	G	H	I	J
1	等级	战士命中	法师命中	牧师命中	刺客命中	命中平均值	预期对怪命中	怪物闪避	修正值	最终值
2	1	187	209	219	209	206	95%	11	0	11
3	2	191	214	224	214	210.75	95%	12	0	12
4	3	196	219	230	219	216	95%	12	0	12
5	4	200	223	235	223	220.25	94%	13	0	13
6	5	204	228	240	228	225	94%	14	0	14
7	6	208	233	245	233	229.75	94%	15	0	15
8	7	213	238	251	238	235	94%	16	0	16
9	8	217	242	256	242	239.25	94%	16	0	16
10	9	221	247	261	247	244	93%	17	0	17
11	10	270.9	303.3	317.3	303.3	298.7	93%	22	0	22

图 5–98   根据人物的命中来求出怪物的闪避

A 列表示人物和怪物的等级。

B 到 E 列表示不同职业的命中。

F 列表示命中的平均值。

G 列表示预期人物对怪物的命中率。

H 列表示在预期命中率下的怪物闪避。

I 列表示对闪避修正的数值。

J 列表示修正之后的闪避数值。

然后是"人物暴击"表，它直接引用了"PVP 暴击"表格中的数据，如图 5-99 所示。

等级	战士暴击	法师暴击	牧师暴击	刺客暴击	暴击平均值
1	1.72%	1.72%	1.56%	1.89%	1.72%
2	1.69%	1.69%	1.53%	1.86%	1.69%
3	1.66%	1.66%	1.50%	1.82%	1.66%
4	1.63%	1.63%	1.47%	1.79%	1.63%
5	1.60%	1.60%	1.44%	1.76%	1.60%
6	1.57%	1.57%	1.42%	1.73%	1.57%
7	1.55%	1.55%	1.39%	1.70%	1.55%
8	1.52%	1.52%	1.37%	1.67%	1.52%
9	1.50%	1.50%	1.35%	1.64%	1.49%
10	2.07%	2.07%	1.86%	2.27%	2.07%

图 5-99　"人物暴击"表

有了之前 3 张表格的准备之后，我们接下来就可以设计出第 4 张表"怪物防御 HP"，如图 5-100 所示。

等级	战士攻击	法师攻击	牧师攻击	刺客攻击	DPS平均值	预期伤害	技能增幅	最终伤害	怪物伤害减免	防御值	修正值	最终值	平均战斗时长	HP预估	修正值	怪物HP最终值
1	14.3	15.6	11.7	11.7	21	20	60%	19	5%	23	0	23	10	190	0	190
2	14.63	15.96	11.97	11.97	22	21	60%	19.95	5%	25	0	25	10	199.5	0	200
3	14.96	16.32	12.24	12.24	22	21	60%	19.95	5%	27	0	27	10	199.5	0	200
4	15.29	16.68	12.51	12.51	23	22	60%	20.68	6%	35	0	35	10	206.8	0	207
5	15.62	17.04	12.78	12.78	23	22	60%	20.68	6%	37	0	37	10	206.8	0	207
6	15.95	17.4	13.05	13.05	24	23	60%	21.62	6%	39	0	39	10	216.2	0	216
7	16.28	17.76	13.32	13.32	24	23	60%	21.39	7%	49	0	49	10	213.9	0	214
8	16.61	18.12	13.59	13.59	25	24	60%	22.32	7%	51	0	51	10	223.2	0	223
9	16.94	18.48	13.86	13.86	25	24	60%	22.32	7%	54	0	54	10	223.2	0	223
10	20.57	22.44	16.83	16.83	31	29	60%	26.68	8%	66	0	66	10	266.8	0	267

图 5-100　"怪物防御 HP"表

A 列表示人物和怪物的等级。

B 到 E 列表示人物的输出攻击，并且根据职业不同要选择适合的攻击向性，比如战士要看物理攻击，法师要看魔法攻击。

F 列表示输出的平均值。

G 列表示根据之前的怪物命中和怪物闪避来计算出的角色对怪物的伤害。

H 列表示技能对输出的增幅比例。

I 列表示计算了技能增幅和伤害减免的比例之后，得出的最终对怪物造成的预期伤害。

J 列表示怪物的伤害减免比例。

K 列表示根据伤害减免比例计算出的防御值。

L 列表示对防御的修正数值。

M 列表示修正之后的防御数值。

N 列表示我们对人物击杀怪物的战斗时间的预估值。

O 列表示根据预估的战斗时间和对怪物的伤害得出的怪物应有的生命值。

P 列表示对怪物生命值的修正值。

Q 列表示怪物生命值的最终数值。

我们在这里的防御其实是把物理防御和魔法防御算成一个数值来计算了，大家在自己的游戏中可以结合具体的设计需求选取衡量目标。比如有些游戏是以第一个职业为衡量依据的，其他职业再针对这个职业做偏差设计。

最后一个表为"怪物攻击"表，如图 5-101 所示。

等级	战士	法师	牧师	刺客	战斗时长	攻击	修正值	最终值	伤害1	伤害2	伤害3	伤害4	生命比1	生命比2	生命比3	生命比4	总伤害1	总伤害2	总伤害3	总伤害4
1	17.18%	13.85%	13.96%	15.23%	10	4	0	4	3	3	3	3	0.38%	0.45%	0.43%	0.42%	30	30	30	30
2	16.35%	13.18%	13.28%	14.49%	10	6	0	6	5	5	5	5	0.62%	0.73%	0.70%	0.69%	50	50	50	50
3	15.61%	12.58%	12.68%	13.83%	10	8	0	8	7	7	7	7	0.85%	0.99%	0.96%	0.94%	70	70	70	70
4	14.95%	11.92%	12.15%	13.25%	10	10	0	10	9	9	9	9	1.06%	1.25%	1.21%	1.18%	90	90	90	90
5	14.36%	11.45%	11.54%	12.72%	10	12	0	12	10	11	11	10	1.16%	1.50%	1.45%	1.29%	100	110	110	100
6	13.81%	11.03%	11.12%	12.24%	10	14	0	14	12	12	12	12	1.36%	1.60%	1.55%	1.51%	120	120	120	120
7	13.32%	10.65%	10.73%	11.70%	10	16	0	16	14	14	14	14	1.56%	1.83%	1.77%	1.73%	140	140	140	140
8	12.87%	10.30%	10.38%	11.31%	10	18	0	18	16	16	16	16	1.74%	2.05%	1.98%	1.94%	160	160	160	160
9	12.46%	9.87%	10.06%	10.95%	10	20	0	20	18	18	18	18	1.92%	2.26%	2.18%	2.14%	180	180	180	180
10	15.15%	12.14%	12.24%	13.40%	10	22	0	22	19	19	19	19	1.66%	1.95%	1.88%	1.84%	190	190	190	190

图 5-101　"怪物攻击"表

A 列表示人物和怪物的等级。

B 到 E 列表示各个职业对物理攻击的减免百分比。

F 列引用了之前"怪物防御 HP"表中我们所设计的战斗时间。

G 列表示我们填写的怪物物理攻击数值。

H 列表示对怪物物理攻击的数值修正。

I 列表示怪物物理攻击的最终数值。

J 到 M 列表示怪物的物理攻击对不同职业造成的伤害。

N 到 Q 列表示怪物的一次物理攻击造成的伤害占角色当前最大生命值的百分比。

R 到 U 列表示和同等级怪物战斗的整个过程中玩家损失的生命值。

这张表是基于之前我们给出的战斗时间和在这里我们填写的怪物攻击数值推导出玩家单次受损比和在战斗中损失的总体生命值，从而得出角色在每击杀一个怪物时会产生的消耗。

第 6 章　VBA 知识及实战模拟

6.1　VBA 知识讲解

6.1.1　概述

VBA 就是 Visual Basic for Application 的缩写，是微软公司为办公自动化而开发的语言，主要应用领域集中于 Office 办公软件。

它和 VB 有着很强的关联性，我们也可以认为 VBA 是 VB 的子集。实际上 VBA 是"寄生于"VB 应用程序的版本。VBA 和 VB 的区别包括如下几个方面。

1. VB 用于创建标准的应用程序，而 VBA 是使已有的应用程序（Excel 等）自动化。

2. VB 具有自己的开发环境，VBA 必须寄生于已有的应用程序。

3. 要运行 VB 开发的应用程序，用户不必安装 VB，因为 VB 开发出的应用程序是可执行文件（*.EXE），而 VBA 开发的程序必须依赖于它的"父"应用程序，例如 Excel。

尽管存在这些不同，VBA 和 VB 在结构上仍然十分相似。事实上，如果你已经了解了 VB，会发现学习 VBA 非常快。相应地，学完 VBA 会给学习 VB 打下坚实的基础。而且，当学会在 Excel 中用 VBA 创建解决方案后，即已具备在 Word、Access、Outlook、Foxpro PowerPoint 中用 VBA 创建解决方案的大部分知识。

我们做一个更为形象的比喻：VBA 可以称作 Excel 的"遥控器"，你可以通过它来完成 Excel 的各种操作。

更确切地讲，它是一种自动化语言，它可以使常用的程序自动化，可以创建自定义的解决方案。而我们要做的就是用 VBA 语言完成游戏的模型，从而更为形象地验证我们的设计是否符合预期。

6.1.2　宏功能介绍

在学习 VBA 之前应该先来了解一个概念："宏"。

"宏"是指一系列 Excel 可以执行的 VBA 语句。

下面我们录制一个简单的宏，首先选择 A1 单元格然后输入 ABC，然后选择 A2 单元格。

我们还是使用 Excel 2010，在"开发工具"选项卡中可以看到宏的相关面板，如图 6-1 所示。

图 6-1　"开发工具"选项卡

单击"录制宏"按钮，弹出如图 6-2 所示的"录制新宏"对话框。

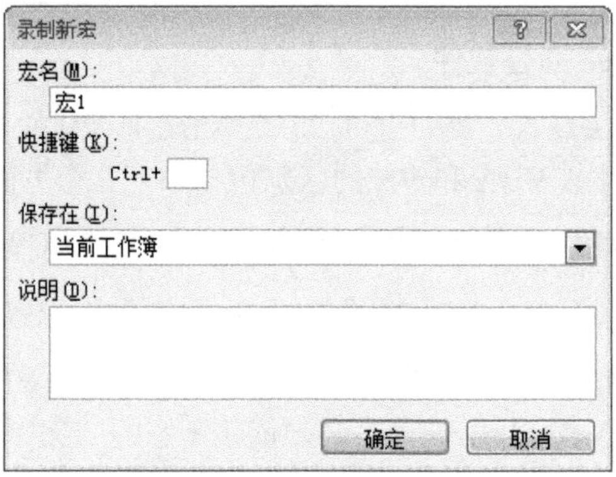

图 6-2　"录制新宏"对话框

我们用默认的宏 1 这个名字，然后单击"确定"按钮，开始之前所说的操作。这里大家请注意不要在操作过程中有其他额外操作，否则录制的宏肯定会和讲解过程有误差。完成操作后，我们会发现"录制宏"按钮变成"停止录制"按钮，单击后完成录制过程。

此时宏 1 就保存了我们之前的操作：选择 A1 单元格然后输入 ABC，之后选择 A2 单元格。下面执行宏 1 看看效果。首先删除 A1 单元格中的 ABC，然后选择一个 A1 以外的单元格。我们在"开发工具"选项卡的"代码"选项组中，单击"宏"按钮，将弹出如图 6-3 所示的"宏"对话框。

图 6-3　"宏"对话框

单击"执行"按钮，这时 Excel 就执行了我们之前的一系列操作。到底是什么在控制 Excel 运行这些操作的呢？相信你可能会有疑惑，让我们来看看 VBA 语句。

用之前的操作打开如图 6-3 所示的对话框，然后单击"编辑"按钮。此时我们会进入 VBA 的编辑器窗口 VBE，界面如图 6-4 所示。

图 6-4　VBE 编辑器窗口界面

图 6-4 右面的区域是代码区域，代码如下：

```
Sub 宏 1()
'
' 宏 1 宏
'


'
    Range("A1").Select
    ActiveCell.FormulaR1C1 = "ABC"
    Range("A2").Select
End Sub
```

有代码基础或英语基础好的读者可能更容易理解这些代码，代码本身其实就是基于英语拓展的一系列计算机命令的语句。

Sub 宏 1()：其中宏 1 就是这个宏的名字。

' 是注释字符，前 5 行的注释是自动生成的。

Range("A1").Select：代表选中了 A1 单元格。Range 表示选择的区域，你也可以换一个区域试试效果。后面的 .Select 代表选中这个区域。

End Sub：表示这个宏的结束。

ActiveCell.FormulaR1C1 = "ABC"：代表当前被激活区域的公式为"ABC"。

下面来修改一下代码看看效果，我们希望 A1 单元格可以计算一个 2*3 的公式，然后在 B1 单元格写入"hello"。代码如下：

```
Sub 宏 1()
'
' 宏 1 宏
'

'
    Range("A1").Select
    ActiveCell.FormulaR1C1 = 2 * 3
    Range("B1").Select
    ActiveCell.FormulaR1C1 = "hello"
End Sub
```

运行修改后的宏可以发现在 A1 单元格中出现了 6，这表示代码已经执行了数学运算。

录制宏是非常简单的，一般情况下不需要对录制的宏进行修改，但是如果出现以下情况就要编辑录制的宏了。

1. 录制中由于操作不当而不得不修改。

2. 录制过程中冗余语句较多，出于优化效率调整代码。

3. 希望增加新的功能。

4. 只是希望通过录制过程获取一些操作语句。

录制宏是非常容易的一件事情，但对于我们游戏应用来说它还是有明显短板的，它没办法做出逻辑上的判断，所以我们必须自己来编写 VBA。宏功能对我们的实战意义在于可以录制一些操作的代码来方便使用。

6.1.3　编辑器简介

编辑器（VBE）就是用于编辑 VBA 代码的工具，下面先介绍如何进入 VBE。

1.在"开发工具"选项卡中，单击"Visual Basic"按钮后，即可进入 VBE，如图 6-5 所示。

图 6-5　单击"Visual Basic"按钮

2.快捷键为 Alt+F11，按下后直接弹出 VBE 界面。

编辑器类似于我们使用的电脑操作系统，但会有多个窗口可以编辑。编辑器包含了菜单栏、标题栏、工具栏、工程资源管理器、属性窗口、代码窗口等，如图 6-6 所示。

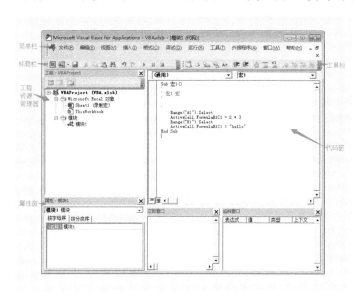

图 6-6　编辑器界面

6.1.4　模块和过程

1.模块

我们之前录制的宏中的操作指令和我们手动操作是完全一样的，这些代码会被存放于一个叫"模块"的表里。Excel 将"模块"表存储在模块文件夹里，这个文件夹在当前工作簿、新工作簿或者个人宏工作簿里面。你必须激活编辑器窗口，并且双击工程浏览器里的模块文件夹才能查看到这些模块。当"模块"表在代码窗口里被打开后，你才能编辑它们。

程序设计时，我们常常将一个较大的程序按功能要求进行划分，首先将大的模块划分为中等大小的模块，然后再将中等大小的模块划分成更小的模块，直到这些模块可以直接用程序设计语言描述出来。这其实和游戏的设计是相通的，我们也会将游戏按功能划分为各个系统，然后逐一实现这些功能。

2. 过程

程序设计语言能描述的最小模块单位就是过程和函数，主程序通过调用各个模块中的过程和函数来完成实际的设计需求。

VBA 中的过程包含 3 种，分别是 Sub 过程、Function 过程和 Property 过程，其内部可能包含若干代码并且可以和程序中的其他模块通信。Sub 过程是用关键字 Sub 定义的一种过程，其处理结果不返回任何值，只是执行代码；Function 过程是用关键字 Function 定义的一种过程，其处理后有一个返回值，其值的类型由声明的语句决定，常常用于数值计算及计算操作；Property 过程相比之下使用率低很多，它指用关键字 Property、Get、Property Let/Set 定义的一种过程，用于创建可读取或设置的对象属性。

3.Sub 过程

Sub 也被称为子过程，是 VBA 过程的一种。它用于定义子过程的名字、参数及子过程中所要使用的代码。所有的 Sub 子过程必须要先定义，然后才能在其他子过程中调用该 Sub 子过程。在 VBA 中，Sub 子过程是不可以嵌套定义的，也不可以在 Sub 过程中再去使用 Sub 定义子过程。但 Sub 子过程是可以直接互相调用的。Sub 语句的语法描述如下：

```
[Private | Public | Friend] [Static] Sub name [(arglist)]
[statements]
[Exit Sub]
[statements]
End Sub
```

下面来解析这些元素及意义。

• Private 是一个可选参数，表示只有在包含其声明的模块中的其他过程才可以访问该 Sub 过程。

• Public 是一个可选参数，表示所有的模块都可以访问此 Sub 过程，如果在包含 Option Private 的模块中使用，则这个过程在该过程外是不可使用的。

• Friend 是一个可选参数，只能在类模块中使用。表示该 Sub 过程在整个过程中都是可见的，但对于对象实例的控制是不可见的。

- Static 是一个可选参数，表示在调用之间保留 Sub 过程的局部变量的值。即使过程中使用了这些变量，Static 属性对于在 Sub 外声明的变量不会产生影响。

- name 是一个必需参数。表示 Sub 过程的过程名。

- arglist 是一个可选参数，表示在调用时要传递给 Sub 过程的参数的变量列表，当变量的数目比较多时，需要使用逗号将它们分隔开。

- statements 是一个可选参数，表示 Sub 过程中执行的语句。

这里需要注意的是 arglist 部分在参数传递的时候是遵循语法规则的。

此外我们需要注意如下几点。

① Exit Sub 语句用于立即退出 Sub 过程，退出后程序继续执行后续的代码。

②不要使用 GoSub、GoTo 或 Return 语句来进入或退出 Sub 过程。

③ Sub 过程是可以递归的，即它可以调用自己来完成某些功能，但递归可能会导致堆栈上溢。通常 Static 关键字和递归的 Sub 过程不在一起使用。

④在没有使用 Private、Public、Friend 指定使用范围的情况下，Sub 过程默认为公用。

⑤如果将整个数组传给一个过程，则使用数组名，然后在数组名后加上空括号。

下面让我们来看下如何正确地调用 Sub 过程。在程序中调用 Sub 一般使用 Call 语句，英文意译呼叫。Call 语句的作用是将调用 Sub 过程的程序控制权转移给被调用的 Sub 过程。如果调用时存在参数传递，则将参数传递到被调用的 Sub 过程的内部进行处理。Sub 过程结束后，重新将程序控制权交给程序。此外除了使用 Call 语句之外，我们也可以直接调用 Sub 过程。下面来看两个实例，代码如下：

```
Sub main()
Dim text As String
text = InputBox(" 请输入 :")
Call output(text)
output text
End Sub
Sub output(text As String)
Debug.Print " 您输入的是 :" & text
End Sub
```

在输入这些代码之后，选择运行 Sub 就会在"立即窗口"对话框中得到如图 6-7 所示的反馈，证明 output 被调用了 2 次。由此可见这两种调用方法都可以正确调用 output 这个过程。

图 6-7 "立即窗口"对话框

4.Function 过程

Function 函数的作用类似于 Sub 过程，只是 Function 函数有返回值，即 Function 函数在完成之后，被调用函数会返回一个值。一般来说，Function 只能有一个返回值。此外在 VBA 中 Function 函数不可以嵌套定义，也不能在 Function 的内部再定义 Function。下面我们来看一下 Function 的参数：

```
[Private | Public | Friend] [Static] Function name [(arglist)][As type]
[statements]
[name = expression]
[Exit Function]
[statements]
[name = expression]
End Function
```

Function 的大部分参数我们都可以参考之前的 Sub 过程，这里只对有差异的两个参数介绍一下。

• type 是一个可选参数，用于指明 Function 函数的返回值。在目前的返回值类型中，不支持 Decimal 类型，String 只支持特定长度，而其余的都支持。

• expression 是一个可选参数，用于确定 Function 返回的数值。

此外我们需要注意如下几点。

① Exit Function 语句使用后将会立即从一个 Function 函数退出，程序接着执行该 Function 过程的语句之后的代码。

② Exit Function 语句可以出现在 Function 的任何位置。在实际操作过程中，我们也会配合其他语句来实现更为复杂的操作。

③ Function 函数可以用于表达式右边，和内部函数使用方式一样。

④ Function 函数可以递归。该过程可以调用自己来完成某个特定的任务。同样，递归

可能会导致堆栈上溢。通常 Static 关键字和递归的 Function 函数不在一起使用。

⑤ VBA 中可能会重新安排数学表达式以提高内部效率。如果 Function 函数会改变某个数学表达式中变量的值，则应避免在此表达式中使用该函数。

⑥ Function 函数可以被定义为空函数。

⑦ VBA 的内置函数和 Excel 函数的用法不一定就是相同的，使用时要注意按其语法规则来使用。

下面看看如何调用 Function 函数。调用函数常用的方法有如下 3 种。

①使用 Call 语句调用函数

[Call] Name [Argumentlist]

- Call 是一个可选参数，表示调用语句的关键字。当使用此关键字时，Argumentlist 必须加上括号。

- Name 是一个必需参数，表示函数名。

- Argumentlist 是一个可选参数，表示所调用过程的参数列表。

②使用函数表达式调用函数

将函数用于表达式之中，即为函数表达式。

Dim a as integer

a=int(1.1415926)

③将函数作为其他函数的参数调用函数

此时一定要注意函数的返回值类型必须与调用函数的参数类型相容，否则会出现类型不匹配的错误。如下面的例子就会出错。

```
Dim a as integer
Dim b as integer
Dim x as integer
x=dam(att(a),def(b))
```

6.1.5　常量、变量和数据类型

1.常量

常量就是指在程序运行过程中不会发生变化的量，其本质是变量的一种特殊情况。常量可以供程序在计算过程中多次使用而不发生改变。比如熟知的圆周率 3.1415926。常量根据类型还可以分为数值常量、字符串常量、自定义常量等。

数值常量就是程序中使用的 1、2、3 等数值。字符串常量就是由多个字符组成的字符串构成的量。此外还有逻辑常量、日期常量等，都非常容易理解，这里不做过多介绍。

这里需要注意的是自定义常量，它可以根据程序的设计需求来设定常量，特别是我们在游戏过程中会有非常多的自定义常量。声明这种常量时，需要用到 Const 语句，语法如下：

Const 常量名 as 数据类型 = 值

2. 变量

变量是用于存放临时数据的工具，其保存的数据是计算过程中的中间值，变量值会随着程序的执行过程而不断发生变化。在计算机语言中，通常要求所使用的变量要先声明才能使用，但在 VBA 中，对这个条件可以进行设定，如果采用默认设置，则可以在不声明的条件下使用变量，因此在 VBA 中，变量的声明分为隐性声明和显性声明。

隐性声明是指在不声明变量的情况下，可直接使用变量。在 VBA 中，当遇到没有声明的名称时，VBA 编译系统会首先用此名称创建一个与该名称相同的变量名，然后将此变量名作为显性声明的变量名使用。尽管使用隐性声明很方便，但是一旦出错也是非常难以纠错的，所以请大家尽量不要使用隐性声明。

显性声明则是在使用变量之前，首先声明变量。声明变量时要用到 Dim 语句，语法如下：

Dim 变量名 as 数据类型

在声明特定类型的变量时，必须指定数据类型。变量名必须以字母或汉字开头，由字母、下画线、汉字组合而成。如 "Dim a as String" 就声明了一个字符型变量 a。

3. 数据类型

VBA 的数据类型大致分为 Boolean、Byte、Date、Double、Integer、Long、Object、String、Variant 和自定义类型。

- Boolean 只有 True 或 False 两种状态。

- Byte 表示范围 0~255 的数字。

- Date 表示日期类型的数据。

- Double 表示双精度浮点数，数值的范围非常之大。负数数据从 −1.79769313486231E308 到 −4.94065645841247E-324，正数数据从 4.94065645841247E-324 到 1.79769313486232E308。（E 表示 10 的次方，E308 表示的 10 的 308 次方）

- Integer 表示整数，表示范围 −32768 到 32767 之间的整数。

- Long 也表示整数，范围比 Integer 大，表示范围 −2147483648 到 2147483647 之间

的整数。

• Object 类型比较特殊，表示对对象的引用，其用法不一样，需要用 Set 语句为其赋值。语法如下：

Dim sheet as Object

Set sheet = Worksheets（"sheet1"）

• String 表示的是字符串类数据。

• Variant 型数据存储的是当定义某一变量时，数据类型没有被显性声明为某一类型变量的数据，它也是一种特殊的数据类型，除了定长 String 数据及用户自定义类型外，可以包含各种类型的数据，并且 Variant 中的数据也可以是 Empty、Error、Nothing 及 Null 等特殊数值，还可以用 VarType 函数或 TypeName 函数来处理 Variant 中的数据。对于数值型数据可以是任何整型数据或实型数据。在数据计算的过程中，Variant 型数据还可以实现一定程度的自动转换，但其转换能力也是有限的，建议使用专门的转换函数。

当上述类型满足不了用户需求的时候，用户可以利用 VBA 的数据类型扩展机制自定义数据类型。使用自定义数据类型的时候需要 Type 语句。Type 语句只能在模块中使用，如果要在类模块中使用，则必须在 Type 语句前添加 Private 关键字。在后续章节介绍类的时候将会详细讲解。

6.1.6　运算符和表达式

运算符表示执行某种运算的符号。本节将介绍 VBA 中的赋值运算符、算术运算符、关系运算符、逻辑运算符和连接运算符。

1. 赋值运算符

赋值运算符是指完成赋值运算的符号，在 VBA 中的符号表示为 "="。赋值运算符用来给变量、数组等成员或对象的属性成员赋值，其赋值的形式是赋值号 "=" 左边是变量名、数组成员名或对象属性名，赋值号 "=" 右边是所赋的值。语法如下：

变量名 = 值

对象 . 属性名 = 值

2. 算术运算符

算术运算符是描述算术运算的符号。包含加（+）、减（-）、乘（*）、除（/）、整除（\）、求余（Mod）、指数（^）。加减乘除和数学中使用的符号一样，减号还可以作为 "负号" 使用。整除运算是在两个数做整除运算后仅获得商的整数部分，舍弃小数部分。求余运算用于获取两个数做除法运算后所得到的余数。指数运算符用于描述数学中的幂运算。

运算的优先级和 Excel 的运算优先级是一样的，大家可以参考前面的章节，这里就不再描述了。

3. 关系运算符

关系运算符是表示两个数据关系的符号。两个数据之间的关系有大于（＞）、小于（＜）、大于等于（＞＝）、小于等于（＜＝）、等于（＝）、不等于（＜＞）等关系。表达数据之间的关系可以用关系运算符，在 VBA 中一共有 8 种关系运算符。除了上述 6 种常见类型之外，还有两种比较特殊的类型。

Is 表示的是比较两个 Object 型变量引用的是否是同一个变量，如果是同一个变量返回 True，否则返回 False。

Like 表示比较第一个数据是否和第二个数据相匹配，如果匹配返回 True，否则返回 False。如果两者中有一个为 Null，则返回 Null。

关系运算符本身也有先后顺序，优先级由高到低依次为 ＝、＜＞、＜、＞、＞＝、＜＝、Is 和 Like（IS 和 Like 的优先级是一样的，也是最低的）。

4. 连接运算符

连接运算符是在运算的过程中将两个表达式连接起来。在 VBA 中有两种连接运算符，强制字符连接运算符和混合连接运算符。

强制字符连接运算符为 "&"，它能够将两个表达式强制性地作为字符串连接，即将两个字符串连接在一起构成一个新的字符串。

混合连接运算符为 "+"，混合连接运算符连接的实际意义需要依据实际的表达式来确定。条件和运算的含义如表 6-1 所示。

表 6-1　条件和运算的含义

条　　件	运　算　规　则
两者都是数值	相加
两者都是 String 类型	连接
一个是数值，一个是 Null 之外的任意 Variant	相加
一个是 String，一个是 Null 之外的任意 Variant	连接
一个表达式是 Empty	返回另一个表达式作为 result
一个表达式是数值，一个是 String	产生不匹配错误
两个都是 Null	结果是 Null

5. 逻辑运算符

逻辑运算符是用于完成逻辑运算的符号。VBA 提供了 And、Eqv、Imp、Not、Or、

Xor 这 6 种逻辑运算符。在这里主要介绍 And、Or、Not 运算符。

And 运算符用于完成合取运算。如果两个表达式的值都是 True，则返回 True；如果其中一个表达式是 False，则返回 False。如果存在表达式 Null 的类型，则依据另一个表达式的值来确定运算结果。若另一个表达式为 False，则计算结果为 False；如果另一个表达式为 Null，则计算结果为 Null。

Or 运算符用于表示两个表达式的或运算。如果两个表达式中至少有一个为 True，则返回 True；如果两个表达式中有 Null 值，则计算结果取决于另一个表达式，如果其值为 True，返回 True，否则结果为 Null。

Not 运算符用于完成逻辑否定运算。当表达式的值为 True 时，返回 False；当表达式的值为 False 时，返回 True；当表达式为 Null 时，返回 Null。

在 VBA 中，And、Or、Not 运算符是最基本的使用频率最高的逻辑运算符，当表达式中出现多个逻辑运算符时，也需要按逻辑运算符的优先级并按从左向右的顺序进行计算，其优先级由高到低分别为 Not、And、Or。

6. 算术运算符

算术表达式是用于表示算术运算的式子，由算术运算符、变量、常量、函数或过程的调用组成，其计算结果为数值型数据。在同一算术表达式中出现多个运算符时，会按照从左向右的顺序，结合算术运算符的优先级计算表达式的值。实例如下：

```
Dim a as integer
Dim b as integer
Dim c as integer
a=1
b=2
c=a+b+3
```

7. 关系表达式

关系表达式是包含关系运算的式子，其是由算术运算符、关系运算符、逻辑运算符、变量、常量、函数或过程的调用组合而成的式子，其计算结果是一个布尔型的变量，当关系表达式中包含多个关系运算符时，按从左向右的顺序结合关系运算符优先级的先后顺序依次计算关系表达式的值。实例如下：

```
（1>2）and（3<4）
```

8. 逻辑表达式

逻辑表达式指包含逻辑运算符的式子。如果使用逻辑运算符的表达式是非数值型表达式，则其计算结果为布尔型数据，即 True 或 False；如果使用逻辑运算符的表达式是数值型表达式，则其计算结果为数值型数据类型。实例如下：

```
a or b
```

9. 其他表达式

日期表达式指任何可解释为日期的表达式，包含日期文字、可看作日期的数字、可看作时间的字符串及函数返回的时间。

时间表达式指任何可转换成时间的表达式，包括任何时间文字的组合、看起来类似时间的数字、看起来类似时间的字符串及从函数返回的时间等。

Variant 表达式其值为数值、字符串或日期数据及特殊数值 Empty 和 Null。字符串表达式指任何其值为一连串字符的表达式。字符串表达式的元素可返回字符串的函数、字符串文字、字符串、常数、字符串变量、字符串 Variant 或返回字符串 Variant 的函数。

6.1.7　语句的执行

VBA 程序最基本的 3 种控制结构分别为顺序结构、选择结构和循环结构。下面给大家一一介绍。

1. 顺序结构

顺序结构语句是最基本的程序结构语句，程序按照代码的先后顺序来执行，所以我们在程序代码的排布顺序上，一定要注意语句彼此之间的相互关系，特别是和选择结构、循环结构一起使用的时候，其结果也可能会大相径庭。

一般来说会把声明语句写在最前面。声明语句是说明程序中将要使用的变量、常量，并注明其数据类型的语句。代码如下：

```
Sub 声明()
Dim class As String    '声明了一个名字为class的变量,其数据类型为String
class = "战士"          '将"战士"保存在class变量中
End Sub
```

第 1 行和第 4 行是程序的框架，第 2 行用于声明变量，第 3 行为变量命名。

接下来就是可执行的语句，可执行语句完成的都是一个可执行的功能操作，例如一个函数、循环、分支执行等。可执行语句通常包含一些算术运算或条件运算，可位于程序内部的任何位置。

下面来看实例，我们根据攻击和防御算一下伤害。在程序中要分别声明 3 个变量用于表示攻击、防御和伤害。代码如下：

```
Sub dam()
Dim att As Long        '声明一个整型变量作为攻击数值
Dim def As Long        '声明一个整型变量作为防御数值
Dim dam As Long        '声明一个整型变量用于计算伤害
att = 10               '初始变量att,初值为10
def = 4                '初始变量def,初值为4
dam = att - def        '求出伤害为攻击减去防御
MsgBox "伤害: " & dam   '返回结果
End Sub
```

第 2~4 行是声明语句，第 5、6 行设定初始攻击和防御，第 7 行为可执行语句，得出伤害结果为攻击减去防御，第 8 行输出结果如图 6-8 所示。

图 6-8　输出结果

一般情况下，一条语句写在同一行。但如果遇到比较长的语句，就需要使用续行符。续行符是在本行末尾输入一个空格后，再在其后添加一个符号。用法如下：

```
Sub att()
Dim att As Long         '声明一个整型变量作为攻击数值
Dim text As String      '声明一个字符串用于输出
att = 10                '初始变量att,初值为10
text = "我目前的攻击力是:" & _   '这里插入续行符
       att
MsgBox text             '返回结果
End Sub
```

第 2、3 行是声明语句，第 4 行设定初始攻击，第 5 行运用了续行符，它和第 6 行是一条语句，不要在其中插入任何代码，第 7 行输出结果如图 6-9 所示。

图 6-9　输出结果

注释语句是一种说明性语句，其本身并不是程序的必要组成部分，但它所带来的说明功能对使用者来说是必不可少的，主要用来说明程序模块、程序语句、程序变量等用途。在编译系统处理的时候，它们不会被处理。注释语句主要用于提升程序的可读性，方便大家阅读和理解程序。程序在设计过程中是会不断修改的，同时需要我们对之前的代码进行修改，如果没有注释语句的提示，会浪费更多时间去理解语句。

注释语句有两种使用方法，分别如下。

①采用单引号。可以直接在本行程序的末尾用单引号开头，后跟注释内容。也可以单独一行以单引号开头，后跟注释内容。

②以 Rem 开头，后跟注释内容。但 Rem 只能以单行形式出现在程序中，否则会报错，建议大家用第 1 种方式。

暂停语句的作用在于当程序运行到一定阶段时，暂停程序的运行。其目的是为了增强程序与人的交互，方便我们解析程序运行的过程，其作用相当于调试程序时，在程序中设置断点。代码如下：

```
Sub abc()
Dim i As Integer
For i = 1 To 3
    Debug.Print "程序第" & i & "次暂停"
    Stop
Next
End Sub
```

运行程序之后，会发现停止在如图 6-10 所示的画面。

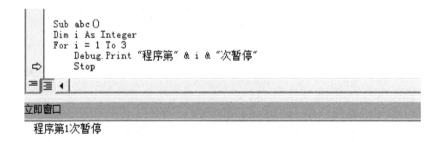

图 6-10　程序暂停时的画面

从立即窗口中可以看出程序在循环运行到 Stop 语句时第 1 次暂停了。当我们再运行的时候，会出现程序第 2 次暂停。而当我们重新设置这段代码的时候，再次从第 1 次暂停开始。可以得出结论，Stop 会被重置。一般来说会直接设置断点来调试程序，Stop 使用的频率较低。

2.选择结构

If…Then…语句可以说是选择结构语句的灵魂所在。通常用于做一些简单条件的判断，使用频率非常高。语法如下：

```
If condition Then
[statements]
End If
```

参数说明：

Condition 是一个逻辑表达式，表示做选择时需要判断的条件，其结果为布尔型数值。其值为 True 时，执行 statements 语句；其值为 False 时，跳过 statements 语句，按顺序继续执行下面的语句。

相比于这个基本语法，用得更多的是嵌套的 If 语句，它可以满足判断条件较多的情况。语法如下：

```
If condition1 Then
[statements1]
[ElseIf condition2 Then
Statements2]
[ElseIf conditionN Then
StatementsN]
[Else
Statementselse]
End If
```

判断过程和前面的基本语法是类似的，不过条件为 False 的时候则执行 Elseif 下的条件判断。最后一个 Else 语句是在所有条件都为 False 时要执行的语句。另外要特别注意的一点是，判断的次序问题，应当把集合更小的判断放在前面，这样不会因为判断次序问题出现只有一种结果返回的情况。下面还是用实例来说明：

```
Sub ifthen()
Dim total As Integer                    '定义玩家得分
total = Int(100 * Rnd() + 1)            '随机获得一个得分（1~100）
Debug.Print total                       '输出数据方便验证
If total >= 90 Then                     '判断SSS的条件大于等于90
MsgBox "评级SSS" & "得分:" & total
ElseIf total >= 80 Then                 '判断SS的条件大于等于80
MsgBox "评级SS" & "得分:" & total
ElseIf total >= 70 Then                 '判断S的条件大于等于70
MsgBox "评级S" & "得分:" & total
ElseIf total >= 60 Then                 '判断A的条件大于等于60
MsgBox "评级A" & "得分:" & total
ElseIf total >= 50 Then                 '判断B的条件大于等于50
MsgBox "评级B" & "得分:" & total
Else
MsgBox "评级C" & "得分:" & total        '以上都不是的话评级为C
End If
End Sub
```

这里取 1 到 100 之间的一个随机得分来模拟给玩家评级，运行代码之后会得到随机评级结果。下面再来看看调换判断条件的次序会出现什么情况。先判断 B，然后 A，直至 SSS。代码如下：

```
Sub if_then()
Dim total As Integer              '定义玩家得分
total = Int(100 * Rnd() + 1)      '随机获得一个得分（1～100）
Debug.Print total                 '输出数据方便验证
If total >= 50 Then               '判断B的条件大于等于50
MsgBox "评级B" & "得分：" & total
ElseIf total >= 60 Then           '判断A的条件大于等于60
MsgBox "评级A" & "得分：" & total
ElseIf total >= 70 Then           '判断S的条件大于等于70
MsgBox "评级S" & "得分：" & total
ElseIf total >= 80 Then           '判断SS的条件大于等于80
MsgBox "评级SS" & "得分：" & total
ElseIf total >= 90 Then           '判断SSS的条件大于等于90
MsgBox "评级SSS" & "得分：" & total
Else
MsgBox "评级C" & "得分：" & total  '以上都不是的话评级为C
End If
End Sub
```

我们运行这段程序会发现好像只有 B 和 C 出现，A 以上的评级从来没有出现过。再来仔细看一下代码，会发现次序调整之后，程序在第一步就判断了是否大于等于 50，如果判断成功，那我们已经得出评级为 B；如果判断失败，那证明得分小于 50，再去判断它是否大于等于 60、70、80、90 就显得毫无意义。在运用 If 的时候要非常注意这点，最好减少判断条件的交集。

在不得不面对类似上述问题的时候，推荐使用 Select Case 语句。它更适合判断条件比较复杂的情况，并且表现形式上更容易理解。语法如下：

```
Select Case testexpression
[Case expressionlist-n
[statements-n]]…
[Case Else
[elsestatements]]
End Select
```

参数说明：

- testexpression 参数是一个判断表达式，依据此表达式的值来决定程序下一步执行什么。

- expressionlist 参数是条件判断表达式，相当于 If 中的判定条件。

- Case Else 是当所有条件都不匹配的时候执行的 elsestatements 语句。当程序遇到 Select Case 时，会首先计算判定表达式的值，然后和 Case 子句的表达式进行比较，如果匹配的话 VBA 就会执行语句直到遇到另外一个 Case 子句并且跳转到相应的语句。如果第

1 个 Case 子句后面的表达式判断结果和判断表达式不匹配，VBA 就会检查每一个 Case 子句，直到找到一个匹配的表达式为止。如果没有一个 Case 子句后面的表达式匹配判断表达式的值，VBA 就会跳转到 Case Else 子句并执行该语句直到遇到关键字 End Select。还是按之前的例子，不过这次用 Select Case 语句来实现。代码如下：

```
Sub SelectCase()
Dim total As Integer                    '定义玩家得分
total = Int(100 * Rnd() + 1)            '随机获得一个得分（1～100）
Debug.Print total                       '输出数据方便验证
Select Case total
Case 50 To 59
MsgBox "评级B" & "得分:" & total
Case 60 To 69
MsgBox "评级A" & "得分:" & total
Case 70 To 79
MsgBox "评级S" & "得分:" & total
Case 80 To 89
MsgBox "评级SS" & "得分:" & total
Case Is >= 90
MsgBox "评级SSS" & "得分:" & total
Case Else
MsgBox "评级C" & "得分:" & total
End Select
End Sub
```

我们可以清晰地看到值在不同区间的处理情况，运行代码后我们会发现评分有各种情况出现，符合随机性。

3. 循环结构

循环结构是用来处理有规律的、重复的计算或操作，其中的重复是指一种运算的重复或某一个过程的重复。例如战斗中，我们会不断地让双方互相攻击。本节会介绍 Do…Loop 语句、For…Next 语句、ForEach…Next 语句、While…Wend 语句。

首先介绍最标准的循环语句 For…Next 语句。语法如下：

```
For counter = start To end [Step step]
[statements]
[Exit For]
[statements]
Next [counter]
```

其中 counter 用作循环计数器的数值变量，此变量不能是布尔型或数组元素，start 是计数器 counter 的初始值，end 是 counter 的终止值，counter、start、end 都是 For…Next 语句的必需参数。

step 是可选参数，用于描述 counter 的步长，其值可正可负，也就是 counter 每使用一次的增加值。如果没有指定，则 step 的默认值为 1，即循环每执行一次，counter 的值就增加 1。statements 是可选参数，是一条或多条语句，描述一种运算或一种操作，statements 被视为一个整体，运行指定次数。Exit For 语句用于退出 For 循环语句，是可选语句，其可以出现在循环体内部的任何位置，随时可以退出循环。下面还是来看实例，代码如下：

```
Sub 求和()
Dim sum As Long              '和
Dim i As Integer            '循环次数
sum = 0                     'sum初值为0
For i = 1 To 10             '循环10次
sum = sum + i              '每次都累加
Next
MsgBox "和为:" & sum
End Sub
```

介绍完语法之后，下面再来看看语句的执行过程。

①执行赋值，将 1 赋给 i。

②开始执行循环体内容，即上面的 sum=sum+i 这部分，第一次执行的时候，sum 为 0，i 为 1，sum 的值就等于两个值相加，等于 1。

③执行 Next 语句，i 此时值为 2。

④判断 i 当前值和 10 的关系，继续执行循环。

⑤然后开始和步骤②一样的判断，不过 i 的值为新值，继续步骤 3、步骤 4，再次判断 i 的值是否等于 10，不等于就继续循环，等于的话，停止循环。

运行代码之后，会得到如图 6-11 所示的结果。

图 6-11 输出结果

再次发散我们的思维，如果我们将第 8 行的代码放到循环里面（放在第 6 行的后面），会出现什么样的结果呢？调整之后再次运行代码。此时，我们会发现结果对话框会弹出 10 次，每次循环都会运行弹窗代码，sum 每次加了 i 之后都会被显示一次。

接下来给大家介绍 Do…Loop 语句，这个语句会一直循环到条件为 False，只要条件为 True 它就会一直执行下去。语法如下：

```
Do [{While | Until} condition]
[statements]
[Exit Do]
[statements]
Loop
```

还可以使用另一种语法：

```
Do
[statements]
[Exit Do]
[statements]
Loop[{While | Until} condition]
```

下面来解析一下语法，condition 是可选参数，其构成可以是数值表达式、关系表达式或逻辑表达式，其运算为 True 或 False。如果 condition 是 Null，则 condition 会被当作 False 处理。Exit Do 的作用则是跳出 Do 语句。

Do…Loop 型循环在执行后，会依据所选用的语法形式检验 condition。如果值为 False，则跳出循环体；如果值为 True，则执行循环体中的指令，直到 condition 的值变为 False。

上述的两种语法描述形式分别对应着"当循环"和"直到循环"。其区别在于，"当循环"会先判断循环条件，如果条件不成立则不会执行循环体的语句；"直到循环"会先执行一次循环体的语句，然后再判断循环条件是否成立，如果不成立，则不再执行循环体的语句。两种语法判断循环条件的时间不同，导致了在循环条件不成立时循环体执行的次数是不同的。还是实现之前求和的代码，按"当循环"的逻辑，代码如下：

```
Sub 当循环()
Dim sum As Long          '和
Dim i As Integer         '循环次数
i = 0                    'i初值为0
sum = 0                  'sum初值为0
Do While i <= 10         '循环10次
sum = sum + i            '每次都累加
i = i + 1                '循环一次，i就加1
Loop
MsgBox "和为:" & sum
End Sub
```

从代码中可以看出，当 i 小于等于 10 的时候循环就一直被执行，直到 i 大于 10 的时候结束。我们再用"直到循环"的逻辑来完成这个需求，代码如下：

```
Sub 直到循环()
Dim sum As Long              '和
Dim i As Integer             '循环次数
i = 0                        'i初值为0
sum = 0                      'sum初值为0
Do                           '循环10次
sum = sum + i                '每次都累加
i = i + 1                    '循环一次，i就加1
Loop While i <= 10
MsgBox "和为:" & sum
End Sub
```

再来看下 While…Wend 语句，它的功能类似于"当循环"。只要条件为 True，重复执行循环体的语句，直到循环条件为 False 时才退出循环。语法如下：

```
While condition
[statements]
Wend
```

condition 为循环条件，可为数值表达式或字符串表达式，其计算结果为 True 或 False。如果 condition 为 Null，则 condition 的值会被当作 False 处理。下面还是以求和为例，代码如下：

```
Sub While_Wend()
Dim sum As Long              '和
Dim i As Integer             '循环次数
i = 0                        'i初值为0
sum = 0                      'sum初值为0
While i <= 10                '循环10次
sum = sum + i                '每次都累加
i = i + 1                    '循环一次，i就加1
Wend
MsgBox "和为:" & sum
End Sub
```

最后来看一下 For Each…Next 语句。这个语句是针对集合或数组中的元素，重复执行循环体中的计算和操作。语法如下：

```
For Each element In group
[statements]
```

```
[Exit For]
[statements]
Next [element]
```

其中 element 是一个必要参数，用于遍历集合或数组中所有元素的变量。如果 group 是一个集合，则 element 可能是一个 Variant 变量。group 也是一个必需参数，用于表示对象或数组的名称。statements 是一个可选参数，针对 group 中的每个元素都要执行循环体 statements 语句。

而在 For Each…Next 执行过程中，我们要注意如下问题。

①如果集合中至少有一个元素，则针对第一个元素执行循环中的所有操作。

②对第二个元素执行循环体中的所有操作，直到集合中的所有元素处理完毕。

③转向处理 Next 之后的代码。

For Each…Next 循环和之前的循环是类似的，我们在这里就不做举例了。

下面将举例说明循环的嵌套，在实际应用过程中多层循环是经常被用到的，实例如图 6-12 所示。

在立即窗口中可以观察到输出的结果。在这个嵌套循环中，i 先被赋值为 1，然后 j 循环，可以看到最开始输出的 3 个值 1、2、3，就是 i 和 j 相乘的结果。跳出 j 循环后 i 被赋值为 2，再次进入 j 循环，依次类推，最终程序一共输出了 9 个结果。

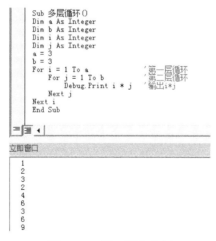

图 6-12　循环嵌套实例

6.1.8　数组

数组其实就是一组相同类型的数据的有序集合。数组的定义方式和其他的变量是一样的，可以使用 Dim、Static、Private 或 Public 语句来声明。在 VBA 中数组分为静态数组和动态数组。

静态数组的大小在定义时就被固定了，其语法如下：

Dim 数组名（数组元素的上下界，…）As 数据类型

其中数组名的命名要求同于变量命名："（ ）"用于数组下标的上界和下界，表达方式为 [数组的下限 to 数组的上限]，在不指明的情况下，数组的默认下界是从 0 开始的，其中包含下界加 1 个元素。数据类型用于指明数组中所包含元素的类型。

再来说说静态数组的初始化，数组的运用规则是"声明整体，使用个体"，声明数组时，将数组作为由数组元素组成的集合，实例如图 6-13 所示。

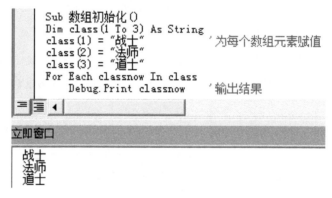

图 6-13　静态数组的初始化实例

动态数组可以根据需要调整数组的大小，有效利用存储空间。当数组使用完毕后，可以将内存释放给系统。声明动态数组时，不需要指定数据的上下界和数组的维度，将"（ ）"中的内容置空，其余语法和静态数组是相同的。其语法如下：

Dim 数组名（ ）As 数据类型

6.1.9　参数传递

在调用函数或过程时，经常要向调用的函数或过程添加参数，有关函数或过程的参数分为形式参数和实际参数。从字面意思就能看出，一个是形式的，一个是实际作用在函数和过程中的。实例如图 6-14 所示。

```
Sub 计算伤害()
Dim att As Integer
Dim def As Integer
Dim dam As Integer
Dim playeratt As Integer
Dim itematt As Integer
playeratt = 10
itematt = 20
att = attack(playeratt, itematt)
def = 10
dam = att - def
Debug.Print "伤害:" & dam
End Sub

Function attack(x As Integer, y As Integer) As Integer
attack = x + y
End Function
```

图 6-14　参数传递实例

我们要计算玩家的伤害，在"计算伤害"过程中加入了一个计算攻击的函数 attack，在"attack"函数定义时，其中的 x、y 均为形式参数，而调用函数的 att = attack(playeratt, itematt) 中的 playeratt 和 itematt 均为实际参数。

这里再给大家讲解一下参数的传递方式。目前分为传值参数和传地址参数。

传值参数传递方法指在实际参数向形式参数传递时，仅将实际参数的数值赋予形式参数，由形式参数使用实际参数的数值在函数中进行数据处理。处理完成后，实际参数的数值不会发生任何变化。其根本原因在于实际参数传递的仅是其自身的一个副本，因此函数的操作不会影响实际参数。程序中要使用传值参数，只需要在函数定义时，在参数列表中的该参数名前添加 ByVal 关键字。

而传地址参数指在函数调用时，实际参数向形式参数传递的是实际参数的地址，并不是实际参数的一个副本，在函数内部对形式参数所做的修改都将影响到实际参数的值。函数对形式参数所进行的操作都将永久性地作用于实际参数。在 VBA 中参数传递默认是按地址传递的，其声明方式是使用关键字 ByRef。

下面先按照传值参数传递的方法来演示，代码如图 6-15 所示。

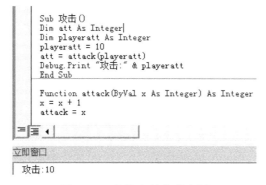

图 6-15　传值参数传递实例

我们运行的结果证明 playeratt 的值为 10，将 ByVal 改为 ByRef 再运行程序会发现 playeratt 的值为 11。从对比中可以看出传地址参数会改变传递进来值的原始数据，而传值参数不会修改原始数据。

6.1.10　对象、行为、属性和类

对象是一个有广泛定义的概念，任意一个物体都可以被称为对象。比如在游戏中扮演的角色，它拥有等级、攻击、防御等属性，每个角色都有行走、跑动、攻击等行为。

在程序代码中，我们会将一个事物看作具有属性和行为的对象，通过抽象的方法找出同一类对象共同的属性和行为，这就形成了类。类描述了同一类事物所具有的共同特性和行为，对象是类的一个具体的实在的例子。例如"角色"就是一个类，它具有等级、攻击等属性，具备攻击和行走等行为。而你自己的游戏角色就是角色的一个对象，它有自己的等级、攻击等。其他玩家的游戏角色也是角色的一个对象。

类将对象的属性和对象所能进行的操作集成在一起，在计算机对数据进行处理时，直接调用对象所具有的行为，这种机制使数据和操作集成在一起，更符合常规的思维方式。对象的属性描述的是对象本身某一方面的特性，在了解了对象的属性后，就有了对象的一个大致的框架。所以在设计类时，尽可能要全面描述对象的各个属性，使类的属性充分描述一类对象。

在 Excel 中，每个单元格都是一个对象，有字体、字体大小等属性。了解了各个属性值就可以确定对象的表现形式。

对象的行为用于描述对象所能进行的操作，在确定了对象的属性后，就可以确定对象的行为。对象的行为用于完成对自身的属性操作。在调用对象的行为时，不需要知道行为内部是如何工作的，只要行为能完成自身的操作就可以了。

6.2　VBA 模拟战斗

下面用 VBA 模拟之前的设计。

6.2.1　数据表介绍

首先在之前的文件夹中创建"模拟战斗"这张表格。然后依次创建下列表格，下面逐个看一下这些表。

"战斗角色数据"表的功能是选择战斗需要对抗的职业、等级、装备品质、装备强化等级的数值，并且根据这些数值得出人物穿戴装备后的属性值，如图 6-16 所示。

	A	B	C	D	E	F	G	H	I	J	K	L	M	N	O	P
1	阵营	玩家名	职业	人物等级	职业编号	HP	MP	最小物理	最大物理	最小魔法	最大魔法	物理防御	魔法防御	闪避	命中	
2	1	人王	战士	30	1	882	343	13	19	6	9	51	34	27	208	
3	2	鬼影	法师	30	2	750	588	8	12	14	21	39	59	27	233	
4			①													
5	装备等级	强化等级	装备品质	装备编号	职业编号	HP	MP	最小物理	最大物理	最小魔法	最大魔法	物理防御	魔法防御	闪避	命中	暴击
6	30	0	绿色	2	1	1323	514	19	29	8	13	231	154	40	311	73
7	30	0	绿色	2	2	1124	882	12	18	21	31	176	264	40	348	73
8																
9	最终数据															
10	阵营	玩家名	职业	人物等级	HP	MP	最小攻击	最大攻击	物理防御	魔法防御	闪避	命中	暴击		②	
11	1	人王	1	30	2205	857	32	48	282	188	67	519	73			
12	2	鬼影	2	30	1874	1470	35	52	215	323	67	581	73			

图 6-16 "战斗角色数据"表

①区域代表玩家可以编辑的数据,②区域代表最终将会被 VBA 代码引用的最终数据。

"角色基础值"表是将之前表格中各职业的基础数据汇总在一起,如图 6-17 所示。

	A	B	C	D	E	F	G	H	I	J	K	L	M
1	职业	等级	查询辅助	HP	MP	最小物理	最大物理	最小魔法	最大魔法	物理防御	魔法防御	闪避	命中
2	1	1	101	360	140	5	8	2	4	21	14	11	85
3	1	2	102	378	147	6	8	3	4	22	15	12	89
4	1	3	103	396	154	6	9	3	4	23	15	12	94
5	1	4	104	414	161	6	9	3	4	24	16	13	98
6	1	5	105	432	168	6	10	3	4	25	17	13	102
7	1	6	106	450	175	7	10	3	5	26	18	14	106
8	1	7	107	468	182	7	10	3	5	27	18	14	111
9	1	8	108	486	189	7	11	3	5	28	19	15	115
10	1	9	109	504	196	7	11	3	5	29	20	15	119
11	1	10	110	522	203	8	11	3	5	30	20	16	123
12	1	11	111	540	210	8	12	4	5	32	21	17	128
13	1	12	112	558	217	8	12	4	6	33	22	17	132
14	1	13	113	576	224	8	13	4	6	34	22	18	136
15	1	14	114	594	231	9	13	4	6	35	23	18	140
16	1	15	115	612	238	9	13	4	6	36	24	19	145
17	1	16	116	630	245	9	14	4	6	37	25	19	149
18	1	17	117	648	252	10	14	4	6	38	25	20	153
19	1	18	118	666	259	10	15	4	7	39	26	20	157
20	1	19	119	684	266	10	15	5	7	40	27	21	162
21	1	20	120	702	273	10	15	5	7	41	27	21	166

图 6-17 "角色基础值"表

这里加入了查询辅助列,它的作用是将职业和等级两个数字合成可供查询的唯一编号,比如 110 就代表战士在 10 级所对应的数据。在不加辅助列的情况下,也可以通过公式来查询,在这里为了方便大家理解所以采用辅助列的方式来实现这个需求。

"技能"表是将之前表格中各职业的技能数据汇总在一起,如图 6-18 所示。

技能ID	技能名称	技能类型	目标类型	人物等级	技能等级	攻击向性	攻击百分比	最小攻击	最大攻击	消耗类型	技能消耗数值	冷却时间	技能携带BUFF ID
110001	普通攻击(战士)	1	1	1	1	0	100%	0	0	0	0	1000	0
110101	裂空斩	1	1	1	1	0	100%	43	43	0	9	5000	0
110102	裂空斩	1	1	10	2	0	100%	62	62	0	15	5000	0
110103	裂空斩	1	1	20	3	0	100%	88	88	0	25	5000	0
110104	裂空斩	1	1	30	4	0	100%	121	121	0	38	5000	0
110105	裂空斩	1	1	40	5	0	100%	157	157	0	55	5000	0
110106	裂空斩	1	1	50	6	0	100%	204	204	0	79	5000	0
110107	裂空斩	1	1	60	7	0	100%	313	313	0	132	5000	0
110201	蛮力冲击	1	1	1	1	0	100%	100	100	0	18	20000	0
110202	蛮力冲击	1	1	10	2	0	100%	144	144	0	31	20000	0
110203	蛮力冲击	1	1	20	3	0	100%	206	206	0	51	20000	0
110204	蛮力冲击	1	1	30	4	0	100%	283	283	0	77	20000	0
110205	蛮力冲击	1	1	40	5	0	100%	367	367	0	111	20000	0
110206	蛮力冲击	1	1	50	6	0	100%	475	475	0	173	20000	0
110207	蛮力冲击	1	1	60	7	0	100%	729	729	0	309	20000	0
110301	战八方	4	1	1	1	0	80%	17	17	0	12	3000	0
110302	战八方	4	1	10	2	0	80%	25	25	0	20	3000	0
110303	战八方	4	1	20	3	0	80%	35	35	0	32	3000	0
110304	战八方	4	1	30	4	0	80%	48	48	0	47	3000	0
110305	战八方	4	1	40	5	0	80%	63	63	0	66	3000	0
110306	战八方	4	1	50	6	0	80%	81	81	0	101	3000	0
110307	战八方	4	1	60	7	0	80%	125	125	0	176	3000	0

图 6-18　"技能"表

"BUFF"表是将之前表格中各职业的技能附带的 BUFF 数据汇总在一起，如图 6-19 所示。

技能ID	技能名称	BUFF类型	BUFF目标	持续时间	作用时间	最小攻击	最大攻击
101	渡邪咒	1	1	15000	3000	25	25
102	渡邪咒	1	1	15000	3000	35	35
103	渡邪咒	1	1	15000	3000	50	50
104	渡邪咒	1	1	15000	3000	69	69
105	渡邪咒	1	1	15000	3000	90	90
106	渡邪咒	1	1	15000	3000	117	117
107	渡邪咒	1	1	15000	3000	179	179
201	眩晕	2	1	2000	0	0	0

图 6-19　"BUFF"表

"角色技能"表是用来选择双方攻击技能的，并且根据选择的技能得出技能的相应数值。此外这张表还有非常重要的一个作用就是用来计算技能的冷却时间。"角色技能"表如图 6-20 所示。

编号	角色编号	调用技能	技能名称	技能类型	攻击百分比	最小攻击	最大攻击	消耗魔法	技能CD	CD读秒	公共CD	公共CD读秒
1	1	110104	裂空斩	1	100%	121	121	38	5000	4000	1000	1000
2	1	110001	普通攻击(战士)	1	100%	0	0	0	1000	0	1000	1000
3	1	0	0	0	0%	0	0	0	0	0	1000	1000
4	2	120104	召雷术	1	100%	79	79	66	3000	3000	1000	1000
5	2	120001	普通攻击(法师)	1	100%	0	0	0	1000	0	1000	1000
6	2	0	0	0	0%	0	0	0	0	0	1000	1000

图 6-20　"角色技能"表

这里只有 C 列中的技能是需要选择的，其他都是根据技能编号生成的数据。K 列和 M 列是 VBA 会用的两列，在每次使用技能之后 K 列和 M 列就会进入技能冷却时间的读秒时间，在这个时间内技能是不可使用的。只有当技能自身的冷却时间和公共冷却时间同时为 0 时，才可使用该技能。

"战斗"表是用来显示战斗输出的日志以及动态显示双方的生命值和魔法值的表格，如图 6-21 所示。

	A	B	C	D	E	F	G
1	阵营	名称	职业	等级	HP	MP	
2	1	人王	战士	30	0	553	0毫秒:人王的裂空斩对鬼影造成了133点伤害
3	2	鬼影	法师	30	224	612	0毫秒:鬼影的召雷术对人王造成了105点伤害
4							1000毫秒:人王的普通攻击(战士)对鬼影造成了34点伤害
5							1000毫秒:鬼影的普通攻击(法师)出现暴击,对人王造成了51点伤害
6							2000毫秒:人王的普通攻击(战士)对鬼影造成了35点伤害
7							2000毫秒:鬼影的普通攻击(法师)对人王造成了33点伤害
8							3000毫秒:人王的普通攻击(战士)对鬼影造成了31点伤害
9							3000毫秒:鬼影的召雷术对人王造成了112点伤害
10							4000毫秒:人王的普通攻击(战士)对鬼影造成了39点伤害
11							4000毫秒:鬼影的普通攻击(法师)对人王造成了38点伤害
12							5000毫秒:人王的裂空斩对鬼影造成了130点伤害
13							5000毫秒:鬼影的普通攻击(法师)对人王造成了45点伤害
14							6000毫秒:人王的普通攻击(战士)对鬼影造成了28点伤害
15							6000毫秒:鬼影的召雷术对人王造成了114点伤害
16							7000毫秒:人王的普通攻击(战士)对鬼影造成了30点伤害
17							7000毫秒:鬼影的普通攻击(法师)对人王造成了36点伤害
18							8000毫秒:人王的普通攻击(战士)对鬼影造成了37点伤害
19							8000毫秒:鬼影的普通攻击(法师)对人王造成了46点伤害
20							9000毫秒:人王的普通攻击(战士)对鬼影造成了39点伤害
21							9000毫秒:鬼影的召雷术对人王造成了114点伤害

战斗角色数据　角色基础值　技能　BUFF　角色技能　战斗

图 6-21　"战斗"表

特殊提示：

由于我们在战斗模拟表中用到了函数 INDIRECT，所以请大家在使用战斗模拟表的时候要同时打开 INDIRECT 要用到的 4 张表：战士技能 .xlsb、法师技能 .xlsb、牧师技能 .xlsb、刺客技能 .xlsb，否则会引起引用的失败。这也是函数 INDIRECT 的一个特性，大家使用的时候要注意这一点。

6.2.2　变量介绍

这里的代码都是已经写好的，下面按步骤介绍给大家。先按之前介绍的方式激活 VBA 的编辑界面，快捷键为 Alt+F11，如图 6-22 所示。

图 6-22　VBA 的编辑界面

下面给大家解释一下这些代码的含义。

Const num1=2 表示目前参与战斗的人数。

Const num2=6 表示目前参与战斗的玩家可以使用的技能总量。

Const cdtime = 1000 表示技能的公共冷却时间为 1000 毫秒。

特殊提示：

Const 是系统关键字，表示常数，不变量。

```
Private Type player       ' 玩家类
  name  As String         ' 玩家名字
  Class As String         ' 职业
  level As Integer        ' 等级
  maxhp As Integer        ' 生命值上限
  maxmp As Integer        ' 魔法值上限
  minatt As Integer       ' 最小攻击
  maxatt As Integer       ' 最大攻击
  def As Integer          ' 物理防御
  magdef As Integer       ' 魔法防御
  miss As Integer         ' 闪避
  hit As Integer          ' 命中
  cri As Integer          ' 暴击
  hp As Integer           ' 生命值当前值
  mp As Integer           ' 魔法值当前值
```

```
zhenying As Integer                '阵营
speed As Double                    '速度
End Type
```

上述代码表示的是一个类，它描述了一个玩家类中包含的对象。

```
Private Type skill          '技能类
  id As Long                       '技能 ID 编号
  name As String                   '技能名称
  type As Integer                  '技能类型
  cri As Integer                   '技能百分比伤害
  addmin As Integer                '技能附加最小伤害
  addmax As Integer                '技能附加最大伤害
  use As Integer                   '技能消耗
  cd As Integer                    '技能 CD
End Type
```

上述代码表示的是一个类，它描述了一个技能类中包含的对象。

• Public starttime As Long 命名了一个公共变量，用来表示时间的单位时间变量。

• Dim player(1 To num1) As player 表示了我们将之前的玩家进行了玩家类的实例化。

• Dim skill(1 To num2) As skill 表示了我们将之前的技能进行了技能类的实例化。

• Dim a, b, c, d As Integer 表示命名了 4 个整型变量，供后面程序使用。

• Dim attplayer, defplayer, attskill, atttpye, attdam As Integer 表示命名了 5 个变量，攻击者的序号、防御者的序号、攻击技能的序号、攻击技能的类型、技能攻击伤害。

• Dim playerhit As Integer 表示命名了攻击者的命中。

• Dim playercri As Integer 表示命名了攻击者的暴击。

• Dim txt As String 表示命名了一个文本，这个文本的功能是用来显示文字战报。

• Dim time As Long 表示命名了一个长整型变量，用来控制战斗的时长。

• Dim t As Long 表示命名了一个长整型变量，用来产生时间心跳。

• Dim x1, x2, x3, x4, x5 As Integer 表示命名了 5 个整型变量，供后面程序使用。

6.2.3　程序解析

如图 6-23 所示，我们的程序是按照这个逻辑顺序来执行的，后面也是按照这个流程逐个模块地进行介绍的。

图 6-23　程序的逻辑顺序

1. "角色数据载入"模块

我们在代码中找到"角色数据载入"这个模块，它的代码如下：

```
Sub 角色数据载入()                      '将玩家和技能的数据读入

For a = 1 To num1

player(a).zhenying = Sheets("战斗角色数据").Cells(10 + a, 1)
player(a).name = Sheets("战斗角色数据").Cells(10 + a, 2)
player(a).Class = Sheets("战斗角色数据").Cells(10 + a, 3)
player(a).level = Sheets("战斗角色数据").Cells(10 + a, 4)
player(a).maxhp = Sheets("战斗角色数据").Cells(10 + a, 5)
player(a).maxmp = Sheets("战斗角色数据").Cells(10 + a, 6)
player(a).minatt = Sheets("战斗角色数据").Cells(10 + a, 7)
player(a).maxatt = Sheets("战斗角色数据").Cells(10 + a, 8)
player(a).def = Sheets("战斗角色数据").Cells(10 + a, 9)
player(a).magdef = Sheets("战斗角色数据").Cells(10 + a, 10)
player(a).miss = Sheets("战斗角色数据").Cells(10 + a, 11)
player(a).hit = Sheets("战斗角色数据").Cells(10 + a, 12)
```

```
player(a).cri = Sheets(" 战斗角色数据 ").Cells(10 + a, 13)


player(a).hp = player(a).maxhp
player(a).mp = player(a).maxmp
player(a).speed = 1000                          ' 攻击速度 1 秒

Next a

For b = 1 To num2

skill(b).id = Sheets(" 角色技能 ").Cells(1 + b, 3)
skill(b).name = Sheets(" 角色技能 ").Cells(1 + b, 4)
skill(b).type = Sheets(" 角色技能 ").Cells(1 + b, 5)
skill(b).cri = Sheets(" 角色技能 ").Cells(1 + b, 6)
skill(b).addmin = Sheets(" 角色技能 ").Cells(1 + b, 7)
skill(b).addmax = Sheets(" 角色技能 ").Cells(1 + b, 8)
skill(b).use = Sheets(" 角色技能 ").Cells(1 + b, 9)
skill(b).cd = Sheets(" 角色技能 ").Cells(1 + b, 10)

Next b

End Sub
```

可以看到这个模块是由两个循环体组成的。第一个循环给玩家这个类中的属性进行赋值，这和之前介绍的"战斗角色数据"表中的数据相对应，通过这个循环我们把 Excel 中的数据导入到 VBA 中，为接下来的运算做准备。第二个循环给玩家 1 和玩家 2 所属的技能 1 到技能 6 的属性进行赋值，这和之前介绍的"角色技能"表中的数据相对应。

2."初始化"模块

我们在代码中找到"初始化"这个模块，代码如下：

```
Sub 初始化 ()

Sheets(" 战斗 ").Range("G:G").Clear              ' 清除之前的战斗日志

Sheets(" 角色技能 ").Range("k2:k7") = 0          ' 清除技能 CD
Sheets(" 角色技能 ").Range("m2:m7") = 0          ' 清除技能公共 CD

Sheets(" 战斗 ").[e2] = player(1).maxhp          ' 显示相关 hp 和 mp 信息
```

```
Sheets("战斗").[f2] = player(1).maxmp
Sheets("战斗").[e3] = player(2).maxhp
Sheets("战斗").[f3] = player(2).maxmp

End Sub
```

- Sheets("战斗").Range("G:G").Clear 表示清除"战斗"表中 G 列的数据，因为每次模拟的数据都有一定的随机性，所以要清除掉上一次产生的战斗文本。

- Sheets("角色技能").Range("k2:k7") = 0 表示将"角色技能"表中的所有技能的冷却时间清除为 0，这是为了避免之前模拟残留的数据影响到下次战斗。

- Sheets("角色技能").Range("m2:m7") = 0 表示将"角色技能"表中所有技能的公共冷却时间清除为 0，这也是为了避免之前模拟残留的数据影响到下次战斗。

3. 设置主函数中的变量

下面先来看一下主函数 main 的代码，如下：

```
Sub main()

角色数据载入
初始化

d = 2                    ' 显示战斗日志的起始行数
time = 20                ' 战斗持续时间 单位：分钟

For starttime = 0 To 600 * time  ' 开始计算时间

技能冷却计算
技能检测
死亡判断

Next starttime

End Sub
```

主函数在执行后会先执行"角色数据载入"和"初始化"这两个模块，然后设置变量。

变量 d 表示战斗日志显示的初始行数，比如当前值为 2，就表示会从"战斗"表中 G 列的第 2 行开始显示战斗日志。

变量 time 表示我们设置的战斗最长时间。因为不排除某些数据模拟出来的结果是一个非常长的时间，这个时间已经明显超出了设计的预期，从而战斗模拟迟迟无法停止，所以在这里我们设置一个数值来控制战斗的时长，一旦超出这个时间就停止战斗。比如目前我们的期望为一场战斗不超过 20 分钟，超过 20 分钟之后循环停止，战斗自然就会停下来。

4. 时间循环

之前的环节可以说都是准备环节，从这里开始才是战斗逻辑的核心组成。首先将 starttime 作为心跳时间，任何的技能逻辑运算都会在这个心跳时间上进行。而 MMO 游戏的最小时间单位为 0.1 秒，所以在这里我们也是以 0.1 秒为心跳时间。

这里要说明的是，一般游戏都是用毫秒来计算技能时间的，但由于大部分人类的极限反应时间也就在 0.1 秒左右，所以我们尽量不要设计 0.1 秒以下的时间来做技能的差异。

再来看一下总共的心跳时间，0.1 秒等于 100 毫秒，这样可以得出 1 分钟之内会有 600 个心跳时间。最终会在战斗持续时间内有 600*time 个心跳时间。

5. "技能冷却计算"模块

下面先来看下代码，如下：

```
Sub 技能冷却计算 ()

Dim i As Integer

For i = 1 To num2

    If Sheets(" 角色技能 ").Cells(i + 1, 11) = 0 Then
    Else
    Sheets(" 角色技能 ").Cells(i + 1, 11) = Sheets(" 角色技能 ").Cells(i + 1,
11) - 100
    End If

    If Sheets(" 角色技能 ").Cells(i + 1, 13) = 0 Then
    Else
    Sheets(" 角色技能 ").Cells(i + 1, 13) = Sheets(" 角色技能 ").Cells(i + 1,
13) - 100
    End If

Next i

End Sub
```

代码会循环所有技能，当技能冷却时间读秒为 0 的时候什么也不会发生，当它不为 0 的时候则减少 100 毫秒的冷却时间。循环判断完自身冷却时间后，又同样循环公共冷却时间。

6. 技能检测

代码如下：

```
Sub 技能检测()

Dim i As Integer

    For i = 1 To 2

    For x1 = (i - 1) * num2 / 2 + 1 To (i - 1) * num2 / 2 + num2 / 2
'先循环看下角色1是否有可用技能

        If Sheets("角色技能").Cells(x1 + 1, 11) = 0 _
        And Sheets("角色技能").Cells(x1 + 1, 13) = 0 _
        And player(i).mp >= Sheets("角色技能").Cells(x1 + 1, 9) _
        And Sheets("角色技能").Cells(x1 + 1, 3) <> 0 Then
'判断技能符合角色、无CD并且MP足够技能消耗

            attplayer = i
            defplayer = 3 - i

            attskill = Sheets("角色技能").Cells(x1 + 1, 1)
            Sheets("角色技能").Cells(x1 + 1, 11) = Sheets("角色技能").Cells(x1
+ 1, 10)        '技能开始进入CD

            For x2 = (i - 1) * num2 / 2 + 1 To (i - 1) * num2 / 2 + num2 / 2

            Sheets("角色技能").Cells(x2 + 1, 13) = cdtime
            '该角色所有技能都会进入公共CD

            Next x2

            战斗
            Exit For
        End If
```

```
Next x1

    Next i

End Sub
```

首先要明确一个问题，玩家的攻击在同一心跳时间只能选择一个技能。一旦选择好技能，就会立刻进行攻击并且不再选择其他技能。

再来看代码，会先循环玩家 1 和玩家 2 相对应的技能，并根据技能情况来决定是否释放。先来看当 i 等于 1 的时候，此时 x1 会循环 1 到 3，正好对应编号 1 到 3 的技能。接下来的 If 会判断如果技能同时满足自身冷却时间为 0、公共冷却时间为 0、对应玩家魔法值大于等于技能消耗魔法值、表格中存在该技能这 4 个条件之后，就进入到了攻击环节。

在攻击之前首先要确定哪一方进攻，哪一方防守。目前的 i 值为 1，表示正在判断的是玩家 1 的技能，判断成功之后，攻击方为玩家 1，防御方为玩家 2。而当 i 的值为 2 的时候，则攻击方为玩家 2，防御方为玩家 1。集合这样的结果预期，代码如下：

```
attplayer = i
defplayer = 3 - i
```

确定完攻守方之后，再确定攻击方的技能，之前我们已经判断初始技能的编号，现在只需要把这个值赋值给变量即可，代码如下：

```
attskill = Sheets(" 角色技能 ").Cells(x1 + 1, 1)
```

同时这个技能进入冷却时间，代码如下：

```
Sheets(" 角色技能 ").Cells(x1 + 1, 11) = Sheets(" 角色技能 ").Cells(x1 + 1,
10)
```

当这个技能触发冷却时间之后，还会发生另一个事件，该玩家的其他技能进入公共冷却时间，代码如下：

```
For x2 = (i - 1) * num2 / 2 + 1 To (i - 1) * num2 / 2 + num2 / 2

Sheets(" 角色技能 ").Cells(x2 + 1, 13) = cdtime' 该角色所有技能都会进入公共 CD

Next x2
```

当执行完这些代码之后，我们会进入"战斗"模块，这个模块在后面介绍。这里要特别说明一下，"战斗"模块之后的代码。当我们选择好技能之后，就不需要再去选择其他技能，这里要跳出变量 x1 的循环，这时我们可以用 Exit For 这个语句，但使用时一定要注意它的位置，因为提前跳出循环有些语句可能不会被执行，请大家不要放错位置。

7. "战斗"模块

"战斗"模块的代码如下：

```vb
Sub 战斗()

player(attplayer).mp = player(attplayer).mp - skill(attskill).use
'扣除技能消耗
playerhit = phit(skill(attskill).type, player(attplayer).hit,
player(defplayer).miss, player(attplayer).level, player(defplayer).level)
'判断是否命中
playercri = pcri(skill(attskill).type, player(attplayer).level,
player(attplayer).cri)                          '判断是否暴击
atttpye = tpye(playerhit, playercri)
'攻击反馈类型：1 表示未命中，2 表示普通攻击，3 表示暴击攻击
attdam = pdam(skill(attskill).type, player(attplayer).minatt,
player(attplayer).maxatt, player(defplayer).def, player(defplayer).magdef,
player(attplayer).level, skill(attskill).cri, skill(attskill).addmax)
'没计算暴击伤害

If (atttpye = 2) Then                    '普通攻击

    txt = player(attplayer).name & "的" & skill(attskill).name & "对" &
player(defplayer).name & "造成了" & attdam & "点伤害"

End If

If (atttpye = 3) Then                    '暴击攻击

    attdam = Int(attdam * 1.5)

    txt = player(attplayer).name & "的" & skill(attskill).name & "出现暴
击，对" & player(defplayer).name & "造成了" & attdam & "点伤害"

End If

If (atttpye = 1) Then                    '未命中目标
```

```
        attdam = 0

        txt = player(attplayer).name & "的" & skill(attskill).name & "未命中
" & player(defplayer).name

    End If

    player(defplayer).hp = player(defplayer).hp - attdam    '扣除伤害

    If player(defplayer).hp < 0 Then    '如果死亡则加入日志
        player(defplayer).hp = 0
        txt = txt & player(defplayer).name & "死亡"
    End If

    Sheets("战斗").Cells(1 + defplayer, 5) = player(defplayer).hp
    Sheets("战斗").Cells(1 + attplayer, 6) = player(attplayer).mp
    Sheets("战斗").Cells(d, 7) = starttime * 100 & "毫秒：" & txt

    d = d + 1

End Sub
```

首先扣除技能消耗的魔法值，代码如下：

```
player(attplayer).mp = player(attplayer).mp - skill(attskill).use
```

然后在这里要判断玩家的本次攻击产生的行为后果，是暴击攻击，是闪避，还是普通攻击。我们用两个函数来判断闪避和暴击是否发生。

phit 是用来判断玩家是否闪避的函数。调用代码如下：

```
playerhit = phit(skill(attskill).type, player(attplayer).hit,
player(defplayer).miss, player(attplayer).level, player(defplayer).level)
```

这是在"战斗"模块中调用该函数的代码，函数会用到如下参数：技能类型、攻击方命中、防御方闪避、攻击方人物等级、防御方人物等级，再来看函数 phit 的自身代码，在这里我们统一将战斗公式相关的函数放在了"战斗公式"这个大模块下，以方便查找和调试，函数代码如下：

```
Function phit(tpye, hit, miss, lv1, lv2)                '计算是否命中 0 或 1
```

```
level1 = (lv1 - lv2) * k1

x1 = 0
ArmsHit1 = 0
k1 = 0.02

If level1 > 0.1 Then
level = 0.1
End If

If level1 < -0.5 Then
level = -0.5
End If

If tpye = 0 Then                '物理命中概率

    Y1 = hit / (hit + miss)

End If

If tpye = 1 Then                '魔法命中概率

    Y1 = hit / (hit + miss)

End If

phit = x1 + ArmsHit1 + Y1 + level1
If phit <= 0.2 Then
phit = 0.2
End If

If phit >= 0.98 Then
phit = 0.98
End If

Randomize
r3 = Rnd()

If (r3 <= phit) Then
```

```
    phit = 1

ElseIf (r3 > phit) Then

    phit = 0

End If

End Function
```

在这个函数的运行过程中，首先求出等级的影响系数 level1，代码如下：

```
level1 = (lv1 - lv2) * k1
```

之后设定一些参数，代码如下：

```
x1 = 0
ArmsHit1 = 0
k1 = 0.02
```

然后根据不同的攻击向性计算出命中概率，由于我们的物理攻击和魔法攻击是没有命中区别的，所以在这里公式是一样的。代码如下：

```
If tpye = 0 Then                  '物理命中概率

    Y1 = hit / (hit + miss)

End If

If tpye = 1 Then                  '魔法命中概率

    Y1 = hit / (hit + miss)

End If
```

最终的命中公式代码如下：

```
phit = x1 + ArmsHit1 + Y1 + level1
```

然后对这个命中率进行最小值和最大值的限制，代码如下：

```
If phit <= 0.2 Then
```

```
phit = 0.2
End If


If phit >= 0.98 Then
phit = 0.98
End If
```

最后进行命中率和随机数的对比，决定是否命中。在这里用到了 Randomize，它的作用是初始化随机函数生成器，每次随机之前都应先去调用它，不然的话随机值会和上次一样。

初始化随机函数生成器之后，我们去获取一个随机值。代码如下：

```
r3 = Rnd()
```

然后判断这个值是否小于等于命中率，如果判断成立，则表示命中，返回值为 1；判断不成立，则表示闪避，返回值为 0。代码如下：

```
If (r3 <= phit) Then

    phit = 1

ElseIf (r3 > phit) Then

    phit = 0

End If
```

再来看看判断是否暴击的函数 pcri，调用代码如下：

```
playercri = pcri(skill(attskill).type, player(attplayer).level,
player(attplayer).cri)
```

判断是否暴击会用到如下参数：技能类型、攻击方人物等级、防攻击方暴击。再来看函数 pcri，函数代码如下：

```
Function pcri(tpye, lv, cri)              ' 计算是否暴击 0/1

k1 = 0.75

k2 = 20

k3 = 1000
```

```
If tpye = 1 Then                        '物理暴击率

    pcri = k1 * cri / (cri + k2 * lv + k3)

ElseIf tpye = 2 Then                    '魔法暴击率

    pcri = k1 * cri / (cri + k2 * lv + k3)

End If

Randomize
r2 = Rnd()

If (r2 <= pcri) Then

    pcri = 1

ElseIf (r2 > pcri) Then

    pcri = 0

End If

End Function
```

暴击的流程没有命中复杂，可以直接由不同类型来选择不同的暴击公式，由于我们的物理攻击和魔法攻击是没有暴击区别的，所以在这里公式系数是一样的。代码如下：

```
k1 = 0.75

k2 = 20

k3 = 1000

If tpye = 1 Then                        '物理暴击率

    pcri = k1 * cri / (cri + k2 * lv + k3)

ElseIf tpye = 2 Then                    '魔法暴击率
```

```
        pcri = k1 * cri / (cri + k2 * lv + k3)

    End If
```

之后和命中的流程是一样的，请大家参考命中函数。

计算完闪避和暴击之后，就可以判断出攻击的行为后果了，我们用函数 tpye 来判断，调用代码如下：

```
atttpye = tpye(playerhit, playercri)
```

'攻击反馈类型 :1 表示未命中，2 表示普通攻击，3 表示暴击攻击

函数代码如下：

```
Function tpye(x, y) '攻击反馈类型：1 表示未命中，2 表示普通攻击，3 表示暴击攻击

tpye = 2

If (x = 0) Then

    tpye = 1

End If

If (x = 1 And y = 1) Then

    tpye = 3

End If

End Function
```

函数先默认为普通攻击，再判断如果未命中的话，则发生闪避事件，命中和暴击同时发生之后则出现暴击事件。

然后进行伤害的计算，调用代码如下：

```
attdam = pdam(skill(attskill).type, player(attplayer).minatt,
player(attplayer).maxatt, player(defplayer).def, player(defplayer).magdef,
player(attplayer).level, skill(attskill).cri, skill(attskill).addmax)
```

'没计算暴击伤害

　　函数会用到如下参数：技能类型、最小攻击、最大攻击、防御方物理防御、防御方魔法防御、攻击方等级、攻击技能暴击、攻击技能附带攻击加值。函数代码如下：

```
Function pdam(tpye, minatt, maxatt, phydef, magdef, lv, skillpri,
skilladd) '计算伤害

    att = WorksheetFunction.RandBetween(minatt, maxatt)

    k1 = 0.75

    k2 = 25

    k3 = 300

    k4 = 0.75

    k5 = 25

    k6 = 300

    If tpye = 1 Then

        phypri = k1 * phydef / (phydef + k2 * lv + k3)
        pdam = (1 + skillpri / 100) * (att + skilladd) * (1 - phypri)

    ElseIf tpye = 2 Then

        magpri = k4 * magdef / (magdef + k5 * lv + k6)
        pdam = (1 + skillpri / 100) * (att + skilladd) * (1 - magpri)

    End If

End Function
```

　　在这里先得出了人物的攻击随机值，然后调用 Excel 的函数 RandBetween 来完成从最小值到最大值的随机。代码如下：

```
att = WorksheetFunction.RandBetween(minatt, maxatt)
```

特别提示：

Excel 函数和 VBA 函数是不一样的，请大家一定要注意，它们之间是有交集的关系。

然后我们会根据技能类型不同取不同公式计算出伤害，公式系数和结构与之前章节介绍的是一致的。代码如下：

```vba
k1 = 0.75

k2 = 25

k3 = 300

k4 = 0.75

k5 = 25

k6 = 300

If tpye = 1 Then

    phypri = k1 * phydef / (phydef + k2 * lv + k3)
    pdam = (1 + skillpri / 100) * (att + skilladd) * (1 - phypri)

ElseIf tpye = 2 Then

    magpri = k4 * magdef / (magdef + k5 * lv + k6)
    pdam = (1 + skillpri / 100) * (att + skilladd) * (1 - magpri)

End If
```

通过这一系列的函数计算，我们已经可以得出战斗的结果了。然后根据类型进行不同处理，代码如下：

```vba
If (atttpye = 2) Then                      '普通攻击

    txt = player(attplayer).name & "的" & skill(attskill).name & "对" & player(defplayer).name & "造成了" & attdam & "点伤害"

End If
```

```
If (atttpye = 3) Then                    '暴击攻击

    attdam = Int(attdam * 1.5)

    txt = player(attplayer).name & "的" & skill(attskill).name & "出现暴
击，对" & player(defplayer).name & "造成了" & attdam & "点伤害"

End If

If (atttpye = 1) Then                    '未命中目标

    attdam = 0

    txt = player(attplayer).name & "的" & skill(attskill).name & "未命中
" & player(defplayer).name

End If
```

当结果是普通攻击的时候，我们直接用战斗文本描述：攻击方名字的攻击技能名字对防御方名字造成了 XX 点伤害；如果是暴击攻击，那伤害就乘以 1.5；如果是闪避，伤害为 0，文本描述为未命中。

然后我们扣除伤害，得出防御方当前的生命值。扣除伤害之后判断一下是否出现角色死亡，如果死亡就加入死亡的战斗日志。代码如下：

```
player(defplayer).hp = player(defplayer).hp - attdam    '扣除伤害

If player(defplayer).hp < 0 Then    '如果死亡则加入日志
    player(defplayer).hp = 0
    txt = txt & player(defplayer).name & "死亡"
End If
```

最后将计算出来的生命值、魔法值和战斗日志信息同步到 Excel 中的单元格显示出来，并将战斗日志的行数加 1。代码如下：

```
Sheets("战斗").Cells(1 + defplayer, 5) = player(defplayer).hp
Sheets("战斗").Cells(1 + attplayer, 6) = player(attplayer).mp
Sheets("战斗").Cells(d, 7) = starttime * 100 & "毫秒:" & txt

d = d + 1
```
到此为止，"战斗"模块结束。

8. 死亡判断

这个模块非常简单，判断双方只要有一方生命值小于等于 0 则停止程序。代码如下：

```
Sub 死亡判断 ()

    If player(1).hp <= 0 Or player(2).hp <= 0 Then' 如果有一方死亡则结束程序

        End

    End If

End Sub
```

特别提示：

这里大家注意 END 和 EXIT 的区别。END 会停止整个程序的运行，而 EXIT 只是跳出当前模块。以上就是战斗模拟的全部代码介绍。

运行的时候一定要注意我们要从主函数 main 开始运行，这样逻辑顺序才是正确的，否则运行过程及结果都会有问题出现。

6.2.4 技能系数模拟

在设计技能的时候，我们将技能系数定为 60%，此时模拟的结果如图 6-24 所示。

```
25000毫秒:人王的裂空斩对鬼影造成了139点伤害
25000毫秒:鬼影的普通攻击(法师)出现暴击,对人王造成了58点伤害
26000毫秒:人王的普通攻击(战士)未命中鬼影
26000毫秒:鬼影的普通攻击(法师)对人王造成了40点伤害
27000毫秒:人王的普通攻击(战士)对鬼影造成了35点伤害
27000毫秒:鬼影的召雷术对人王造成了100点伤害
28000毫秒:人王的普通攻击(战士)对鬼影造成了29点伤害
28000毫秒:鬼影的普通攻击(法师)对人王造成了41点伤害
29000毫秒:人王的普通攻击(战士)对鬼影造成了39点伤害
29000毫秒:鬼影的普通攻击(法师)对人王造成了42点伤害
30000毫秒:人王的裂空斩对鬼影造成了141点伤害
30000毫秒:鬼影的召雷术对人王造成了104点伤害
31000毫秒:人王的普通攻击(战士)对鬼影造成了28点伤害
31000毫秒:鬼影的普通攻击(法师)对人王造成了41点伤害
32000毫秒:人王的普通攻击(战士)对鬼影造成了36点伤害
32000毫秒:鬼影的普通攻击(法师)未命中人王
33000毫秒:人王的普通攻击(战士)对鬼影造成了34点伤害鬼影死亡
33000毫秒:鬼影的召雷术对人王造成了105点伤害
```

图 6-24 战斗模拟的结果（技能系数 60%）

战斗的时长会在 33 秒左右，技能的伤害大概在人物的 2.5~3.5 倍之间。

我们再将技能系数调整到 120%，战斗模拟如图 6-25 所示。

```
16000毫秒:人王的普通攻击(战士)对鬼影造成了35点伤害
16000毫秒:鬼影的普通攻击(法师)对人王造成了34点伤害
17000毫秒:人王的普通攻击(战士)对鬼影造成了27点伤害
17000毫秒:鬼影的普通攻击(法师)对人王造成了42点伤害
18000毫秒:人王的普通攻击(战士)对鬼影造成了37点伤害
18000毫秒:鬼影的召雷术对人王造成了176点伤害
19000毫秒:人王的普通攻击(战士)对鬼影造成了34点伤害
19000毫秒:鬼影的普通攻击(法师)对人王造成了41点伤害
20000毫秒:人王的裂空斩对鬼影造成了240点伤害
20000毫秒:鬼影的普通攻击(法师)对人王造成了32点伤害
21000毫秒:人王的普通攻击(战士)对鬼影造成了41点伤害
21000毫秒:鬼影的召雷术对人王造成了173点伤害
22000毫秒:人王的普通攻击(战士)未命中鬼影
22000毫秒:鬼影的普通攻击(法师)对人王造成了42点伤害
23000毫秒:人王的普通攻击(战士)对鬼影造成了31点伤害
23000毫秒:鬼影的普通攻击(法师)对人王造成了32点伤害
24000毫秒:人王的普通攻击(战士)对鬼影造成了41点伤害
24000毫秒:鬼影的召雷术对人王造成了186点伤害
25000毫秒:人王的裂空斩对鬼影造成了238点伤害鬼影死亡
25000毫秒:鬼影的普通攻击(法师)对人王造成了35点伤害
```

图 6-25　战斗模拟的结果（技能系数 120%）

战斗的时长会在 25 秒左右，技能的伤害大概在人物的 4~8 倍之间。相比于技能系数 60% 的时候，战斗时长有所缩短，因为技能伤害提升了。此外由于技能伤害比例的增大，一旦技能未命中，那么玩家就会损失大量的输出。所以我们要根据项目需求来衡量系数应该填得大一些还是小一些。

6.2.5　模拟的用途

模拟的用途是让我们可以预知玩家在战斗中用技能互相砍杀时可能产生的结果，但这个结果距离最终战斗环境还有很大差距，玩家的控制技能以及距离等相关因素都没有办法衡量，所以模拟的作用是为最终战斗提供数值依据，我们在这个基础上再根据策划自己对游戏的预期去调整游戏，最后再开放给玩家测试，根据玩家的测试反馈结果来反复调整游戏。

战斗模拟会提升我们对战斗结果预期的准确性，但也不是每一个项目都会要求大家做战斗模拟。大家大可不必拘泥于形式，只要你能控制好战斗的节奏，用任何方式都是可以的。

番外篇　行业介绍

影响中国游戏的行业历史

在这里分 7 个时代来介绍中国游戏：家用机时代、掌机时代、端游时代、页游时代、手游时代、VR 时代。这些时代并不是互斥的，它们是交叉存在的。另外这里就不对街机游戏进行介绍了，望见谅。

家用机时代（20 世纪 80 年代末到 21 世纪初）

家用机就好像是电子游戏产业的始祖一样，在 20 世纪 80 年代风靡一时，可最终随着电脑游戏的普及而大幅衰退（特别是在国内）。下文中所列举的代表作都推荐读者去玩一下（特别是和你们项目同类型的产品），对数值策划今后的设计工作非常有帮助。如果你真的没有时间或兴趣，那么也请你了解一下这些游戏的大致情况。

1. 游戏机创世者：红白机

笔者是一名 80 后，在 20 世纪 90 年代初的时候就拥有了自己的第一台游戏机红白机。真机如图 A-1 所示。

图 A-1　红白机

红白机又称为 FC，名称是 Family Computer，也就是家用机的意思，是由日本著名游戏厂商任天堂研发。FC 为游戏产业做出了巨大的贡献，可以说是日本电子游戏乃至全球电子游戏的起点。同时它也为中国的早一代游戏人带来了他们的童年游戏。

红白机代表作：《魂斗罗》《坦克大战》《双截龙》《超级玛丽》等。时至今日，我们依然可以看到以这些内容为宣传点的游戏。

红白机之后又涌现了很多和它类似的家用机，如世嘉、超级任天堂、土星、N64 等，这里就不一一介绍了。

2. 索粉最爱：PlayStation

在游戏圈内如果你说 PS，那大部分人想到的是美术工具或是引申做动词意的 P 图。但如果你是一名铁杆索粉的话，那 PS 在你心中的含义只有 PlayStation。

PlayStation 是日本 Sony（索尼）旗下的索尼电脑娱乐 SCEI 家用电视游戏机，现已成为最出名的家游产品之一。它的出现一举击败了市场上的同期竞争者。图 A-2 为 PS2。

图 A-2　索尼 PS2

PS 代表作：《实况足球》系列、《古墓丽影》系列、《最终幻想》系列、《生化危机》系列、《铁拳》系列、《寂静岭》系列、《GT 赛车》系列以及《合金装备》系列等。现在这些游戏的铁杆粉丝还是非常多，可见影响力之长久。

下面用一组数据说明 PS 的成功，截止 2004 年 5 月 18 日，索尼共发售了 1 亿台 PlayStation 和 PSone 主机，累计 9.61 亿套游戏（在不同地区发行的不同版本计为不同游戏）。

3. 土豪微软的游戏梦：Xbox360

全球游戏行业迅猛的发展势头终于吸引了土豪微软的注意，微软终于按捺不住推出了自己的游戏主机 Xbox360。

Xbox360 代表作：《光辉》《战争机器》《使命召唤》《刺客信条》等。总体来说在国内的影响力确实不如之前所述的红白机和 PS，但这也不影响它作为一款里程碑式的家用机。图 A-3 为 Xbox360。

图 A-3　Xbox360

4.体感家用机：Wii

Wii 作为新一代的家用机代表在全球市场表现不俗，但无奈中国市场已经全面进入到 PC 时代端游时代，故其在中国发展一般。Wii 的代表作有《马里奥赛车》《Wii 健身》等。图 A-4 为 Wii。

图 A-4　Wii

掌机时代（20 世纪 80 年代末到 21 世纪初）

如果你在 20 世纪 90 年代初手持一款掌上游戏机，那绝对是土豪的象征。掌机虽然受到了智能手机的严重冲击，但依然受到了众多核心粉丝的爱戴。

1. 游戏老男孩：Game Boy

Game Boy（GB）是任天堂于 1989 年 4 月 21 日正式发售的掌机。代表作有《超级马里奥大陆》《俄罗斯方块》等。

GB 之后任天堂又推出了 GBA。从对中国游戏产业的影响来说 GBA 比 GB 更具有里程碑意义。其代表作更多，影响力更大，如《恶魔城》系列、《口袋妖怪》系列、《火焰之纹章》系列、《塞尔达》系列、《最终幻想》系列等。图 A-5 为 Game Beg。

图 A-5　Game Boy

2. 多功能游戏机：PSP

PSP 是由日本索尼公司开发的多功能掌机系列，具有游戏、音乐、视频、上网等多项娱乐功能。代表作有《怪物猎人》《战神》等。图 A-6 为 PSP。

图 A-6　PSP

3. 掌机之王：NDS

NDS 是任天堂公司 2004 年发售的第三代便携式游戏机。其创新式地采用了双屏幕显示，下屏触摸的设计。这款掌机之后推出过几款改良机型，截止 2012 年 NDS 系列全球总销量达到 1.5369 亿部。代表作有《任天狗》、《逆转裁判》系列、《雷顿教授》、《闪电十一人》等。图 A-7 为 NDS。

图 A-7　NDS

端游时代（20 世纪 90 年代末至今）

之前两个时代的游戏为中国的无数玩家带来了美好的回忆，但对于中国游戏产业来说，更多的像一个看客，几乎没有参与到前两个时代。但是从电脑普及开始，中国游戏产业终于爆发出前所未有的能量。下面先介绍一些国内的网游产品，然后再介绍一些国外的。端游时代的经典大作非常多，篇幅有限就不一一列举了。

1. 盛大传奇：《传奇》系列

《传奇》不是登陆中国的第一款网游，但它绝对是中国第一个火爆起来的网络游戏。以它为标志，中国游戏产业开始了迅猛的发展势头。2001 年盛大推出了《热血传奇》，该产品稳定在千万级以上的收入。该游戏类型为 MMOARPG，可以堪称这种类型的始祖。其很多设计理念对后续类型作品有着深远影响。图 A-8 为《热血传奇》游戏界面。

图 A-8　《热血传奇》游戏界面

2. 第九城市：《奇迹 MU》

《奇迹 MU》是由韩国公司 Webzen 开发，第九城市代理的一款网游。其精美的画面表现完爆同期其他游戏，瞬间引爆当年网吧。其宝石系统设计得非常耐人寻味，为后续装备升级、装备洗练等系统提供了经典设计案例。图 A-9 为《奇迹 MU》游戏界面。

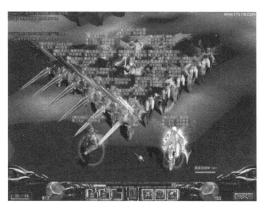

图 A-9　《奇迹 MU》游戏界面

3. 网游之王：《梦幻西游》

或许《梦幻西游》不是经常挂在大家嘴边的游戏，但这款作品无疑是中国的网游之王，其在线人数、累计收入在国内端游市场雄踞第一。该作品可以称得上是回合制的设计教科书，其跑环任务等对国产游戏的设计产生了深远影响。图 A-10 为《梦幻西游》游戏界面。

图 A-10　《梦幻西游》游戏界面

4. 史玉柱的游戏之路：《征途》

《征途》是 2006 年巨人网络推出的一款网络游戏，也是风云人物史玉柱踏入游戏领域的第一款作品。一经推出就获得了巨大成功，其国战系统可谓是端游时代的设计典范。

图 A-11 为《征途》游戏界面。

图 A-11 《征途》游戏界面

5. 国产动作游戏始祖：《刀剑 Online》

或许从市场角度来讲《刀剑 Online》并不足以和之前的几款作品相提并论，但它确实是国产动作游戏中的始祖之作，并且质量上乘。制作公司像素也是国内知名的老牌游戏公司，在动作游戏制作上经验丰富。该游戏战斗体系非常独特，玩家需要掌握如何破防和连招，有兴趣的同学可以尝试一下。图 A-12 为《刀剑 Online》游戏界面。

图 A-12 《刀剑 Online》游戏界面

6. 暴雪出品：《魔兽世界》

《魔兽世界》是著名游戏公司暴雪娱乐开发的一款网络游戏。在此之前，暴雪研发了三大王牌系列《暗黑破坏神》系列、《星际争霸》系列、《魔兽争霸》系列。作为暴雪的第一款网络游戏，《魔兽世界》依然延续了暴雪的精良品质路线。这里强调一下作为数值策划，暴雪的每一款作品的数值设计都是绝对值得你耐心学习、仔细体会的，强烈建议去玩暴雪的游戏和阅读其作品的设计文章。图 A-13 为《魔兽世界》游戏界面。

图 A-13　《魔兽世界》游戏界面

7. 回合制始祖：《魔力宝贝》

《魔力宝贝》是一款 Q 版回合制网游。2002 年一经推出就凭借其可爱的形象吸引了大量玩家。该游戏培养宠物，宠物相克系统为后续回合制游戏提供了设计原型。图 A-14 为《魔力宝贝》游戏界面。

图 A-14　《魔力宝贝》游戏界面

8. 韩游代表作：《天堂》

《天堂》是由韩国 NCsoft 公司开发的一款 3D 网络游戏。其精良的美术表现又一次证明了韩国研发在美术上的强势。可惜因游戏自身问题，最终慢慢被遗忘。这里也说明下，数值最好以欧美游戏为研究对象。日韩游戏在数值方面的设计和欧美游戏有一定差距。图 A-15 为《天堂》游戏界面。

图 A–15　《天堂》游戏界面

9. 科幻大作：《EVE（星战前夜）》

《EVE》是由冰岛 CCP 公司开发的一款独特的网络游戏。笔者有幸听过其设计者的讲座，真心佩服国外大神。双学位博士的主策划为了做《EVE》特意花了 1 年多时间做了一个模拟星球互相吞噬和带有黑洞的宇宙沙盘。此款游戏设计得非常精妙，玩家需要驾驶飞船在星际中穿行。不过它过于复杂，不太适应目前的中国市场，目前在国内已经停运。图 A-16 为《EVE》游戏界面。

图 A-16　《EVE》游戏界面

10.《DotA》类网游：《DotA》《DotA2》《英雄联盟》

《DotA》早期的世界观建立在《魔兽争霸 3》的基础上，在有限的游戏对局时间内，这款游戏完美地诠释了成长、杀戮、合作等经典游戏元素。这类游戏有多火，笔者认为真心不用介绍了，大家可以随便出门找家网吧看看，基本一半以上玩家都是在玩这类型游戏。目前这类游戏最有代表性的就是《DotA2》和《英雄联盟》。图 A-17 为《DotA》游戏界面，图 A-18 为《英雄联盟》游戏界面。

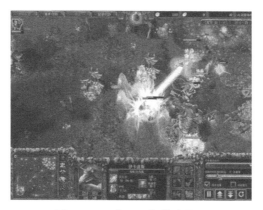

图 A-17　《DotA》游戏界面

图 A-18　《英雄联盟》游戏界面

页游时代（2005 年左右至今）

2000 年以后随着电脑网络游戏的蓬勃发展，网页游戏也开始进入玩家的视野。起初都是一些比较简单化的作品，并没有引起大家的注意。直到《傲视天地》《神仙道》等一系列流水大作出现后，页游终于在中国游戏产业中占有了自己的一席之地。

1. 九宫格经典之作：《傲视天地》

《傲视天地》是由上海锐战网络科技有限公司开发的。该作品是一款经典的 SLG 类型游戏。之前的 SLG 战斗多为线式的玩家对拼模式，而该作采用了面式的九宫格战斗。在短暂的教学之后，玩家就能体验出这种模式前所未有的策略性。图 A-19 为《傲视天地》游戏界面。

图 A-19　《傲视天地》游戏界面

2. 九宫格 +RPG 的完美结合：《神仙道》

在《傲视天地》推出之后就有大量的仿冒品，但都没有独特之处。而《神仙道》在继承九宫格战斗模型之外，又完美地融入了 RPG 元素进去。作品推出之后大火，无数后续页游都仿制其游戏原型。这里要提下它的猎命系统和战斗公式非常经典，为很多页游设计带来了新思路。图 A-20 为《神仙道》游戏界面。

图 A-20　《神仙道》游戏界面

3. 页游 ARPG：《傲剑》

《傲剑》是页游中早期的 ARPG 游戏，其质量上乘，并且抓住了页游市场中的 ARPG 空档期。但总体来说页游和端游的设计理念很多是相似的，不同的是数值体验的设计。图 A-21 为《傲剑》游戏界面。

图 A-21　《傲剑》游戏界面

4. 神奇的打炮游戏：《弹弹堂》

《弹弹堂》是第七大道开发的一款 Q 版设计类游戏。其设计原型来自当年的《百战天虫》。游戏推出之后深受玩家喜爱，特别是吸引了大量女性玩家。作为游戏中的非主流类型，它的成功真的是非常有代表性。图 A-22 为《弹弹堂》游戏界面。

图 A-22　《弹弹堂》游戏界面

5. 有 QTE 战斗的网页游戏：《神曲》

《神曲》同样是由第七大道研发。它是一款 RPG 游戏，不过在其战斗过程中加入了单机游戏中的 QTE 元素，使其独具特色。并且这款游戏在国外市场也非常受欢迎，是一款难得的国内、国外都吃得开的网页游戏。图 A-23 为《神曲》游戏界面。

图 A-23　《神曲》游戏界面

6. 具有街机血统的网页游戏：《街机三国》

《街机三国》是由上海江游信息科技有限公司开发的一款横版动作角色扮演类网页游戏。它的设计原型来自街机游戏中非常火爆的一款游戏《三国战纪》。由于之前的页游从来没有这类型游戏，所以该款游戏推出之后无数人仿佛找回了当年在街机厅里的那种感觉，一时间这款游戏风生水起。图 A-24 为《街机三国》游戏界面。

图 A-24　《街机三国》游戏界面

手游时代（2012 年左右至今）

其实早在诺基亚时代，就已经有手机游戏的存在。只是那时的市场份额实在太低，所以很多人都没有重视它。直到后来智能机时代的到来，机能的大幅度提升为游戏带来了更多的可能性。目前的手游已经和端游、页游一样重要，占据着中国游戏产业的一部分。并且其发展前景已然超过了传统的电脑游戏。

1. 中国卡牌游戏开山大作：《大掌门》

《大掌门》是由北京玩蟹网络科技有限公司开发。该作品是一款经典的卡牌类型手游。推出之后就成为了卡牌游戏的一款里程碑式作品，很多设计都被后续卡牌游戏厂商借鉴。其独特的战斗方式极易上手，并且策略丰富，建议大家体验一下。图 A-25 为《大掌门》游戏界面。

图 A–25　《大掌门》游戏界面

2. 合作 IP 的成功典范：《我叫 MT Online》

《我叫 MT Online》根据著名动漫作品《我叫 MT》改编，游戏采用卡牌战斗的经典方式。该作品是一款合作 IP 的成功典范。游戏本身是较为传统的日系卡牌设计体系，建议大家也去体验一下。图 A-26 为《我叫 MT Online》游戏界面。

图 A–26　《我叫 MT Online》游戏界面

3. 手游神作：《刀塔传奇》

《刀塔传奇》是一款动作卡牌手游，它可以说将中国卡牌游戏带入了全新的 2.0 设计时代，特别是成长体系几乎被广泛应用于各类型游戏。强烈推荐大家去玩下这款游戏。图 A-27 为《刀塔传奇》游戏界面。

图 A–27　《刀塔传奇》游戏界面

4. 消除类代表作：《开心消消乐》

不知道从何时开始，在地铁上、公交车上总能看到一些在玩《开心消消乐》这款游戏的人。在国外消除类游戏异常火爆，但在中国消除类网络游戏成绩并不理想。只有这款单机产品真心是男女老少通吃，成绩一直稳定在排行榜前列。推荐大家去玩下这款游戏。图 A-28 为《开心消消乐》游戏界面。

图 A-28　《开心消消乐》游戏界面

5. 女性化游戏的爆发：《奇迹暖暖》

《奇迹暖暖》是一款类型非常独特的游戏，它是一款换装养成游戏。大部分玩这款游戏的是女生，从暖暖系列开始大家才纷纷发现原来女性化手游这么有潜力。图 A-29 为《奇迹暖暖》游戏界面。

图 A-29　《奇迹暖暖》游戏界面

6. 二次元来袭：《崩坏学院》

《崩坏学院》是一款横版动作射击类游戏。它带有明显的日漫二次元画风，推出后广受宅男、宅女的喜爱。也是从这款产品之后，二次元产品开始进入了开发厂商的视野。图 A-30 为《崩坏学院》游戏界面。

图 A-30 《崩坏学院》游戏界面

下面给大家介绍一些国外的手游。其实日本手游在全球处于领先地位，日本游戏人总是可以通过不同类型的组合来形成新的游戏类型并且还能将其发扬光大。而欧美则是在策略性游戏上占据霸主地位。

7. 日本消除国民手游：《智龙迷城》

《智龙迷城》是一款 RPG+ 消除类型的游戏。其融合两种游戏类型的设计，为后续融合类游戏打开了大门。图 A-31 为《智龙迷城》游戏界面。

图 A-31 《智龙迷城》游戏界面

8. 战斗操控卡牌手游：《锁链战记》

《锁链战记》是一款九宫格式的卡牌游戏，不过其创新之处在于战斗中操作英雄走位和技能释放的机制。图 A-32 为《锁链战记》游戏界面。

图 A-32　《锁链战记》游戏界面

9. 日本手游霸主：《怪物弹珠》

最早的电子游戏其实就是弹珠类，早在 1975 年就有这类游戏，但它在之后的表现并不引人注意。《怪物弹珠》是一款弹珠 +RPG 类型的游戏，玩法非常有创造力。可惜在中国市场的表现一般，目前也已经关服了。图 A-33 为《怪物弹珠》游戏界面。

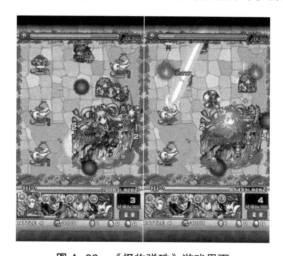

图 A-33　《怪物弹珠》游戏界面

10. 芬兰手游传奇故事：《部落冲突》

《部落冲突》是芬兰游戏公司 Supercell 于 2012 年所推出的策略类手机游戏。刚开始玩部落的时候非常像页游 SLG 的模式，直到玩了它的战斗模式之后，你会发现这款游戏的魔性。该游戏一经推出，瞬间霸占全球多国市场榜首。Supercell 公司也一举成为全球知名游戏制作厂商。图 A-34 为《部落冲突》游戏界面。

图 A-34 　《部落冲突》游戏界面

11. 手游霸主 Supercell：《皇室战争》

　　《皇室战争》是 Supercell 基于前作《部落冲突》的世界观而创作出的一款融入即时策略、MOBA 以及卡牌元素的手机游戏。游戏推出之后，同样一扫各国排行榜榜首。Supercell 也被盛誉为手游界的暴雪，其不同类型的两款游戏同时获得了巨大的成功。图 A-35 为《皇室战争》游戏界面。

图 A-35 　《皇室战争》游戏界面

12. 反人类题材：《瘟疫公司》

　　《瘟疫公司》是一款非主流题材游戏。玩家在游戏过程中的目标就是通过各种病毒来毁灭整个人类，在游戏过程中需要进化病毒的抵抗力、传染性并且还要提防人类的药疗进度。该游戏策略性十足，多次获得苹果的推荐。图 A-36 为《瘟疫公司》游戏界面。

图 A-36 《瘟疫公司》游戏界面

手机游戏在这些年呈现出井喷态势，其优秀作品也是层出不穷。笔者在这里就不再列举了，有兴趣的读者可以自己寻找相关资料看一下。

VR 时代（未来）

VR（Virtual Reality），即虚拟现实，简称 VR。目前很多做 VR 的公司都拿到了非常可观的投资，我们也相信 VR 会给人类的各个领域带来前所未有的革命。VR 游戏的将来也势必像电脑游戏一样普及，但目前在国内游戏领域尚未看到比较具有影响力的游戏，让我们一起拭目以待吧。

知名公司及作品简介

公 司 名	代 表 作	所 在 城 市
盛大	《传奇》系列（端游） 《龙之谷》（端游） 《永恒之塔》（端游） 《梦幻国度》（端游） 《冒险岛》（端游） 《泡泡堂》（端游）等	上海
九城	《奇迹》（端游） 《魔兽世界》（端游） 《卓越之剑》（端游） 《激战》（端游） 《奇迹世界》（端游）等	上海

公 司 名	代 表 作	所 在 城 市
腾讯	《地下城与勇士》（端游） 《穿越火线》（端游） 《剑灵》（端游） 《天堂》（端游） 《七雄争霸》（页游） 《英雄联盟》（端游） 《天天酷跑》（手游） 《王者荣耀》（手游） 《火影忍者》（手游）等	深圳（本部） 上海（分部）
网易	《大话西游》（端游、手游） 《梦幻西游》（端游、手游） 暴雪相关战网游戏 《天下》（端游） 《倩女幽魂》（端游、手游） 《阴阳师》（手游）等等	广州（本部） 杭州（分部）
完美世界	《完美世界》（端游） 《武林外传》（端游） 《诛仙》（端游） 《神雕侠侣》（端游、手游） 《DotA2》（端游）	北京（本部） 上海（分部）
金山网络 （猎豹移动）	《剑侠情缘》（端游）	珠海（本部） 北京（分部）
畅游	《天龙八部》（端游、手游）	北京（本部） 上海（分部）
巨人	《征途》（端游） 《街篮》（手游）	上海
蜗牛	《九阴真经》（端游） 《航海世纪》（端游） 《太极熊猫》（手游） 《关云长》（手游）	苏州
骏梦	《小小忍者》（页游） 《新仙剑》（页游） 《仙境传说》（页游） 《秦时明月》（手游） 《古龙群侠传》（手游）	上海

公　司　名	代　表　作	所　在　城　市
4399	4399 小游戏 《七杀》（页游） 《弹弹堂》（页游） 《神曲》（页游） 《凡人修真》（页游）	广州
37wan	《大天使之剑》（页游） 《传奇霸业》（页游） 《琅琊榜》（页游） 《永恒纪元：戒》（页游）	广州（本部） 上海（分部）
昆仑万维	《三国风云》（页游） 《千军破》（页游） 《时空猎人》（手游）	北京
锐战	《傲视天地》（页游） 《征战四方》（页游） 《最佳阵容》（手游）	上海
天神互动	《傲剑》（页游） 《苍穹变》（页游）	北京
墨麟	《秦美人》（页游） 《大闹天宫》（页游） 《风云无双》（页游）	深圳
游族	《女神联盟》（页游） 《大皇帝》（页游） 《大侠传》（页游） 《大将军》（页游） 《轩辕变》（页游） 《三十六计》（页游） 《一骑当先》（页游） 《少年三国志》（手游） 《萌江湖》（手游）	上海
淘米网络	《摩尔庄园》（页游） 《赛尔号》（页游）	上海
心动网络	《神仙道》（页游） 《仙侠道》（页游） 《将神》（页游） 《横扫千军》（手游） 《天天打波利》（手游）	上海

公　司　名	代　表　作	所　在　城　市
江游	《街机三国》（页游）	上海
乐动卓越	《我叫 MT Online》（手游）	上海
掌趣	《全民奇迹》（手游） 《不良人》（手游）	北京
热酷	《找你妹》（手游） 《大掌门》（手游）	北京
触控	《捕鱼达人》（手游）	北京
莉莉丝	《刀塔传奇》（手游）	上海
巴别时代	《放开那三国》（手游）	上海
玩蟹	《大掌门》（手游） 《拳皇》（手游）	北京
顽石互动	《二战风云》（手游）	上海
蓝港	《黎明之光》（手游） 《王者之剑》（手游） 《苍穹之剑》（手游） 《英雄之剑》（手游）	北京
慕和	《魔卡幻想》（手游）	上海
神奇时代	《忘仙》（手游） 《三国时代》（手游）	北京
火溶	《啪啪三国》（手游） 《龙门镖局》（手游）	上海
上海纵游 （DENA）	《NBA 梦之队》（手游） 《圣斗士星矢：重生》（手游） 《银时之魂》（手游） 《魔导少年：妖尾启程》（手游） 《死神一斩之灵》（手游） 《敢达决战》（手游） 《变形金刚 前线》（手游） 《航海王 启航》（手游）	上海

电子工业出版社
PUBLISHING HOUSE OF ELECTRONICS INDUSTRY
http://www.phei.com.cn

Broadview®
WWW.BROADVIEW.COM.CN

博文视点·IT出版旗舰品牌

博文视点精品图书展台

专业典藏

移动开发

大数据·云计算·物联网

数据库

Web开发

程序设计

软件工程

办公精品

网络营销